| 数据分析与决策技术丛书 |

Python
时间序列预测

[加] 马可·佩塞罗（Marco Peixeiro） 著

翟世臣 译

Time Series
Forecasting
in Python

机械工业出版社
CHINA MACHINE PRESS

Marco Peixeiro: *Time Series Forecasting in Python* (ISBN:9781617299889) .

Original English language edition published by Manning Publications.

Simplified Chinese-language edition copyright © China Machine Press 2024.

Authorized translation of the English edition © 2022 Manning Publications.

This translation is published and sold by permission of Manning Publications, the owner of all rights to publish and sell the same.

All rights reserved.

本书中文简体字版由 Manning Publications Co. LLC. 授权机械工业出版社在全球独家出版发行。未经出版者书面许可，不得以任何方式抄袭、复制或节录本书中的任何部分。

北京市版权局著作权合同登记　图字：01-2023-1032 号。

图书在版编目（CIP）数据

Python 时间序列预测 /（加）马可·佩塞罗（Marco Peixeiro）著；翟世臣译 . —北京：机械工业出版社，2024.4

（数据分析与决策技术丛书）

书名原文：Time Series Forecasting in Python

ISBN 978-7-111-75446-6

I.①P… Ⅱ.①马… ②翟… Ⅲ.①软件工具 – 程序设计 – 应用 – 时间序列分析 Ⅳ.① O211.61-39

中国国家版本馆 CIP 数据核字（2024）第 061945 号

机械工业出版社（北京市百万庄大街 22 号　邮政编码 100037）
策划编辑：刘　锋　　　　　　责任编辑：刘　锋　　冯润峰
责任校对：孙明慧　　宋　安　　责任印制：任维东
天津嘉恒印务有限公司印刷
2024 年 6 月第 1 版第 1 次印刷
186mm × 240mm · 22.75 印张 · 505 千字
标准书号：ISBN 978-7-111-75446-6
定价：129.00 元

电话服务　　　　　　　　　网络服务
客服电话：010-88361066　　机　工　官　网：www.cmpbook.com
　　　　　010-88379833　　机　工　官　博：weibo.com/cmp1952
　　　　　010-68326294　　金　　书　　网：www.golden-book.com
封底无防伪标均为盗版　　　机工教育服务网：www.cmpedu.com

The Translator's Words 译 者 序

一次偶然的机会，我遇见本书英文版，它让我爱不释手，我便一气呵成读完全文。本书图文并茂、内容详实，深深地吸引了我。

时间序列是按照时间发生的先后顺序进行排列的数据点序列，简称时序。时间序列预测是最常见的时序问题之一，在零售企业、电网公司、制造企业，以及新能源、金融等领域都有广泛应用。时序预测效果对业务有着重大影响，在关键时刻发挥决策支撑作用。例如：有效地预测电商零售产品销量可以为企业备货、配送、运营等提供决策依据，实现降本增效；准确地预测发电量与用电量可以使电网的调度更加智能化，发挥最大效能；提前诊断生产设备可能发生的故障可以做出预测性维护，降低停工造成的损失；实时估计电池剩余电量、预测剩余寿命可以更充分地使用车辆；对利率、股票、现金流、外汇等走势预测可以为投资理财带来更合理的规划。

本书作者 Marco Peixeiro 先生是一家银行的数据科学家，他自学成才，深知行业需要什么样的人才，因此本书也特别注重动手实践。讲实战、接地气、拒空谈，也是我一直崇尚的理念。本书从统计学建模到深度学习预测，再到自动化大规模预测，将理论和实践相结合，规避了一些难懂的数学公式。全书围绕抗糖尿病药物用量预测、家庭用电消费预测、牛排的月平均零售价格预测等典型项目案例，由浅入深，详细介绍了一整套行之有效的问题解决方法。书中部分章节还配有同步练习和开源代码，用以帮助读者巩固所学知识。

在此，特别感谢机械工业出版社的编辑，正是他们认真严谨的工作，才使得本书翻译顺利完成。感谢我的妻子，她的勤俭持家给了我奋斗的信心和力量；也感谢我的孩子，他们的成长、欢笑和进步，融化了我所有的艰辛，也让我的努力变得更有意义！

我在翻译的过程中，虽然力争信、达、雅，并与作者进行了沟通和交流，但是限于水平，书中难免存在不足之处，敬请读者批评指正，可以通过邮箱 sczhai@qq.com 联系我。希望本书能够对你有所帮助！

翟世臣

2023 年 9 月于苏州

Preface 前　言

我在一家银行工作，很快就意识到时间是一个多么重要的因素。利率随着时间的推移而变化，人们的支出随着时间的推移而变化，资产价格也随时间变化。然而我发现大多数人，包括我在内，都不太擅长进行时间序列分析，所以我决定学习时间序列预测。

事实证明这比预期的要难，因为我找到的每个资源都用 R 语言，而我习惯使用 Python。对数据科学来说，毫无疑问，Python 是业界最流行的语言。R 语言限制你做统计计算，Python 允许你编写网站代码、执行机器学习、部署模型、构建服务器等。因此，在学习时间序列预测时，我不得不将大量的 R 语言代码翻译成 Python，那时我才意识到这个市场空白，我很幸运有机会写一本关于这方面的书。

通过这本书，我希望创建一个用 Python 进行时间序列预测的一站式参考指南。它既涵盖了统计和机器学习模型，还讨论了自动预测库，因为它们在行业中广泛使用，并且通常用作基线模型。本书结合各种现实生活场景，着重强调动手实践方法。在现实生活中，数据是杂乱的、"肮脏"的，有时还会丢失，而且我想给读者一个安全的空间，让他们带着困难实验，并从中学习，这样他们才能轻松地将这些技能转移到自己的项目中。

这本书的重点是时间序列预测。当然，对于时间序列数据，我们也可以执行分类或异常检测，但本书只聚焦于预测。

在每一章中，读者都会找到可以用来实践和磨炼技能的练习。每个练习在 GitHub 上都有完整的解决方案。我强烈建议读者花时间完成它们，这样才能获得重要的实践技能。这些练习可以帮助读者检验所学的知识、回顾指定的章节内容以及在新场景中应用建模技术。

在学完各章内容并完成练习后，读者将有信心使用所有必需的工具处理任何预测项目并获得很棒的结果。衷心地希望读者能在好奇心的驱动下，成为时间序列方面的专家。

关于本书

写这本书是为了帮助数据科学家掌握时间序列预测，并帮助专业人士从用 R 语言转型到用 Python 进行时间序列分析。书中首先定义时间序列数据并强调使用该类型数据的独特性（例如，你不能打乱数据），然后逐步开发基线模型并探讨预测的必要性。

其他章节深入讨论预测技术，并逐渐增加模型的复杂性，从统计模型到深度学习模型。最后，本书介绍自动预测库，这些库可以大幅加速预测过程。

谁应该读这本书

这本书是为那些知道如何执行传统的回归和分类任务但不擅长处理时间序列数据的数据科学家而写。到目前为止，如果你还一直在删除日期栏，那么本书非常适合你！这本书也适合精通 R 语言并希望转型到 Python 的专业人士。R 语言是一种很好的时间序列预测语言，并且许多方法已经用 R 语言实现。然而，Python 是最流行的数据科学语言，可以应用于深度学习模型，这是 R 语言无法做到的。

本书的组织方式：路线图

全书共 21 章，分为 4 部分。

第一部分是时间序列预测概述。我们将给出时间序列数据的形式化定义、开发基线模型，并查看预测是否合理：

❑ 第 1 章定义时间序列数据并探讨预测项目的生命周期。

❑ 第 2 章中，我们将开发基线模型，因为模型只能相对于另一个模型进行评估。因此，在转向更复杂的技术之前，首先有一个简单的预测模型是很重要的。

❑ 第 3 章将研究随机游走模型，这是一个特殊的场景，无法使用高级模型进行合理预测，我们必须求助于简单的基线模型。

第二部分将重点介绍使用统计模型进行预测：

❑ 第 4 章将开发移动平均模型 $MA(q)$，它是更复杂的预测技术的构建模块之一。

❑ 第 5 章将开发自回归模型 $AR(p)$，这是另一种用于更复杂场景的基础模型。

❑ 第 6 章将把 $AR(p)$ 和 $MA(q)$ 模型结合起来形成 $ARMA(p,q)$ 模型，并设计新的预测过程。

❑ 第 7 章将在第 6 章的基础上使用 $ARIMA(p,d,q)$ 模型对非平稳时间序列建模。

❑ 第 8 章将添加另一层复杂性并使用 $SARIMA(p,d,q)(P,D,Q)_m$ 模型对季节时间序列建模。

❑ 第 9 章将添加最后一层复杂性，并实现 SARIMAX 模型，使我们能使用外部变量来预测数据。

❑ 第 10 章将探讨向量自回归模型 $VAR(p)$，它允许我们同时预测多个时间序列。

❑ 第 11 章将以一个顶点项目结束第二部分，使我们有机会应用自第 4 章以来学到的知识。

第三部分将介绍深度学习预测。当数据集变得非常大时，由于存在非线性关系和高维度，深度学习是最合适的预测工具：

❑ 第 12 章介绍深度学习和我们可以建立的模型类型。

❑ 第 13 章探讨数据窗口步长，这对于确保使用深度学习模型进行预测的成功至关重要。

❑ 第 14 章将开发第一个简单的深度学习模型。

❑ 第 15 章将使用 LSTM 架构进行预测。这个架构专门用于处理顺序数据，就像时间序列一样。

❑ 第 16 章将探索 CNN 架构，它可以有效地通过卷积运算过滤时间序列中的噪声。我们也会组合使用 CNN 和 LSTM 架构。

❑ 第 17 章将开发一个自回归深度学习模型，它是一个经证明可产生最先进结果的架构，因为模型的输出作为输入反馈来生成下一个预测。

❑ 第 18 章将以一个顶点项目来结束第三部分。

第四部分将探讨自动化预测库的使用，特别是 Prophet，因为它是行业中广泛使用的库：

❑ 第 19 章将探讨自动化预测库的生态系统，我们将使用 Prophet 完成一个项目。我们还将使用 SARIMAX 模型比较两种方法的性能。

❑ 第 20 章是一个顶点项目，我们将带你使用 Prophet 库和 SARIMAX 模型，看看哪个在这种情况下表现最好。

❑ 第 21 章将对本书进行总结，旨在激励你超越自我，并探索利用时间序列数据还可以做些什么。

关于代码

本书包含了许多示例代码，在大多数情况下，原始源代码已被重新格式化。我们添加了换行并重做了缩进，以适应书中可用的页面空间。在某些情况下即使这样还不够，因此清单包括了行连续标记（➥）。此外，当在正文中描述代码时，源代码中的注释通常会从清单中删除。许多清单中都有代码注释，以突出重要的概念。

你可以从网址 https://livebook.manning.com/book/time-series-forecasting-in-python-book/ 获得可执行代码片段，本书的全部源代码可以在 GitHub 上找到：https://github.com/marcopeix/TimeSeriesForecastingInPython。在那里你也可以找到所有练习的解决方案，以及代码运行的图片。创建可视化有时是一项被忽视的技能，但我相信这是一项重要的技能。

所有的代码都是在 Windows 上使用 Anaconda 中的 Jupyter Notebook 运行的。我使用 Python 3.7，但任何后续发布的版本应该都可以运行。

致 谢 *Acknowledgements*

首先，我要感谢我的妻子 Lina，感谢她在我挣扎的时候认真倾听，并对这本书的大部分内容给出反馈以及纠正文中的语法错误。她从一开始就支持我，最终使这一切成为可能。

其次，我想感谢我的编辑 Bobbie Jennings。他让我写第一本书的整个过程变得如此轻松，这让我想写第二本书！在关于写作和牢记读者方面，他教会了我很多，并且他修正了本书的部分内容，这在很大程度上改进了本书。

致所有审阅者——Amaresh Rajasekharan、Ariel Andres、Biswanath Chowdhury、Claudiu Schiller、Dan Sheikh、David Paccoud、David R King、Dinesh Ghanta、Dirk Gomez、Gary Bake、Gustavo Patino、Helder C. R. Oliveira、Howard Bandy、Igor Vieira、Kathrin Björkelund、Lokesh Kumar、Mary Anne Thygesen、Mikael Dautrey、Naftali Cohen、Oliver Korten、Paul Silisteanu、Raymond Cheung、Richard Meinsen、Richard Vaughan、Rohit Goswami、Sadhana Ganapathiraju、Shabie Iqbal、Shankar Swamy、Shreesha Jagadeesh、Simone Sguazza、Sriram Macharla、Thomas Joseph Heiman、Vincent Vandenborne 和 Walter Alexander Mata López——谢谢你们让这本书变得更好。

最后，特别感谢 Brian Sawyer，他给了我这个难以置信的机会来写一本书，他完全信任我。是他让我的写书梦想成真，我对此非常感激。

$\mathcal{C}ontents$ **目 录**

译者序
前言
致谢

第一部分 时间不等人

第1章 了解时间序列预测 ……………… 3

1.1 时间序列简介 ……………… 4

1.2 时间序列预测概览 ……………… 7

　　1.2.1 设定目标 ……………… 8

　　1.2.2 确定预测对象 ……………… 8

　　1.2.3 设置预测范围 ……………… 8

　　1.2.4 收集数据 ……………… 8

　　1.2.5 开发预测模型 ……………… 8

　　1.2.6 部署到生产中 ……………… 9

　　1.2.7 监控 ……………… 9

　　1.2.8 收集新的数据 ……………… 9

1.3 时间序列预测与其他回归任务的
　　差异 ……………… 10

　　1.3.1 时间序列有顺序 ……………… 10

　　1.3.2 时间序列有时没有特征 ……… 10

1.4 下一步 ……………… 11

第2章 对未来的简单预测 ……………… 12

2.1 定义基线模型 ……………… 13

2.2 预测历史均值 ……………… 14

　　2.2.1 基线实现准备 ……………… 15

　　2.2.2 实现历史均值基线 ……………… 16

2.3 预测最后一年的均值 ……………… 19

2.4 使用最后已知数值进行预测 ……… 21

2.5 实现简单的季节性预测 ……………… 22

2.6 下一步 ……………… 23

第3章 来一次随机游走 ……………… 25

3.1 随机游走过程 ……………… 26

3.2 识别随机游走 ……………… 29

　　3.2.1 平稳性 ……………… 29

　　3.2.2 平稳性检验 ……………… 31

　　3.2.3 自相关函数 ……………… 34

　　3.2.4 把它们组合在一起 ……………… 34

　　3.2.5 GOOGL 是随机游走吗 ……… 37

3.3 预测随机游走 ……………… 39

　　3.3.1 长期预测 ……………… 39

3.3.2 预测下一个时间步长 ········· 44

3.4 下一步 ························· 46

3.5 练习 ························· 46

3.5.1 模拟和预测随机游走 ········· 46

3.5.2 预测 GOOGL 的每日收盘价 ···· 47

3.5.3 预测你选择的股票的每日收盘价 ························· 47

第二部分 使用统计模型进行预测

第4章 移动平均过程建模 ········· 51

4.1 定义移动平均过程 ············· 52

4.2 预测移动平均过程 ············· 57

4.3 下一步 ························· 64

4.4 练习 ························· 65

4.4.1 模拟 MA(2) 过程并做预测 ···· 65

4.4.2 模拟 MA(q) 过程并做预测 ···· 65

第5章 自回归过程建模 ··········· 67

5.1 预测零售店平均每周客流量 ······· 67

5.2 定义自回归过程 ············· 69

5.3 求平稳自回归过程的阶数 ········· 70

5.4 预测自回归过程 ············· 76

5.5 下一步 ························· 82

5.6 练习 ························· 82

5.6.1 模拟 AR(2) 过程并做预测 ···· 82

5.6.2 模拟 AR(p) 过程并做预测 ···· 83

第6章 复杂时间序列建模 ········· 84

6.1 预测数据中心带宽使用量 ········· 85

6.2 研究自回归移动平均过程 ········· 86

6.3 确定一个平稳的 ARMA 过程 ···· 88

6.4 设计一个通用的建模过程 ········· 91

6.4.1 了解 AIC ················· 92

6.4.2 使用 AIC 选择模型 ········· 93

6.4.3 了解残差分析 ············· 95

6.4.4 进行残差分析 ············· 99

6.5 应用通用建模过程 ············· 102

6.6 预测带宽使用情况 ············· 108

6.7 下一步 ························· 112

6.8 练习 ························· 113

6.8.1 对模拟的 ARMA(1,1) 过程进行预测 ··············· 113

6.8.2 模拟 ARMA(2,2) 过程并进行预测 ··············· 113

第7章 非平稳时间序列预测 ········· 115

7.1 定义差分自回归移动平均模型 ···· 116

7.2 修改通用建模过程以考虑非平稳序列 ················· 117

7.3 预测一个非平稳时间序列 ······· 119

7.4 下一步 ························· 125

7.5 练习 ························· 126

第8章 考虑季节性 ··············· 127

8.1 研究 SARIMA(p,d,q)(P,D,Q)$_m$ 模型 ····················· 128

8.2 识别时间序列的季节性模式 ······· 129

8.3 预测航空公司每月乘客数量 ······· 133

8.3.1 使用 ARIMA(p,d,q) 模型进行预测 ················· 135

8.3.2 使用 SARIMA(p,d,q)(P,D,Q)$_m$ 模型进行预测 ··············· 139

8.3.3　比较每种预测方法的性能 ···· 142

8.4　下一步 ····················· 144

8.5　练习 ······················· 145

第9章　向模型添加外生变量 ········· 146

9.1　研究 SARIMAX 模型 ········· 147

9.1.1　探讨美国宏观经济数据集的
外生变量 ············· 148

9.1.2　使用 SARIMAX 的注意
事项 ··············· 150

9.2　使用 SARIMAX 模型预测实际
GDP ························ 151

9.3　下一步 ····················· 158

9.4　练习 ······················· 159

第10章　预测多变量时间序列 ········· 160

10.1　研究 VAR 模型 ············· 161

10.2　设计 VAR(p) 建模过程 ········· 163

10.3　预测实际可支配收入和实际
消费 ······················ 164

10.4　下一步 ···················· 174

10.5　练习 ······················ 174

10.5.1　使用 VARMA 模型预测 realdpi
和 realcons ··············· 174

10.5.2　使用 VARMAX 模型预测
realdpi 和 realcons ·········· 175

**第11章　顶点项目：预测澳大利亚
抗糖尿病药物处方的数量** ··· 176

11.1　导入所需的库并加载数据 ······· 177

11.2　可视化序列及其分量 ········· 178

11.3　对数据进行建模 ············· 180

11.3.1　进行模型选择 ········· 181

11.3.2　进行残差分析 ········· 183

11.4　预测和评估模型的性能 ········· 184

11.5　下一步 ···················· 187

**第三部分　使用深度学习进行大规模
预测**

**第12章　将深度学习引入时间序列
预测** ···················· 191

12.1　何时使用深度学习进行时间
序列预测 ·················· 191

12.2　探索不同类型的深度学习
模型 ······················ 192

12.3　准备应用深度学习进行预测 ···· 194

12.3.1　进行数据探索 ········· 195

12.3.2　特征工程和数据拆分 ···· 198

12.4　下一步 ···················· 202

12.5　练习 ······················ 202

**第13章　数据窗口和创建深度学习
基线** ···················· 204

13.1　创建数据窗口 ··············· 204

13.1.1　探索如何训练深度学习
模型用于时间序列预测 ···· 205

13.1.2　实现数据窗口类 ······· 208

13.2　应用基线模型 ··············· 215

13.2.1　单步基线模型 ········· 215

13.2.2　多步基线模型 ········· 217

13.2.3　多输出基线模型 ········· 220

13.3　下一步 ···················· 223

13.4 练习 ……………………… 223

第14章 初步研究深度学习 ……… 225

14.1 实现线性模型 ……………… 225

14.1.1 实现单步线性模型 …… 226

14.1.2 实现多步线性模型 …… 228

14.1.3 实现多输出线性模型 … 229

14.2 实现深度神经网络 ………… 230

14.2.1 实现单步深度神经网络
模型 ………………… 232

14.2.2 实现多步深度神经网络
模型 ………………… 234

14.2.3 实现多输出深度神经网络
模型 ………………… 236

14.3 下一步 ……………………… 237

14.4 练习 ……………………… 237

第15章 使用LSTM记住过去 ……… 239

15.1 探索递归神经网络 ………… 239

15.2 研究 LSTM 架构 …………… 241

15.2.1 遗忘门 ………………… 242

15.2.2 输入门 ………………… 243

15.2.3 输出门 ………………… 244

15.3 实现 LSTM 架构 …………… 245

15.3.1 实现单步 LSTM 模型 …… 245

15.3.2 实现多步 LSTM 模型 …… 247

15.3.3 实现多输出 LSTM 模型 … 249

15.4 下一步 ……………………… 252

15.5 练习 ……………………… 252

第16章 使用CNN过滤时间序列 …… 254

16.1 研究卷积神经网络 ………… 254

16.2 实现 CNN ………………… 257

16.2.1 实现单步 CNN 模型 …… 258

16.2.2 实现多步 CNN 模型 …… 261

16.2.3 实现多输出 CNN 模型 … 263

16.3 下一步 ……………………… 264

16.4 练习 ……………………… 265

第17章 使用预测做出更多预测 …… 267

17.1 研究 ARLSTM 架构 ……… 267

17.2 构建自回归 LSTM 模型 …… 269

17.3 下一步 ……………………… 273

17.4 练习 ……………………… 273

**第18章 顶点项目：预测一个家庭的
用电量** ……………………… 274

18.1 了解顶点项目 ……………… 275

18.2 数据整理和预处理 ………… 277

18.2.1 处理缺失数据 ………… 278

18.2.2 数据转换 ……………… 279

18.2.3 数据重采样 …………… 279

18.3 特征工程 …………………… 281

18.3.1 删除无用的列 ………… 282

18.3.2 确定季节性周期 ……… 282

18.3.3 拆分和缩放数据 ……… 285

18.4 使用深度学习进行建模的准备
工作 ………………………… 285

18.4.1 初始配置 ……………… 285

18.4.2 定义 DataWindow 类 …… 286

18.4.3 训练模型的效用函数 … 289

18.5 使用深度学习进行建模 …… 289

18.5.1 基线模型 ……………… 290

18.5.2 线性模型 ……………… 292

18.5.3 深度神经网络 ············· 293

18.5.4 LSTM 模型 ··············· 294

18.5.5 卷积神经网络 ············· 295

18.5.6 组合 CNN 与 LSTM ······· 296

18.5.7 自回归 LSTM 模型 ······· 297

18.5.8 选择最佳模型 ············· 299

18.6 下一步 ·························· 300

19.6 下一步 ·························· 329

19.7 练习 ··························· 329

19.7.1 预测航空乘客人数 ········ 329

19.7.2 预测抗糖尿病药物处方
数量 ···················· 330

19.7.3 预测某个关键字在
Google Trends 上的
受欢迎程度 ··············· 330

第四部分 大规模自动化预测

第19章 使用Prophet自动化时间
序列预测 ················· 303

19.1 自动化预测库概述 ············· 303

19.2 探索 Prophet ·················· 305

19.3 使用 Prophet 进行基本预测 ····· 306

19.4 探索 Prophet 的高级功能 ······· 310

19.4.1 可视化能力 ············· 311

19.4.2 交叉验证和性能指标 ······ 314

19.4.3 超参数调优 ············· 317

19.5 使用 Prophet 实现鲁棒的预测
过程 ···························· 319

19.5.1 预测项目：预测"chocolate"
在 Google 上的受欢迎
程度 ···················· 320

19.5.2 实验：SARIMA 能做得
更好吗 ·················· 326

第20章 顶点项目：预测加拿大
牛排的月平均零售价格 ····· 331

20.1 了解顶点项目 ·················· 331

20.2 数据预处理与可视化 ············· 332

20.3 使用 Prophet 进行建模 ·········· 334

20.4 可选：开发一个 SARIMA
模型 ···························· 338

20.5 下一步 ·························· 342

第21章 超越自我 ··················· 343

21.1 总结所学 ······················ 343

21.1.1 统计学预测方法 ·········· 344

21.1.2 深度学习预测方法 ········ 344

21.1.3 自动化预测过程 ·········· 345

21.2 如果预测不起作用怎么办 ······· 345

21.3 时间序列数据的其他应用 ······· 346

21.4 保持练习 ······················ 347

附录 安装说明 ··················· 349

第一部分 *Part 1*

时间不等人

- 第1章 了解时间序列预测
- 第2章 对未来的简单预测
- 第3章 来一次随机游走

很少有现象不受时间的影响，这本身就足以证明了解时间序列的重要性。在本书的第一部分，我们将定义并探讨时间序列的特性。我们还将使用简单的方法开发第一个预测模型。这些预测模型将作为基线模型，我们将在本书中重复使用这些技术。最后，我们将研究一种无法进行预测的情况，以便识别并避免落入陷阱。

了解时间序列预测

时间序列存在于从气象学到金融、计量经济学和市场营销的各个领域。通过记录数据并对其进行分析，我们可以研究时间序列来分析工业流程或跟踪业务指标，例如销售或参与情况。此外，有了大量可用的数据，数据科学家可以将他们的专业知识应用于时间序列预测。

你可能看到过其他关于时间序列的课程、书籍或文章，这些都用 R 语言实现解决方案，R 语言是一种专门为统计计算而设计的编程语言。正如你将在第 3 章及以后章节中学到的，许多预测技术都使用统计模型。因此，人们做了大量的工作来开发软件包，以便使用 R 语言无缝进行时间序列分析和预测。然而，大多数数据科学家都需要精通 Python，因为它是机器学习领域最广泛使用的语言。近年来，社区和大公司开发了一些强大的库，利用 Python 来执行统计计算和机器学习任务、开发网站等。虽然 Python 远不是一种完美的编程语言，但它的多功能性对其用户来说非常有用，因为我们可以开发模型，执行统计测试，并可能通过 API 或开发 Web 界面为模型提供服务，而所有这些都使用相同的编程语言。本书将展示如何仅使用 Python 实现时间序列预测的统计学习技术和机器学习技术。

本书将完全聚焦时间序列预测。首先你将学习如何进行简单的预测，这些预测将作为更复杂模型的基准。然后，我们将使用两种统计学习技术（移动平均模型和自回归模型）来进行预测。这两种技术将作为我们要涵盖的更复杂建模技术的基础，使我们能够解释非平稳性、季节性效应和外生变量的影响。之后，我们将从统计学习技术转向深度学习方法，以预测高维的大型时间序列，在这种情况下，统计学习往往不如深度学习方法表现得好。

现在，我们将研究时间序列预测的基本概念。我将从时间序列的定义开始，以便你能够识别时间序列。然后，我们将逐步讨论时间序列预测的目的。最后，你将了解为什么时间序列预测不同于其他回归问题，以及为什么这个主题值得专门写一本书。

1.1 时间序列简介

了解和进行时间序列预测的第一步是学习什么是时间序列。简而言之，时间序列只是一组按时间排序的数据点。此外，数据通常在时间上是等间隔的，这意味着每个数据点之间的间隔相等。简单地说，数据可以每小时或每分钟记录一次，也可以按月或按年取平均。时间序列的一些典型示例包括特定股票的收盘价、家庭用电量或室外温度。

> **时间序列**
>
> 时间序列是一组按时间排序的数据点。
>
> 数据在时间上间隔相等，即每小时、每分钟、每月或每季度记录一次。时间序列的典型示例包括股票的收盘价、家庭用电量或室外温度。

让我们考虑一个数据集，它代表 1960 ~ 1980 年强生公司股票的季度每股收益（Earnings Per Share, EPS；单位为美元），如图 1.1 所示。我们将在本书中经常使用这个数据集，因为它有许多有趣的属性，可以帮助你学习用于解决更复杂的预测问题的高级技术。

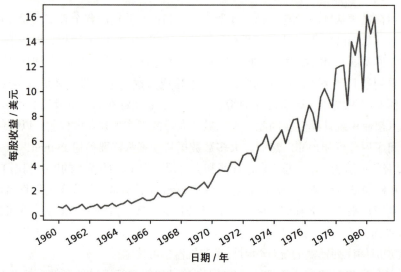

图 1.1 强生公司 1960 ~ 1980 年季度收益（美元）呈现出积极的趋势和周期性行为

正如你所看到的，图 1.1 清楚地表示了一个时间序列。数据按时间索引，如横轴所示。此外，数据在时间上是等间隔的，因为它是在每年的每个季度末记录的。我们可以看到数据有一个趋势，因为数值随着时间的推移而增加。我们还看到，每年的收益都在上下波动，而且这种模式每年都在重复。

时间序列的分量

我们可以通过观察时间序列的三个分量来进一步了解时间序列：趋势分量、季节性分量和残差分量。事实上，所有的时间序列都可以分解为这三个分量。

可视化时间序列的分量称为分解。分解被定义为将时间序列分离成其不同分量的统计任务。我们可以对每个单独分量进行可视化，这将帮助我们识别数据中的趋势和季节性模式，这并不能总是通过查看数据集直接获得。

让我们仔细看看强生公司季度每股收益的分解，如图1.2所示。你可以看到如何将观测到的数据拆分为趋势、季节性和残差。让我们更详细地研究这个图表的每一部分。

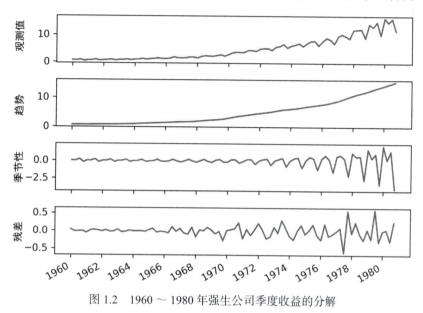

图1.2 1960～1980年强生公司季度收益的分解

首先，顶部的图表记为观测值，它简单地显示了记录的时间序列（如图1.3所示）。纵轴表示强生公司季度每股收益值（美元），而横轴表示时间。它基本上是图1.1的再现，并且它显示了图1.2的趋势、季节性和残差图合并后的结果。

图1.3 关注观测图

然后我们有了趋势分量，如图1.4所示。同样，请记住，纵轴表示数值，而横轴仍然表示时间。在时间序列中，趋势被定义为缓慢移动的变化。我们可以看到，它开始是平缓的，然后急剧上升，这意味着我们的数据呈上升趋势。趋势分量有时被称为水平。我们可以将这个趋势分量视为试图通过大量数据点画一条线来显示时间序列的大致方向。

接下来，我们看到季节性分量，如图1.5所示。季节性分量捕捉季节性变化，这是在固定时间段内发生的循环。我们可以看到，在一年或四个季度的过程中，每股收益开始缓慢增加，然后在年底再次减少。

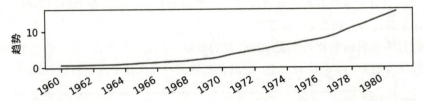

图 1.4 关注趋势分量。在我们的序列中有一个趋势，因为分量不平坦。它表明随着时间的推移，数值不断增加

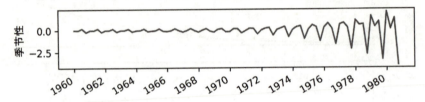

图 1.5 关注季节性分量，我们的时间序列有周期性的波动，这表明收益每年都在上下波动

请注意纵轴显示负值会怎样，这是否意味着每股收益为负？显然，这是不可能的，严格地讲，因为我们的数据集具有正值。因此，我们可以说，季节性分量显示了我们偏离趋势如何。有时我们有一个正偏差，我们在图中观测到一个峰值。有时，我们有一个负偏差，我们在图中会观测到一个波谷。

最后，图 1.2 中的最下面一张图展示了残差，这是趋势或季节性分量都无法解释的。我们可以认为残差是趋势和季节性图叠加在一起，并将每个时间点的值与观测图进行比较。对于某些点，我们可能会得到与观测值完全相同的值，在这种情况下，残差将为零。在其他情况下，该值不同于观测值，因此，残差图显示了那些必须添加到趋势和季节性分量中的数据，以便调整结果并获得与观测值相同的值。残差通常对应于随机误差，也称为白噪声，我们将在第 3 章中讨论。它们代表我们无法建模或预测的信息，因为它是完全随机的，如图 1.6 所示。

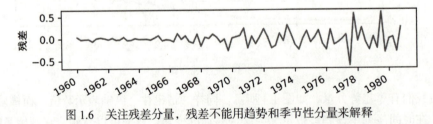

图 1.6 关注残差分量，残差不能用趋势和季节性分量来解释

时间序列分解
时间序列分解是我们将时间序列分解为趋势、季节性和残差等分量的过程。

> 趋势代表了时间序列中的缓慢变化。它负责使该序列随着时间的推移逐渐增加或减少。季节性分量代表了该序列中的季节性模式。这些循环在一个固定的时间段内反复发生。残差代表了趋势和季节性分量无法解释的行为。它们对应于随机误差，也称为白噪声。

我们已经直观地看到每个分量如何影响预测工作。如果一个时间序列呈现出某种趋势，那么我们就会期待它在未来会继续呈现这种趋势。同样，如果我们观察到强烈的季节性效应，这种情况很可能会持续下去，预测必须反映这一点。在本书的后面，你将看到如何考虑这些分量，并将它们包含在模型中以预测更复杂的时间序列。

1.2 时间序列预测概览

预测是使用历史数据和可能影响我们预测的未来事件的知识来预测未来。这个定义充满了希望，作为数据科学家，我们通常非常渴望通过使用科学知识来展示一个令人难以置信的具有近乎完美的预测准确性的模型，并用它来开始预测。然而，在达到预测点之前，必须涵盖一些重要的步骤。

图 1.7 是一个完整预测项目在专业设置下的简化示意图。但请注意，这些步骤并不是通用的，它们可能会也可能不会被遵循，这取决于组织及其成熟度。尽管如此，这些步骤对确保数据团队和业务团队之间的良好凝聚力是必不可少的，从而提供商业价值并避免团队之间的摩擦和挫折。

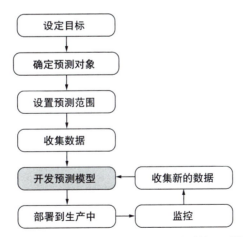

图 1.7 项目预测路线图。第一步自然是设定目标，证明预测的必要性；然后，你必须确定需要预测什么才能实现这一目标；接着设置预测的范围，一旦完成，你就可以收集数据并开发预测模型；最后将模型部署到生产中，监控其性能，并再收集新数据，以便重新训练预测模型并确保其仍然相关

让我们深入研究一个场景，该场景详细涵盖了预测项目路线图的每个步骤。想象一下，

你正计划一个月后进行一次为期一周的露营旅行，你想知道要随身携带哪个睡袋，以便晚上可以舒适地睡觉。

1.2.1 设定目标

任何项目路线图的第一步都是设定目标。这里的场景很明确：你想知道晚上带哪个睡袋才能睡得舒服。如果晚上很冷，那么一个温暖的睡袋是最好的选择。当然，如果预计晚上会很暖和，那么一个轻便的睡袋会是更好的选择。

1.2.2 确定预测对象

然后为决定带哪个睡袋你要确定什么是必须预测的。在这种情况下，你需要预测夜间的温度。为了简化问题，只要考虑预测最低温度就足以做出决定，因为最低温度出现在夜间。

1.2.3 设置预测范围

现在，你可以设置预测的范围。在这种情况下，你的露营旅行是一个月后开始，并且将持续一周。因此，你预测的时间范围是一周，因为你只对预测露营旅行期间的最低温度感兴趣。

1.2.4 收集数据

现在，你可以开始收集数据了。例如，你可以收集历史每日最低温度数据。你还可以收集可能影响温度的因素的数据，比如湿度和风速。

这时会产生一些问题，就是到底收集多少数据才算足够。理想情况下，你应该收集 1 年以上的数据。这样，你可以确定是否存在年度季节性模式或趋势。就温度而言，你当然可以期待一年中的一些季节性模式，因为不同的季节会带来不同的最低温度。

然而，一年的数据并不是确定数据多少的最终答案。这在很大程度上取决于预测的频率。在这种情况下，你将创建每日预测，因此，一年的数据应该足够了。

如果你想按每小时构建预测，几个月的训练数据就足够了，因为它将包含大量的数据点。如果你要按月度或年度构建预测，则需要更大的历史时段，以获得足够多的数据点进行训练。

最后，关于训练模型所需的数据量，这里没有明确的答案。确定这一点是构建模型、评估其性能，以及测试更多数据是否会提高模型性能的实验过程的一部分。

1.2.5 开发预测模型

有了历史数据，你就可以开发预测模型了。项目路线图的这一部分是本书的重点。这是你研究数据并确定是否存在趋势或季节性模式的时候。

如果你观察季节性，那么 SARIMA 模型将是相关的，因为该模型使用季节性效应来产生预测。如果你有关于风速和湿度的信息，那么你可以使用 SARIMAX 模型将其考虑在内，因为你可以向它提供来自外部变量（如风速和湿度）的信息。我们将在第 8 章和第 9 章中详细探讨这些模型。

如果你设法收集了大量的数据，比如过去 20 年的日最低气温，那么你可以使用神经网络来训练这些大量的数据。与统计学习方法不同，深度学习倾向于产生更好的模型，因为更多的数据被用于训练。

无论开发哪个模型，你都将使用部分训练数据作为测试集来评估模型的性能。测试集将始终是最新的数据点，并且必须代表预测范围。

在这种情况下，由于你的预测范围是一周，因此你可以从训练集中删除最后 7 个数据点，将它们放在测试集中。然后，在训练每个模型时，你可以生成一周的预测，并将结果与测试集进行比较。模型的性能可以通过计算误差度量来评估，例如均方误差（Mean Squared Error,MSE）。这是一种评估你的预测与实际值差距的方法。MSE 最小的模型将是性能最好的模型，它将进入下一步。

1.2.6　部署到生产中

一旦你得到了最佳模型，就必须把它部署到生产环境中。这意味着你的模型可以接收数据，并返回未来 7 天的每日最低气温预测。有许多方法可以将模型部署到生产环境中，这可能是一整本书的主题。你的模型可以作为 API 或集成到 Web 应用程序中来运行，你也可以定义自己的 Excel 函数来运行该模型。最终，模型部署后，当你输入数据时，无须对其进行任何手动操作，就能返回预测。此时，还可以对你的模型进行监控。

1.2.7　监控

由于露营旅行距离现在有 1 个月，因此你可以看到你的模型的表现。每天，你都可以将模型的预测与当天记录的实际最低气温进行比较，这使你可以确定模型预测的质量。

你还可以查找意外事件。例如，可能会出现热浪，从而降低模型预测的质量。密切监控你的模型和当前事件可以让你确定意外事件是暂时的，还是会持续 2 个月，在这种情况下，它可能会影响你的露营旅行决定。

1.2.8　收集新的数据

在监控模型时，你需要将模型的预测与当天观测到的最低气温进行比较，这样就必须收集新的数据。这个新的、更新的数据可以用来重新训练模型，这样就可以用来预测未来 7 天的最低气温。

这个循环在接下来的一个月里重复，直到露营旅行开始的那一天，如图 1.8 所示。到那时，你将做出许多预测，根据新观测到的数据评估它们的质量，并在你记录它们时用新的日最低气温重新训练模型。这样，你就可以确保你的模型仍然有效，并使用相关数据来预测露营旅行的温度。

最后，根据模型的预测，你可以决定带哪个睡袋。

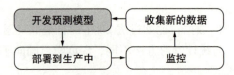

图 1.8　生产循环可视化。一旦将模型部署到生产中，就将进入一个循环，对其进行监控，收集新的数据，并使用该数据调整预测模型，然后再次部署它

1.3　时间序列预测与其他回归任务的差异

你可能遇到过这样的回归任务，在这些任务中，你必须在给定一组特征集的情况下预测一些连续目标。乍一看，时间序列预测似乎是一个典型的回归问题：我们有一些历史数据，并且希望建立一个数学表达式，将未来值表示为过去值的函数。然而，在一些与时间无关的场景中，时间序列预测和回归之间存在一些关键差异，因此我们需要在研究第一种预测技术之前了解这些差异。

1.3.1　时间序列有顺序

第一个要记住的概念是，时间序列有一个顺序，我们在建模时不能改变这个顺序。在时间序列预测中，我们将未来值表示为过去值的函数。因此，我们必须保持数据有序，这样才不会违反这种关系。

此外，保持数据有序是有意义的，因为你的模型只能使用从过去到现在的信息——它不知道未来会观测到什么。回想一下你的露营之旅，如果你想预测星期二的气温，那么你不可能使用星期三的相关信息，因为从模型的角度来看，它是未来的。你只能使用星期一及其之前的数据。这就是在整个建模过程中数据的顺序必须保持不变的原因。

机器学习中的其他回归任务通常没有顺序。例如，如果你的任务是根据广告支出预测收入，那么何时进行特定金额的广告支出并不重要。相反，你只需将广告支出金额与收入相关联。事实上，你甚至可以随机打乱数据以使你的模型更加健壮。这里，回归任务是简单地推导出一个函数，给定广告花费的金额，该函数就会返回收入的估计。

另外，时间序列是按时间索引的，并且必须保持该顺序。否则，你将使用没有预测时间的未来信息来训练模型，这在很多正式的术语中被称为前瞻偏差。因此，所得到的模型是不可靠的，当你对未来进行预测时，该模型很可能会表现不佳。

1.3.2　时间序列有时没有特征

在不使用除时间序列本身之外的特征的情况下，可以进行时间序列预测。

作为数据科学家，我们习惯于拥有包含许多列的数据集，每一列都代表我们目标的一个潜在预测因子。例如，考虑基于广告花费预测收入的任务，其中收入是目标变量。我们可以使用 Google、Facebook 和电视等广告上花费的金额作为特征。利用这三个特征，我们将建立一个回归模型来估计收入。

然而，对于时间序列，通常会给出一个简单的数据集，其中包含一个时间列和该时间点的值。在没有任何其他特征的情况下，我们必须学习使用时间序列的过去值来预测未来值的方法。这是移动平均模型（第 4 章）或自回归模型（第 5 章）开始发挥作用的时候，因为它们是将未来值表示为过去值的函数的方法。这些模型是更复杂模型的基础，这些模型允许你考虑时间序列中的季节性模式和趋势。从第 6 章开始，我们将逐步建立一些基准模型来预测更复杂的时间序列。

1.4　下一步

本书将详细介绍不同的预测技术。我们将从一些非常基本的方法开始，如移动平均模型和自回归模型，我们将逐步考虑更多的因素，以便使用 ARIMA、SARIMA 和 SARIMAX 模型预测具有趋势和季节性模式的时间序列。我们还将处理高维时间序列，这要求我们对顺序数据使用深度学习技术。因此，我们必须使用 CNN（Convolutional Neural Network，卷积神经网络）和 LSTM（Long Short-Term Memory，长短期记忆）来构建神经网络。最后，你将学习如何使用自动化预测时间序列的工作。如前所述，本书中的所有实现都将用 Python 完成。

现在你已经理解了什么是时间序列，以及这些预测与你以前可能见过的任何传统回归任务有何不同，我们已经准备好并开始进行预测。然而，我们在预测方面的第一次尝试将集中在作为基线模型的简单方法上。

小结

- ❏ 时间序列是一组按时间排序的数据点。
- ❏ 时间序列的示例是股票的收盘价或室外温度。
- ❏ 时间序列可以分解为三个分量：趋势分量、季节性分量和残差分量。
- ❏ 设定预测目标以及在模型部署后进行监控是非常重要的。这将确保项目的成功和持久。
- ❏ 在建模时，切勿更改时间序列的顺序，不允许打乱数据。

Chapter 2 第 2 章

对未来的简单预测

在第 1 章中，我们介绍了什么是时间序列，以及预测时间序列与传统的回归任务有何不同。你还学习了构建成功的预测项目所需的必要步骤，从定义目标到构建模型、部署模型以及在收集到新数据时更新模型。现在你已经准备好开始预测时间序列了。

你将首先学习如何对未来进行简单预测，这将作为基线。基线模型是一种简单的解决方案，它使用试探法或简单的统计数据来计算预测。开发基线模型并不总是一门精确的科学。它通常需要一些直觉，我们将通过可视化数据和检测可用于预测的模式来获得这些直觉。在任何建模项目中，有一个基线是很重要的，因为你可以使用它来比较你将要构建的更复杂模型的性能。理解模型的性能是否良好的唯一方法是将其与基线进行比较。

在本章中，假设我们希望预测强生公司的季度每股收益。我们可以查看图 2.1 中的数据集，它与你在第 1 章中看到的相同。具体来说，我们将使用 1960 ~ 1979 年底的数据来预测 1980 年四个季度的每股收益。预测期如图 2.1 中的灰色区域所示。

你可以在图 2.1 中看到，我们的数据有一个趋势，因为它随着时间的推移而增加。此外，我们有一个季节性模式，因为在一年或四个季度的过程中，我们可以反复观察波峰和波谷。这意味着我们有季节性。

回想一下，我们在第 1 章分解时间序列时识别了这些分量。这些分量如图 2.2 所示。我们将在本章后面详细研究其中的一些分量，因为它们将帮助我们获得一些关于数据行为的直觉，这反过来将帮助我们开发一个良好的基线模型。

我们将首先定义什么是基线模型，然后我们将开发 4 种不同的基线来预测强生公司的季度每股收益。最后用 Python 和时间序列预测来动手实践。

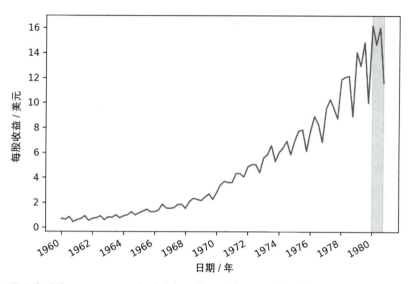

图 2.1 强生公司从 1960 ～ 1980 年季度每股收益（美元）。我们将使用从 1960 ～ 1979 年最后一个季度的数据来建立一个基线模型，该模型将预测 1980 年季度的每股收益（如灰色区域所示）

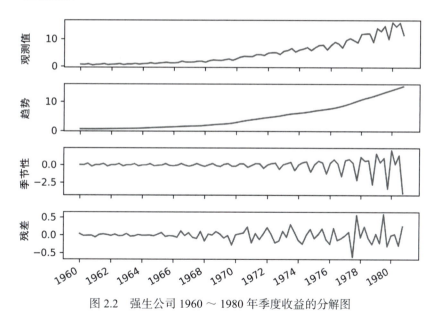

图 2.2 强生公司 1960 ～ 1980 年季度收益的分解图

2.1 定义基线模型

一个基线模型是我们问题的一个简单解决方案。它通常使用启发式方法或简单的统计数据来生成预测。基线模型是你能够想到的最简单解决方案，它不需要任何训练，并且实施成本应该非常低。

> **你能思考出我们项目的基线吗**
> 已知我们想要预测强生公司的每股收益，你能做的最基本、最简单的预测是什么？

在时间序列的上下文中，我们可以用来建立基线的一个简单统计数据是算术平均数。我们可以简单地计算一段时间内这些值的均值，并假设未来的值将等于该均值。在预测强生公司每股收益的背景下，这就像是在说：

1960～1979 年间的平均每股收益为 4.31 美元。因此，我预计 1980 年未来四个季度的每股收益将相当于每季度 4.31 美元。

另一种可能的基线是简单地预测最后记录的数据点。在强生公司的背景下，这就像是在说：

如果本季度的每股收益为 0.71 美元，那么下个季度的每股收益也将为 0.71 美元。

或者，如果我们在数据中看到周期性模式，我们可以简单地在未来重复该模式。在强生公司的背景下，这就像是在说：

如果 1979 年第一季度的每股收益为 14.04 美元，那么 1980 年第一季度的每股收益也将为 14.04 美元。

你可以看到，这三个可能的基线依赖于在我们的数据集中观测到的简单统计数据、启发式方法和模式。

> **基线模型**
> 基线模型是预测问题的一个简单的解决方案。它依赖于启发式或简单的统计，通常是最简单的解决方案。它不需要模型拟合，易于实现。

你可能想知道这些基线模型是否有用。这些简单的方法能在多大程度上预测未来？我们可以通过对 1980 年进行预测，并用 1980 年的观测数据检验预测，来回答这个问题。这被称为非样本预测，因为我们在开发模型时未考虑周期进行预测。通过这种方式，我们可以衡量模型的性能，并理解当我们预测超出我们所拥有的数据时，它们的表现如何，在这种情况下是 1981 年及以后。

接下来你将学习如何制定此处提到的不同基线，以预测强生公司的季度每股收益。

2.2　预测历史均值

如本章开头所述，我们将使用强生公司 1960～1980 年以美元（USD）计算的季度每股收益。我们的目标是使用 1960～1979 年底的数据来预测 1980 年的四个季度。我们将讨论的第一个基线使用历史均值，即过去数值的算术平均数。它的实现很简单：计算训练集的均值，这将是我们对 1980 年四个季度的预测。不过，首先，我们需要做一些准备工作，我们将在所有基线实现中使用这些准备工作。

2.2.1　基线实现准备

第一步是加载数据集。为此，我们将使用 pandas 库，并使用 read_csv 方法将数据集加载到 DataFrame 中。你可以将该文件下载到本地计算机上，并将该文件的路径传递给 read_csv 方法，或者只需输入托管在 GitHub 上的 CSV 文件的 URL。在这种情况下，我们将使用文件：

```
import pandas as pd

df = pd.read_csv('../data/jj.csv')
```

注　本章的完整代码可以在 GitHub 上找到：https://github.com/marcopeix/TimeSeriesForecasting InPython/tree/master/CH02。

DataFrame 是 pandas 中最常用的数据结构。它是一种二维标签数据结构，其中的列可以保存不同类型的数据，如字符串、整数、浮点数或日期。

第二步是将数据拆分为用于训练的训练集和用于测试的测试集。鉴于我们的预测期是 1 年，我们的训练集将从 1960 年开始，一直到 1979 年底。我们将为我们的测试集保存 1980 年收集的数据。你可以将 DataFrame 视为具有列名和行索引的表格或电子表格。

使用 DataFrame 中的数据集，我们可以通过运行以下命令来显示前 5 个条目：

```
df.head()
```

这将为我们提供如图 2.3 所示的输出。

图 2.3 将帮助你更好地理解 DataFrame 所保存的数据类型。当计算 EPS 时，我们有日期列，它指定每个季度的结束。数据列以美元（USD）为单位保存 EPS 的值。

我们可以选择显示数据集的最后 5 个条目，并获得图 2.4 中的输出：

```
df.tail()
```

	date	data
0	1960-01-01	0.71
1	1960-04-01	0.63
2	1960-07-02	0.85
3	1960-10-01	0.44
4	1961-01-01	0.61

图 2.3　强生公司数据集的季度每股收益的前 5 个条目。注意我们的 DataFrame 有两列：date 和 data。它还具有从 0 开始的行索引

	date	data
79	1979-10-01	9.99
80	1980-01-01	16.20
81	1980-04-01	14.67
82	1980-07-02	16.02
83	1980-10-01	11.61

图 2.4　数据集的最后 5 个条目。在这里，我们可以看到 1980 年的四个季度，我们将尝试使用不同的基线模型进行预测。我们将把预测与 1980 年的观测数据进行比较，以评估每个基线的性能

在图 2.4 中，我们看到了 1980 年的四个季度，这是我们将试图使用基线模型预测的。我们将通过比较预测与 1980 年四个季度的数据栏中的值来评估基线的性能。预测与观测值越接近越好。

在开发我们的基线模型之前，最后一步是将数据集拆分为训练集和测试集。如前所述，训练集将由 1960 ～ 1979 年底的数据组成，而测试集将由 1980 年的四个季度组成。训练集将是我们用于开发模型的唯一信息。一旦建立了模型，我们将预测接下来的四个时间步长，这将对应于我们测试集中 1980 年的四个季度。这样，我们就可以将预测与观测数据进行比较，并评估基线的性能。

为了进行拆分，我们将指定训练集将包含保存在 df 中除最后 4 个条目之外的所有数据。测试集将仅由最后 4 个条目组成。这是由下面代码块来做的：

```
train = df[:-4]
test = df[-4:]
```

2.2.2 实现历史均值基线

现在我们准备实施基线。我们将首先使用整个训练集的算术平均数。为了计算均值，我们将使用 numpy 库，因为它是一个非常快速的 Python 科学计算包，可以很好地处理 DataFrame：

```
import numpy as np

historical_mean = np.mean(train['data'])    ◁——| 计算训练集中数据列的算术平均数。

print(historical_mean)
```

在前面的代码块中，我们首先导入 numPy 库，然后计算整个训练集的 EPS 的均值，并将其打印在屏幕上。这给出了 4.31 美元的数值。这意味着 1960 ～ 1979 年底，强生公司的季度每股收益平均为 4.31 美元。

现在，我们将简单地预测 1980 年每个季度的这个值。为此，我们只需创建一个新列 pred_mean，它将训练集的历史平均值作为预测：

```
test.loc[:, 'pred_mean'] = historical_mean    ◁——| 将历史均值作为预测值。
```

接下来，我们需要定义并计算误差度量，以便评估预测在测试集上的性能。在这种情况下，我们将使用平均绝对百分比误差（Mean Absolute Percentage Error,MAPE）。它是一种预测方法的预测准确性的衡量标准，易于解释，并且独立于数据规模。这意味着，无论我们使用的是两位数的数值还是六位数的数值，MAPE 都将始终以百分比表示。因此，MAPE 返回预测值与观测值或实际值平均偏差的百分比，无论预测值高于观测值还是低于观测值。MAPE 的定义见式 2.1。

$$\text{MAPE} = \frac{1}{n}\sum_{i=1}^{n}\left|\frac{A_i - F_i}{A_i}\right| \times 100 \tag{2.1}$$

在式 2.1 中，A_i 为第 i 时间点的实际值，F_i 为第 i 时间点的预测值，n 只是预测的数量。在我们的例子中，因为我们预测的是 1980 年的四个季度，所以 $n=4$。在求和中，从实际值中减去预测值，然后将结果除以实际值，这就给出了百分比误差。然后我们取百分比误差的绝对值。对 n 个时间点中的每个时间点重复该操作，并将结果加在一起。最后，我们将总和除以 n（即时间点的数量），这有效地给出了平均绝对百分比误差。

让我们用 Python 实现这个函数。我们将定义一个 mape 函数，该函数接受两个向量：测试集中观察到的实际值 y_true 和预测值 y_pred。在这种情况下，因为 numpy 允许我们使用数组，所以我们不需要循环来对所有值求和。我们可以简单地从 y_true 数组中减去 y_pred 数组，然后除以 y_true，以获得百分比误差，然后我们可以取绝对值。之后，我们求出这个结果的均值，即小心翼翼地对向量中的每个值求和，并除以预测的数量。最后，我们将结果乘以 100，以便将输出表示为百分比而不是十进制数：

```python
def mape(y_true, y_pred):
    return np.mean(np.abs((y_true - y_pred) / y_true)) * 100
```

现在我们可以计算基线的 MAPE。实际值在 test 数据列中，因此它将是传递给 mape 函数的第一个参数。预测值在 test 的 pred_mean 列中，因此它将是函数的第二个参数：

```python
mape_hist_mean = mape(test['data'], test['pred_mean'])
print(mape_hist_mean)
```

运行该函数得到的 MAPE 为 70.00%。这意味着基线与强生公司 1980 年观察到的季度每股收益平均偏离 70%。

让我们将预测可视化，以便更好地理解 70% 的 MAPE，如清单 2.1 所示。

清单 2.1 可视化我们的预测

```python
import matplotlib.pyplot as plt

fig, ax = plt.subplots()

ax.plot(train['date'], train['data'], 'g-.', label='Train')
ax.plot(test['date'], test['data'], 'b-', label='Test')
ax.plot(test['date'], test['pred_mean'], 'r--', label='Predicted')
ax.set_xlabel('Date')
ax.set_ylabel('Earnings per share (USD)')
ax.axvspan(80, 83, color='#808080', alpha=0.2)
ax.legend(loc=2)

plt.xticks(np.arange(0, 81, 8), [1960, 1962, 1964, 1966, 1968, 1970, 1972,
    1974, 1976, 1978, 1980])

fig.autofmt_xdate()
plt.tight_layout()
```

在清单 2.1 中，我们使用 matplotlib 库（它是在 Python 中生成可视化的最流行的库）来生成一个图形，显示训练数据、预测范围、测试集的观测值以及 1980 年每个季度的预测。

第一，我们初始化一个 figure 和一个 ax 对象。一个图形可以包含许多 ax 对象，这允许我们在一个图像上可以创建两个、三个或更多图像。在这种情况下，我们创建单个图像的图形，因此我们只需要一个 ax。

第二，我们在 ax 对象上绘制数据。我们使用点划线绘制训练数据，并将此曲线标记为"训练"。该标签稍后将用于生成图表的图例。然后我们使用连续线绘制测试数据，标记为"测试"。最后，我们使用虚线绘制预测结果，标记为"预测"。

第三，我们标记 x 轴和 y 轴，并绘制一个矩形区域来说明预测范围。由于我们的预测范围是 1980 年的四个季度，因此该区域从索引 80 开始，到索引 83 结束，跨越整个 1980 年。请记住，我们通过运行 df.tail() 获得了 1980 年最后一个季度的指数，结果如图 2.5 所示。

	date	data
79	1979-10-01	9.99
80	1980-01-01	16.20
81	1980-04-01	14.67
82	1980-07-02	16.02
83	1980-10-01	11.61

图 2.5 数据集的最后 5 个条目

我们将此区域设置为灰色，并使用 alpha 参数指定不透明度。当 alpha 为 1 时，形状完全不透明；当 alpha 为 0 时，形状完全透明。在我们的例子中，我们将使用 20%（或 0.2）的不透明度。

然后，我们为 x 轴上的记号指定标签。默认情况下，标签将显示数据集的每个季度的数据，这将创建一个带有无法读取的标签的拥挤的 x 轴。相反，我们将每两年显示一次年份。为此，我们将生成一个数组，指定标签必须出现的索引。这就是 np.arange(0, 81, 8) 所做的：它生成一个从 0 开始，到 80 结束的数组，因为不包括结束索引（81）；步长为 8，因为 2 年中有 8 个季度。这将有效地生成以下数组：[0, 8, 16, …, 72, 80]。然后，我们指定一个包含每个索引处的标签的数组，因此它必须以 1960 开始，以 1980 结束，就像我们的数据集一样。

最后，我们使用 fig.automft_xdate() 来自动格式化 x 轴上的刻度线标签。它将稍微旋转它们，并确保它们清晰可辨。最后的修饰是使用 plt.tight_layout() 来删除图形周围任何多余的空白。

最终结果见图 2.6。显然，该基线没有生成准确的预测，因为预测线离测试线非常远。现在我们知道，预测平均比 1980 年每个季度的实际每股收益低 70%。1980 年的每股收益一直高于 10 美元，而我们预测每个季度的每股收益仅为 4.31 美元。

尽管如此，我们可以从中可以学到什么呢？查看训练集，我们可以看到一个积极的趋势，因为 EPS 随着时间的推移而增加。如图 2.7 所示，来自数据集分解的趋势分量进一步支持了这一点。

正如你所看到的，我们不仅有一个趋势，而且这个趋势在 1960 ～ 1980 年并不是恒定的——它变得越来越陡峭。因此，1960 年观察到的每股收益可能不能预测 1980 年的每股收益，因为我们有一个积极的趋势，每股收益值随着时间的推移而增加，并且以更快的速度增加。

你能改进我们的基线吗

在进入 2.3 节之前，你能想出一种方法（同时仍然使用均值）来改进我们的基线吗？你认为取一个更短更近的时间段的均值会有帮助吗（例如，1970 ～ 1979 年）？

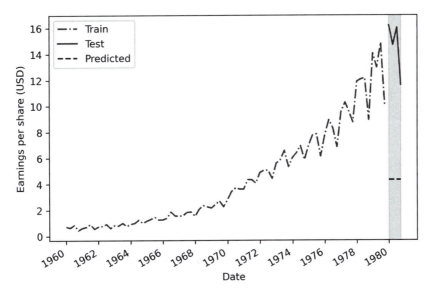

图 2.6　预测历史均值作为基线。你可以看到，预测与测试集中的实际值相差甚远。该基线给出的 MAPE 为 70%

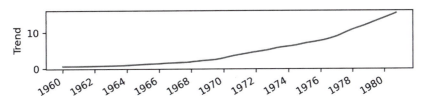

图 2.7　时间序列的趋势分量。你可以看到数据有一个积极的趋势，因为它随着时间的推移而增加

2.3　预测最后一年的均值

从以前的基线中吸取的教训是，由于数据集中的正向趋势分量，早期的数值似乎在长期内不能预测未来值。早期的数值似乎太小，不能代表每股收益在 1979 年底和 1980 年达到的新水平。

如果我们使用训练集中最后一年的均值来预测下一年呢？这意味着我们将计算 1979 年的平均每股收益，并对 1980 年的每个季度进行预测——随着时间的推移而增加的更近的值可能更接近 1980 年观察到的值。目前，这只是一个假设，因此让我们实施此基线并进行测试，以理解其表现如何。

我们的数据已经拆分为测试集和训练集（在 2.2.1 节中完成），因此我们可以继续计算训练集中最后一年的均值，它对应于 1979 年的最后四个数据点：

```
last_year_mean = np.mean(train.data[-4:])
print(last_year_mean)
```

计算 1979 年四个季度的平均 EPS，这是
训练集的最后 4 个数据点

这使平均每股收益为 12.96 美元。因此，我们将预测强生公司在 1980 年四个季度的 EPS 为 12.96 美元。使用与之前基线相同的过程，我们将创建一个新的 `pred__last_yr_mean` 列，以保存去年的均值作为预测：

```
test.loc[:, 'pred__last_yr_mean'] = last_year_mean
```

然后，使用我们之前定义的 mape 函数，我们可以评估新基线的性能。请记住，第一个参数是观测值，保存在测试集中。然后，我们传入预测值，这些位于 `pred__last_yr_mean` 列中：

```
mape_last_year_mean = mape(test['data'], test['pred__last_yr_mean'])
print(mape_last_year_mean)
```

这给了我们 15.60% 的 MAPE 值。我们可以在图 2.8 中看到预测。

> **你能重新创建图 2.8 吗**
>
> 作为练习，尝试重新创建图 2.8，以使用 1979 年的季度均值来可视化预测。代码应与清单 2.1 相同，只是这次预测在不同的列中。

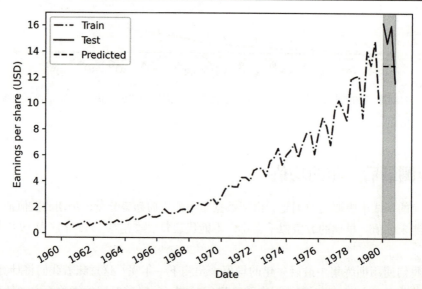

图 2.8　预测训练集最后一年（1979）的均值作为基线模型。你可以看到，与之前我们在图 2.6 中构建的基线相比，预测更接近测试集的实际值

这个新的基线比以前的基线有了明显的改进，尽管它的实施同样简单，因为我们将 MAPE 从 70% 降低到了 15.6%。这意味着预测值平均偏离观测值 15.6%。使用去年的均值是朝着正确方向迈出的一大步。我们希望获得尽可能接近 0% 的 MAPE，因为这将转化为更接

近我们预测范围内实际值的预测。

我们可以从这个基线中理解到，未来的数值很可能取决于历史上不太久远的过去的数值。这是自相关的标志，我们将在第 5 章深入探讨这一主题。现在，让我们看看可以为这种情况开发的另一个基线。

2.4 使用最后已知数值进行预测

前面我们使用不同时期的均值来开发基线模型。到目前为止，最好的基线是我们训练集中最近一年记录的均值，因为它产生了最低的 MAPE。我们从这个基线中理解到，未来的数值取决于过去的数值，但不是那些太遥远的。事实上，预测 1960 ～ 1979 年的平均每股收益比预测 1979 年的平均每股收益更糟糕。

因此，我们可以假设使用训练集的最后已知数值作为基线模型能提供更好的预测，这将转化为更接近 0% 的 MAPE。让我们来验证一下这个假设。

第一步是提取训练集的最后已知数值，它对应于 1979 年最后一个季度记录的 EPS：

```
last = train.data.iloc[-1]
```

```
print(last)
```

当我们检索 1979 年最后一个季度记录的每股收益时，我们得到的数值为 9.99 美元。因此，我们预测强生公司 1980 年四个季度的每股收益为 9.99 美元。

同样，我们将追加一个名为 pred_last 的新列来保存预测。

```
test.loc[:, 'pred_last'] = last
```

然后，使用我们之前定义的相同 MAPE 函数，我们可以评估这个新基线模型的性能。同样，我们把来自 test 的实际值和来自 test 的 pred_last 列的预测值传递给函数：

```
mape_last = mape(test['data'], test['pred_last'])
```

```
print(mape_last)
```

这样 MAPE 值为 30.45%。我们可以在图 2.9 中看到预测。

你能重新创建图 2.9 吗

尝试自己制作图 2.9！作为数据科学家，以易于理解的方式向非领域内人员传达结果非常重要。因此，绘制显示预测结果的图表是一项需要培养的重要技能。

新假设似乎并没有改善我们建立的上一个基线，因为 MAPE 为 30.45%，而我们使用 1979 年的平均每股收益获得的 MAPE 为 15.60%。因此，这些新的预测与观测值在 1980 年相差甚远。

这可以解释为，每股收益表现出周期性行为，在前三个季度较高，然后在最后一个季度下降。使用最后一个已知数值不会考虑季节性，因此我们需要使用另一种简单的预测技术，看看是否可以产生更好的基线。

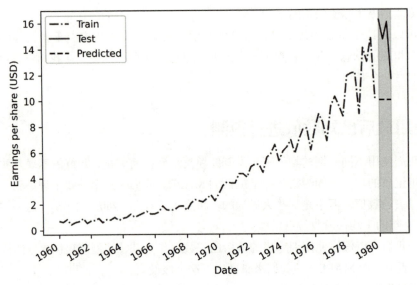

图 2.9　预测作为基线模型的训练集的最后已知值。我们可以看到，这个基线的 MAPE 为 30.45%，比我们的第一个基线要好，但性能不如我们的第二个基线

2.5　实现简单的季节性预测

在本章中，我们考虑了前两个基线的趋势分量，但我们没有研究数据集中的另一个重要分量，即图 2.10 所示的季节性分量。我们的数据中有明显的周期性模式，我们可以用这些信息来构建最后一个基线：简单的季节性预测。

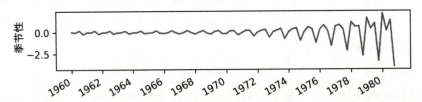

图 2.10　时间序列的季节性分量。我们可以在这里看到周期性波动，这表明季节性的存在

简单的季节性预测采用上一个观测周期，并将其重复到未来。在我们的例子中，一个完整的周期发生在四个季度中，因此我们将从 1979 年第一季度的每股收益中提取并预测 1980 年第一季度的值，然后我们将从 1979 年第二季度的每股收益中提取并预测 1980 年第二季度的值。这个过程将在第三和第四季度重复。

在 Python 中，我们可以通过简单地获取训练集的最后四个值（对应于 1979 年的四个季度），并将其分配给 1980 年的相应季度来实现此基线。以下代码附加了 `pred_last_season` 列，以保存我们对简单的季节性预测方法的预测：

```
test.loc[:, 'pred_last_season'] = train['data'][-4:].values
```
我们的预测是训练集的最后四个值，对应于 1979 年的四个季度

然后，我们按照与前几节相同的方式计算 MAPE：

```
mape_naive_seasonal = mape(test['data'], test['pred_last_season'])

print(mape_naive_seasonal)
```

这给出了 11.56% 的 MAPE，这是本章所有基线中最小的 MAPE。图 2.11 说明了我们的预测与测试集中观测数据的比较。作为练习，我强烈建议你尝试自己重新创建它。

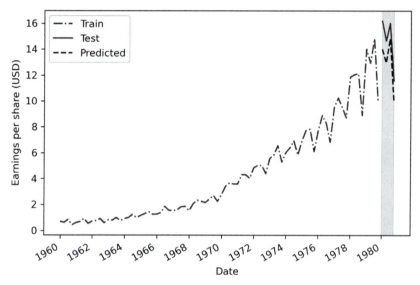

图 2.11　测试集的原始季节性预测结果。这一预测与测试集中观测到的数据更相似，并导致最小的 MAPE。显然，该数据集的季节性对未来值有影响，在预测时必须考虑这一点

正如你所看到的，在本章我们建立的所有基线中，简单的季节性预测结果 MAPE 是最小的。这意味着季节性对未来数值有重大影响，因为将上个季节重复到未来会产生相当准确的预测。客观地说，这是有意义的，因为在图 2.11 中我们可以清楚地观测到每年重复的循环模式。当我们为这个问题开发一个更复杂的预测模型时，必须考虑季节性效应。我将在第 8 章中详细解释如何使用它们。

2.6　下一步

在本章中，我们为预测项目开发了四个不同的基线。我们使用了整个训练集的算术平均值、训练集的最后一年的均值、训练集的最后已知数值和简单的季节性数据进行预测。然后使用 MAPE 指标在测试集上评估每个基线。图 2.12 总结了我们在本章中开发的每个基线的

MAPE。正如你所看到的，使用简单的季节性预测的基线具有最小的 MAPE，因此性能最佳。

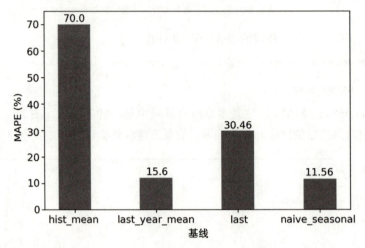

图 2.12　本章中开发的四个基线的 MAPE。MAPE 越小，基线越好，因此，我们将选择简单
的季节性基线作为我们的基准，并将其与我们更复杂的模型进行比较

请记住，基线模型是比较的基础。我们将通过应用统计学习或深度学习技术来开发更复杂的模型，当我们针对测试集评估更复杂的解决方案并记录误差指标时，我们可以将它们与基线进行比较。在我们的例子中，我们将把复杂模型的 MAPE 与我们简单的季节性预测的 MAPE 进行比较。如果一个复杂模型的 MAPE 小于 11.56%，那么我们就知道我们有一个表现更好的模型。

在某些特殊情况下，只能使用简单的方法来预测时间序列。这些是过程随机移动并且不能使用统计学习方法预测的特殊情况。这意味着我们处于随机游走的状态——我们将在第 3 章中对此进行研究。

小结

❑ 时间序列预测从基线模型开始，作为与更复杂模型进行比较的基准。

❑ 对于我们的预测问题，基线模型是一个微不足道的解决方案，因为它只使用启发式或简单的统计数据，如均值。

❑ MAPE 代表平均绝对百分比误差，它是预测值偏离实际值多少的直观度量。

❑ 有许多方法可以开发基线。在本章中，你了解了如何使用均值、最后一个已知值或上一个季度数据来开发基线。

第 3 章 *Chapter 3*

来一次随机游走

在第 2 章中，我们比较了不同的简单预测方法，并理解到它们通常作为更复杂模型的基准。然而，在某些情况下，最简单的方法会产生最好的预测。这就是我们面对随机游走过程时的情况。

在本章中，你将学习什么是随机游走过程、如何识别它，以及如何使用随机游走模型进行预测。与此同时，我们还将研究差分、平稳性和白噪声的概念，随着我们开发更高级的统计学习模型，这些概念将在后面的章节中出现。

在本章的示例中，假设你要购买 Alphabet Inc.（GOOGL）的股票。理想情况下，如果股票的收盘价预计在未来上涨，你就会想要购买；否则，你的投资将无法盈利。因此，你决定收集 GOOGL 一年内的每日收盘价数据，并使用时间序列预测来确定股票的未来收盘价。GOOGL 从 2020 年 4 月 27 日到 2021 年 4 月 27 日的收盘价如图 3.1 所示。截至撰写本书时，2021 年 4 月 27 日以后的数据尚未获得。

在图 3.1 中，你可以清楚地看到一个长期趋势，自 2020 年 4 月 27 日和 2021 年 4 月 27 日之间收盘价格上涨以来。然而，这一趋势也发生了突然的变化，在此期间，它急剧下降，然后突然再次上升。

事实证明，GOOGL 的每日收盘价可以使用随机游走模型建模。为此，我们将首先确定过程是不是平稳的。如果它是一个非平稳的过程，我们将不得不应用转换（如差分）以使其平稳。然后，我们将能够使用自相关函数图得出结论，GOOGL 的每日收盘价可以用随机游走模型来近似。本章将介绍差分和自相关图。最后，我们将以 GOOGL 未来收盘价的预测方法来结束本章。

在本章结束时，你将掌握平稳性、差分和自相关的概念，这些概念将在后面的章节中进一步开发我们的预测技能。现在，让我们专注于定义随机游走过程。

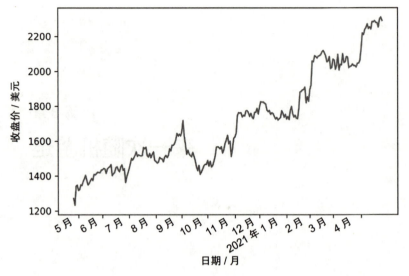

图 3.1 GOOGL 从 2020 年 4 月 27 日至 2021 年 4 月 27 日的日收盘价

3.1 随机游走过程

随机游走是一种过程，在这个过程中，上升或下降一个随机数的机会是相等的。这通常是在金融和经济数据中观察到的，比如 GOOGL 的每日收盘价。随机游走通常会暴露很长一段时间，在这段时间里可以观察到正或负趋势。它们也经常伴随着方向的突变而改变。

在随机游走过程中，我们说当前值 y_t 是前一时间步长 y_{t-1} 的值、常数 C 和随机数 ϵ_t（也称为白噪声）的函数。这里，ϵ_t 是标准正态分布的实现，其方差为 1，均值为 0。

因此，我们可以用式 3.1 来数学表示随机游走，其中 y_t 是当前时间 t 的值，C 是常数，y_{t-1} 是前一时间步 $t-1$ 的值，ϵ_t 是随机数。

$$y_t = C + y_{t-1} + \epsilon_t \tag{3.1}$$

注意，如果常数 C 不为零，我们将该过程称为带漂移的随机游走。

模拟随机游走过程

为了帮助你理解随机游走过程，让我们用 Python 模拟一个——这是你可以理解随机游走的方式，我们可以在纯粹的理论场景中学习它。然后，我们将把知识转化为现实生活中的例子，在那里我们将建模并预测 GOOGL 的收盘价。

根据式 3.1，我们知道随机游走取决于其先前的值 y_{t-1} 加上白噪声 ϵ_t 和某个常数 C。为了简化模拟，让我们假设常数 C 为 0。这样，我们模拟的随机游走可以表示为式 3.2：

$$y_t = y_{t-1} + \epsilon_t \tag{3.2}$$

现在我们必须选择模拟序列的第一个值。同样，为了简化，我们将序列初始化为 0。这将是 y_0 的值。

我们现在可以开始使用式 3.2 构建序列。我们将从时间 $t=0$ 时的初始值 0 开始。然后，根据式 3.2，$t=1$ 时的值（由 y_1 表示）将等于先前的值 y_0 加上白噪声，如式 3.3 所示。

$$y_0=0$$
$$y_1=y_0+\epsilon_1=0+\epsilon_1=\epsilon_1 \tag{3.3}$$

则在 $t=2$ 处的值，表示为 y_2，将等于在前一步骤处的值，即 y_1 加上一些白噪声，如式 3.4 所示。

$$y_1=\epsilon_1$$
$$y_2=y_1+\epsilon_2=\epsilon_1+\epsilon_2 \tag{3.4}$$

则在 $t=3$ 处的值，表示为 y_3，将等于在前一步骤处的值，即 y_2 加上一些白噪声，如式 3.5 所示。

$$y_2=\epsilon_1+\epsilon_2$$
$$y_3=y_2+\epsilon_3=\epsilon_1+\epsilon_2+\epsilon_3 \tag{3.5}$$

看看式 3.5，你应该开始看到一个模式。通过将随机游走过程初始化为 0 并将常数 C 设置为 0，我们确定在时间 t 的值仅是从 $t=1$ 到时间 t 的白噪声的总和。因此，我们模拟的随机游走将遵循式 3.6，其中 y_t 是随机游走过程在时间 t 的值，而 ϵ_t 是在时间 t 的随机数。

$$y_t=\sum_{t=1}^{T}\epsilon_t \tag{3.6}$$

式 3.6 规定，在时间 t 的任何一点，我们模拟的时间序列的值将是一系列随机数的累积总和。我们可以在图 3.2 中看到我们模拟的随机游走是如何形成的。

模拟随机游走

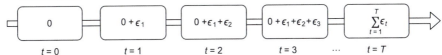

图 3.2 可视化了我们模拟的随机游走的构造。如你所见，我们的初始值是 0。然后，由于常数也被设置为 0，我们在任何时间点的随机游走的值只是随机数或白噪声的累积和

现在，我们准备使用 Python 模拟随机过程。为了使这个练习可以重复，我们需要设置一个种子，这是一个传递给 `random.seed` 方法的整数。这样，无论我们运行多少次代码，都会生成相同的随机数。这可确保你获得与本章所述相同的结果和绘图。

注 任何时候都可以在这里参考本章的源代码：https://github.com/marcopeix/TimeSeries ForecastingInPython/tree/master/CH03。

然后我们必须决定我们模拟过程的长度。对于此练习，我们将生成 1000 个样本。numpy

库允许我们使用 standard_normal 方法生成服从正态分布的数字。这确保了（根据白噪声的定义）这些数字来自一个均值为 0，方差为 1 的分布（一个正态分布）。然后，我们可以将序列的第一个值设置为 0。最后，cumsum 方法将计算我们序列中每个时间步长的白噪声的累积总和，我们将模拟随机游走：

```
import numpy as np

np.random.seed(42)          ←  设置随机种子。这可以通过传递
                               一个整数来完成，在这种情况下
                               为 42
steps = np.random.standard_normal(1000)   ←  生成一个均值为 0，方差为 1 服从正
steps[0]=0                                     态分布的 1000 个随机数

random_walk = np.cumsum(steps)   ←  将序列的第一个值初始化为 0
   计算模拟过程中每个时间步长的累计误差总和
```

我们可以绘制出我们模拟的随机游走，看看它是什么样子。由于 x 轴和 y 轴没有实际意义，我们将简单地将它们分别标记为"Timesteps"和"Value"。下面的代码块生成图 3.3：

```
fig, ax = plt.subplots()

ax.plot(random_walk)
ax.set_xlabel('Timesteps')
ax.set_ylabel('Value')

plt.tight_layout()
```

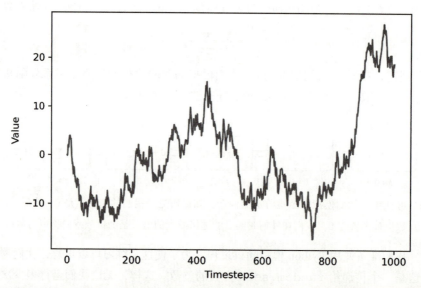

图 3.3　随机游走一个模拟。请注意，我们在前 400 个时间步长内有积极趋势，随后是消极趋势，在最后急剧增长。这些都很好地暗示了我们有一个随机游走的过程

　　你可以在图 3.3 中看到随机游走的定义特征。你会注意到在最初的 400 个时间步长中有一个积极的趋势，然后是一个消极的趋势，最后是一个急剧的增长。因此，我们既有突然的

变化，也有长期观察到的趋势。

我们知道这是一个随机游走，因为我们模拟了它。然而，在处理现实生活中的数据时，我们需要找到一种方法来识别时间序列是不是随机游走。让我们看看如何实现这一目标。

3.2 识别随机游走

为了确定时间序列是否可以近似为随机游走，我们必须首先定义随机游走。在时间序列的上下文中，随机游走被定义为一阶差分平稳且不相关的序列。

> **随机游走**
> 随机游走是指一阶差分平稳且不相关的序列。这意味着该过程完全随机移动。

我在刚才一句话中介绍了许多新概念，为了认识随机游走，因此我们拆分步骤到一个流程中。这些步骤如图 3.4 所示。

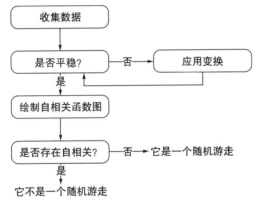

图 3.4 确定时间序列数据是否可以近似为随机游走的步骤。第一步自然是收集数据。然后我们测试平稳性。如果它不是平稳的，则我们应用变换直到满足平稳性。然后我们可以绘制自相关函数。如果没有自相关，我们就有一个随机游走

接下来我们将详细介绍平稳性和自相关的概念。

3.2.1 平稳性

平稳时间序列是指其统计特性不随时间变化的时间序列。换句话说，它具有恒定的均值、方差和自相关，并且这些固有关系与时间无关。

许多预测模型假设平稳性。移动平均模型（第 4 章）、自回归模型（第 5 章）和自回归移动平均模型（第 6 章）都假定是平稳的。这些模型只有在我们验证数据确实是平稳的情况下才能使用。否则，模型将是无效的，预测将是不可靠的。直观上，这是有意义的，因为如果数据是非平稳的，那么它的属性将随着时间而改变，这意味着模型参数也必须随着时间而改

变。这意味着我们不可能将未来值的函数推导为过去值的函数，因为系数在每个时间点都会
发生变化，这使得预测不可靠。

我们可以把平稳性看作一种假设，它可以让我们更轻松地预测。当然，我们很少会看到
原始状态的平稳时间序列，因为我们经常对预测具有趋势或季节性周期的过程感兴趣。这就
是像 ARIMA（第 7 章）和 SARIMA（第 8 章）这样的模型发挥作用的时候。

> **平稳性**
>
> 平稳过程是指其统计特性不随时间变化的过程。
>
> 如果一个时间序列的均值、方差和自相关不随时间变化，则称该时间序列是平稳的。

目前，由于我们仍处于时间序列预测的早期阶段，我们将重点关注平稳时间序列，这意
味着我们需要找到方法来转换时间序列，使其平稳。转换只是对数据的一种数学操作，它可
以稳定数据的均值和方差，从而使数据平稳。

我们可以应用的最简单的转换是差分。这种转换有助于稳定均值，进而消除或减少趋势
和季节性效应。差分涉及计算从一个时间步长到另一个时间步长的一系列变化。为了实现这
一点，我们只需从当前 y_t 中的值中减去前一时间步长 y_{t-1} 的值，即可获得差值 y'_t，如式 3.7
所示。

$$y'_t = y_t - y_{t-1} \tag{3.7}$$

> **时间序列预测中的变换**
>
> 变换是应用于时间序列以使其平稳的数学运算。
>
> 差分是一种变换，它计算从一个时间步长到另一个时间步长的变化。这种转换对稳
> 定均值很有用。
>
> 将对数函数应用于序列可以使其方差稳定。

图 3.5 展示了差分的过程。请注意，取差分会使我们丢失一个数据点，因为在初始时间
点，我们无法取其与前一步的差，因为 $t=-1$ 不存在。

可以对一个时间序列进行多次差分。取一次差分就是应用一阶差分。取二次差分将是二
阶差分。通常不需要两次以上的差分来获得平稳序列。

当使用差分来获得随时间变化的常数均值时，我们还必须确保我们有一个常数方差，以
使过程保持平稳。对数用于帮助稳定方差。

请记住，当我们对已转换的时间序列进行建模时，我们必须对其进行非转换，以便将模
型的结果返回到原始度量单位。撤销变换的正式术语是逆变换。因此，如果你对数据应用对
数变换，请务必将预测值提高到 10 的幂次方，以便将值恢复到原始大小。这样，你的预测
将在其原始环境中有意义。

现在我们知道了我们需要在时间序列上应用什么类型的转换才能使其平稳，我们需要找
到一种方法来检验序列是否平稳。

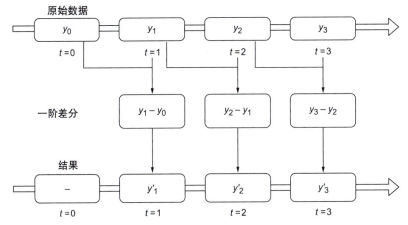

图 3.5 可视化的差分转换。在这里，应用了一阶差分。请注意，在此转换之后丢失一个数据
        点，因为初始时间点不能与以前的值不同，因为它们不存在

3.2.2 平稳性检验

一旦将变换应用于时间序列，我们就需要检验平稳性，以确定是否需要应用另一个变换来使时间序列平稳，或者是否需要对其进行变换。常见的检验是增强 Dickey-Fuller（ADF）检验。

ADF 检验验证了以下零假设：时间序列中存在单位根。另一种假设是没有单位根，因此时间序列是平稳的。这个检验的结果是 ADF 统计量，它是一个负数。它越负，对零假设的拒绝就越强。在 Python 的实现中，也会返回 p 值。如果它的值小于 0.05，我们也可以拒绝零假设，并说序列是平稳的。

> **增强 Dickey-Fuller 检验**
>
> 增强 Dickey-Fuller 检验通过检验单位根的存在来帮助我们确定时间序列是否平稳。如果存在单位根，则时间序列不是平稳的。
>
> 零假设表明存在单位根，这意味着时间序列不是平稳的。

让我们考虑一个非常简单的时间序列，其中当前值 y_t 仅取决于其过去值 y_{t-1}，受系数 α_1、常数 C 和白噪声 ϵ_t 的影响。我们可以写出式 3.8：

$$y_t = C + \alpha_1 y_{t-1} + \epsilon_t \tag{3.8}$$

在式 3.8 中，ϵ_t 表示一些我们无法预测的误差，C 是一个常数。在这里，α_1 是时间序列的根。只有当根位于单位圆内时，这个时间序列才会是平稳的。因此，它的值必须介于 -1 和 1 之间。否则，该序列是非平稳的。

让我们通过模拟两个不同的序列来验证这一点。一个是平稳的，另一个有单位根，这意味着它不是平稳的。平稳过程遵循式 3.9，非平稳过程遵循式 3.10。

$$y_t = 0.5y_{t-1} + \epsilon_t \qquad\qquad (3.9)$$

$$y_t = y_{t-1} + \epsilon_t \qquad\qquad (3.10)$$

在式 3.9 中，序列的根是 0.5。因为它在 −1 和 1 之间，所以这个序列是平稳的。另外，在式 3.10 中，序列的根是 1，这意味着它是一个单位根。因此，我们期望这个序列是非平稳的。

通过观察图 3.6 中的两个序列，我们可以获得一些关于平稳序列和非平稳序列如何随时间演化的直觉。我们可以看到，非平稳过程具有长期的正趋势和负趋势。然而，从长期来看，平稳过程似乎不会增加或减少。这种高层次的定性分析可以帮助我们直观地判断一个序列是否平稳。

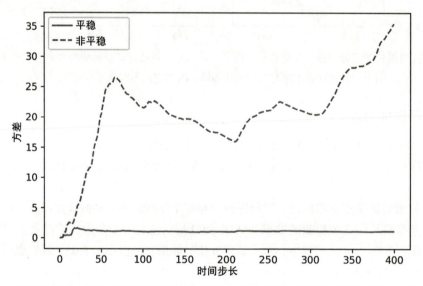

图 3.6 模拟了超过 400 个时间步长的平稳和非平稳时间序列。你可以看到，平稳序列在长期内不会增加或减少。然而，非平稳过程具有长期的正趋势和负趋势

平稳序列在时间上具有不变的性质，这意味着均值和方差不是时间的函数，所以让我们绘制每个序列在时间上的均值。这个平稳过程的均值在时间上应该是平坦的，而非平稳过程的均值应该是变化的。

如图 3.7 所示，在最初的几个时间步长之后，平稳过程的均值变为常数。这是平稳过程的预期行为。根据平稳过程的定义，平均值不随时间变化这一事实意味着它与时间无关。然而，非平稳过程的均值显然是时间的函数，因为我们可以看到它随着时间的推移而减少和增加。因此，单位根的存在使得序列的均值依赖于时间，所以序列不是平稳的。

让我们通过绘制每个序列随时间变化的方差来进一步证明单位根是非平稳性的标志。同样，平稳序列在时间上具有恒定的方差，这意味着它与时间无关。另外，非平稳过程将具有随时间变化的方差。

在图 3.8 中，我们可以看到，在最初的几个时间步长之后，平稳过程的方差在时间上是

恒定的，这遵循式 3.9。同样，这对应于平稳过程的定义，因为方差不依赖于时间。另外，具有单位根的过程具有依赖于时间的方差，因为它在 400 个时间步长上变化很大。因此，这个序列不是平稳的。

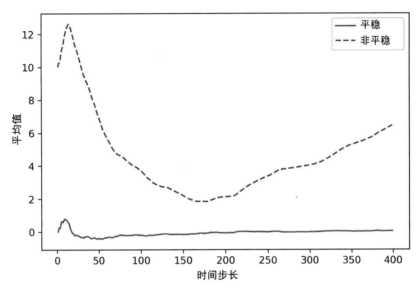

图 3.7 平稳过程和非平稳过程随时间变化的均值。你可以看到平稳过程的均值在前几个时间步长之后是如何变得常数的。另一方面，非平稳过程的均值是时间的函数，因为它是不断变化的

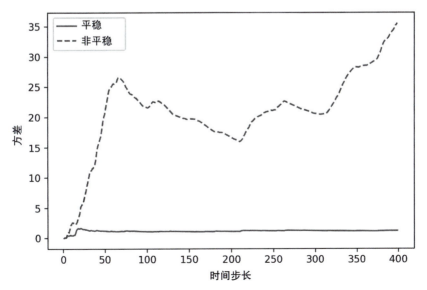

图 3.8 模拟的平稳和非平稳序列随时间的方差变化。平稳过程的方差与时间无关，因为它在前几个时间步长之后是恒定的。对于非平稳过程，方差随时间变化，这意味着它不是独立的

到目前为止，你应该相信一个有单位根的序列不是平稳的序列。在图 3.7 和图 3.8 中，平均值和方差都依赖于时间，因为它们的数值一直在变。同时，根为 0.5 的序列显示出恒定的均值和方差，表明该序列确实是平稳的。

所有这些步骤都是为了证明使用 ADF 检验的合理性。我们知道，ADF 检验验证了序列中单位根的存在。零假设，即单位根存在，意味着序列不是平稳的。如果检验返回的 p 值小于某个显著性水平（通常为 0.05 或 0.01），则我们可以拒绝零假设，这意味着没有单位根，因此序列是平稳的。

一旦我们有了一个平稳序列，我们必须确定是否存在自相关。记住，随机游走是一个序列，它的一阶差分是平稳的，并且不相关。ADF 检验负责平稳性部分，但我们需要使用自相关函数以确定序列是否相关。

3.2.3 自相关函数

一旦过程是平稳的，绘制自相关函数（ACF）是一种很好的方法，以理解你正在分析的流程类型。在这种情况下，我们将使用它来确定是不是我们正在研究的随机游走。

我们知道，相关性衡量的是两个变量之间的线性关系的程度。因此，自相关测量时间序列的滞后值之间的线性关系。因此，ACF 揭示了任何两个值之间的相关性如何随着滞后的增加而变化。这里，滞后仅仅是分离两个值的时间步长数。

自相关函数

自相关函数测量时间序列的滞后值之间的线性关系。

换句话说，它测量时间序列与其自身的相关性。

例如，我们可以计算 y_t 和 y_{t-1} 之间的自相关系数。在这种情况下，滞后等于 1，并且系数将被表示为 r_1。类似地，我们可以计算 y_t 和 y_{t-2} 之间的自相关，滞后将为 2，并且系数将被表示为 r_2。当我们绘制 ACF 时，系数是因变量，而滞后是自变量。请注意滞后 0 的自相关系数将始终等于 1。这在本质上是有意义的，因为在同一时间步长，变量与其自身之间的线性关系应该是完美的，所以等于 1。

在存在趋势的情况下，ACF 的曲线将显示系数对于短滞后是高的，并且它们将随着滞后的增加而线性地减小。如果数据是季节性的，则 ACF 图也将显示循环模式。因此，绘制非平稳过程的 ACF 提供的信息不会比通过观察过程随时间的演变所能获得的信息更多。然而，绘制平稳过程的 ACF 可以帮助我们识别随机游走的存在。

3.2.4 把它们组合在一起

现在你明白了什么是平稳性，如何转换一个时间序列来使它平稳，什么统计检验可以用来评估平稳性，以及如何绘制 ACF 可以帮助你识别随机游走的存在。我们可以把所有这些概念组合在一起，并在 Python 中应用它们。在本节中，我们将使用模拟数据（来自 3.1

节），涵盖必要步骤来识别一个随机游走。

第一步是确定随机游走是不是平稳的。我们要知道，既然在序列中有可见的趋势，它就不是平稳的。尽管如此，我们应用 ADF 检验以确定这一点。我们将使用 statsmodels 库，它是一个 Python 库，实现了许多统计模型和检验。为了运行 ADF 检验，我们只需将模拟数据的数组传递给它。结果是不同值的列表，但我们主要对前两个感兴趣：ADF 统计量和 p 值。

```
from statsmodels.tsa.stattools import adfuller

ADF_result = adfuller(random_walk)    ◁── 将模拟的随机游走传递给 adfuller 函数

print(f'ADF Statistic: {ADF_result[0]}')    ◁── 检索 ADF 统计量，该值是结果
print(f'p-value: {ADF_result[1]}')               列表中的第一个值

          检索 p 值，该值是结果列表中的第二个值
```

输出的 ADF 统计量为 −0.97，p 值为 0.77。ADF 统计量不是一个很大的负数，并且当 p 值大于 0.05 时，我们不能拒绝零假设，说明时间序列不是平稳的。我们可以通过绘制 ACF 图来进一步支持结论。

statsmodels 库具有快速绘制 ACF 图的功能。同样，我们可以简单地将数组数据传递给它。我们可以选择指定滞后的数量，这将决定 x 轴上的范围。在这种情况下，我们将绘制前 20 个滞后，但你也可以随意绘制尽可能多的滞后。

```
from statsmodels.graphics.tsaplots import plot_acf

plot_acf(random_walk, lags=20);
```

输出结果如图 3.9 所示。

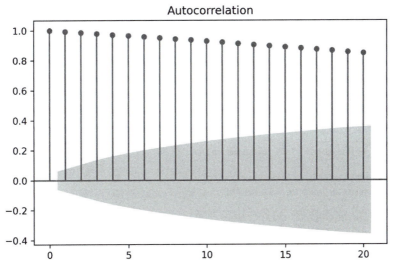

图 3.9 我们模拟的随机游走的 ACF 图。请注意自相关系数是如何缓慢地减小的，即使在滞后20 时，这个值仍然是自相关的，这意味着随机游走目前并不是平稳的

在图 3.9 中，你会注意到自相关系数是如何随着滞后的增加而缓慢下降的，这清楚地表明我们的随机游走不是一个平稳过程。请注意，阴影区域表示置信区间。如果一个点在阴影区域内，那么它与 0 没有显著差异。否则，自相关系数是显著的。

由于随机游走不是平稳的，因此我们需要应用一个转换来从 ACF 图中检索有用信息，从而使其平稳。因为序列主要显示趋势的变化，没有季节性模式，我们将应用一阶差分。请记住，我们每次差分都会丢失第一个数据点。

为了计算差分，我们将使用 numpy 的 diff 方法。这将与给定的数据数组不同。参数 n 控制数组必须差分的次数。要应用一阶差分，参数 n 必须设置为 1：

```
diff_random_walk = np.diff(random_walk, n=1)
```

我们可以在图 3.10 中看到差分模拟随机游走。

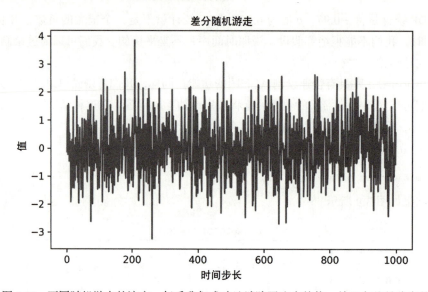

图 3.10 不同随机游走的演变，似乎我们成功地消除了这个趋势，并且方差是稳定的

如图 3.10 所示，我们已经从序列中删除了趋势。而且方差看起来相当稳定。让我们使用 ADF 检验再次检验平稳性：

```
ADF_result = adfuller(diff_random_walk)        ◁── 这是我们通过差分随机游走

print(f'ADF Statistic: {ADF_result[0]}')
print(f'p-value: {ADF_result[1]}')
```

这将输出 ADF 统计数据 −31.79，p 值为 0。这次的 ADF 统计数据为较大的负数，且 p 值小于 0.05。因此，我们拒绝零假设，我们可以说这个过程没有单位根，因此是平稳的。

我们现在可以绘制新的平稳序列的 ACF：

```
plot_acf(diff_random_walk, lags=20);
```

观察图 3.11，你会注意到在滞后 0 之后没有显著的自相关系数。这意味着平稳过程是完

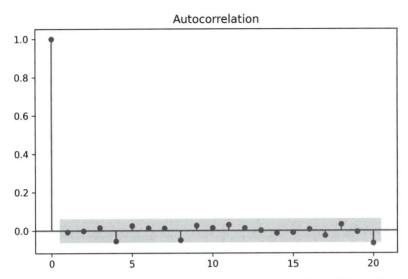 第3章 来一次随机游走 ❖ 37

全随机的，因此可以被描述为白噪声。每个值只是距离前一个值的随机一步，它们之间没有
关系。

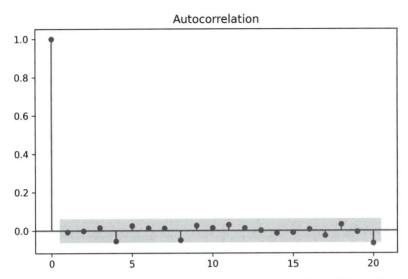

图 3.11 差分随机游走的 ACF 图。请注意，在滞后 0 之后没有显著的系数。这是一个明确的
指标，表明我们正在处理一个随机游走

我们已经证明，模拟数据确实是一个随机游走：序列是平稳的，并且在一阶差分后不相
关，这符合随机游走的定义。

3.2.5　GOOGL 是随机游走吗

我们已经在模拟数据上应用了必要的步骤来识别随机游走，所以现在是在真实数据集上
检验知识和新技能的大好时机。以 GOOGL 从 2020 年 4 月 27 日至 2021 年 4 月 27 日的收盘
价为例，来源 finance.Yahoo.com，让我们来确定这个过程是否可以近似为随机游走。

你可以使用 pandas 中的 read_csv 方法将数据加载到 DataFrame 中：

```
df = pd.read_csv('data/GOOGL.csv')
```

如你所愿，GOOGL 的收盘价确实是一个随机游走过程。让我们看看是如何得出这个结
论的。出于可视化的目的，让我们快速绘制数据，结果如图 3.12 所示：

```
fig, ax = plt.subplots()

ax.plot(df['Date'], df['Close'])
ax.set_xlabel('Date')
ax.set_ylabel('Closing price (USD)')

plt.xticks(
    [4, 24, 46, 68, 89, 110, 132, 152, 174, 193, 212, 235],
    ['May', 'June', 'July', 'Aug', 'Sep', 'Oct', 'Nov', 'Dec', 2021, 'Feb',
```

```
➡  'Mar', 'April']
```

在 x 轴上巧妙地标记记号

```
fig.autofmt_xdate()
plt.tight_layout()
```

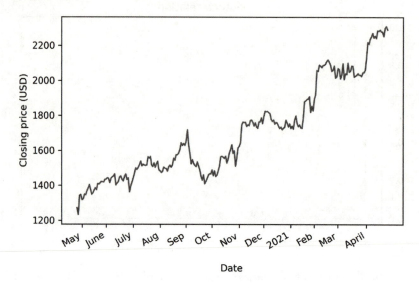

图 3.12　GOOGL 从 2020 年 4 月 27 日至 2021 年 4 月 27 日的收盘价

　　根据图 3.12，我们可以在数据中看到一种趋势，即收盘价随着时间的推移而增加。因此，我们没有一个固定的过程。ADF 检验进一步支持了这一点：

```
GOOGL_ADF_result = adfuller(df['Close'])

print(f'ADF Statistic: {GOOGL_ADF_result[0]}')
print(f'p-value: {GOOGL_ADF_result[1]}')
```

这将返回一个 ADF 统计量为 0.16 和一个大于 0.05 的 p 值，所以我们知道数据不是平稳的。因此，我们将对数据进行差分，看看是否使它平稳：

```
diff_close = np.diff(df['Close'], n=1)
```

接下来，我们可以对不同的数据运行 ADF 检验：

```
GOOGL_diff_ADF_result = adfuller(diff_close)

print(f'ADF Statistic: {GOOGL_diff_ADF_result[0]}')
print(f'p-value: {GOOGL_diff_ADF_result[1]}')
```

这给出了 ADF 统计量为 −5.3 和小于 0.05 的 p 值，意味着我们有一个平稳过程。

　　现在我们可以绘制 ACF，看看是否存在自相关：

```
plot_acf(diff_close, lags=20);
```

　　图 3.13 可能会让你摸不着头脑，你可能想知道是否存在自相关性。我们没有看到任何显著系数，除了滞后 5 和 18。这种情况有时会出现，这只是偶然的。在这种情况下，我们可以

安全地假设在滞后 5 和 18 处的系数不显著，因为我们没有连续的显著系数。我们只是偶然发现差分与滞后 5 和 18 的值略有相关性。

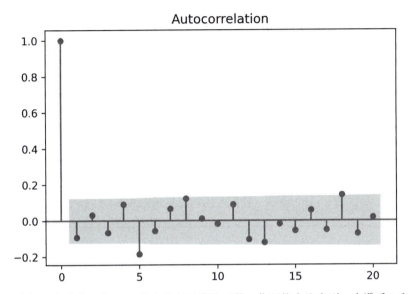

图 3.13　我们可以看到，在 ACF 图中没有显著的系数。你可能会注意到，在滞后 5 和 18 时，
　　　　系数很显著，而其他系数则不是。这在一些数据中是偶然发生的，这些点可以被认
　　　　为是不显著的，因为我们在滞后 0 和 5 或滞后 0 和 18 之间没有连续的显著系数

因此，我们可以得出结论，GOOGL 的收盘价可以近似为随机游走过程。取一阶差分使序列平稳，而且其 ACF 图显示没有自相关，这意味着它是完全随机的。

3.3　预测随机游走

既然我们知道了什么是随机游走以及如何识别随机游走，那我们就可以开始预测了。这听起来可能令人惊讶，因为我们已经确定随着时间的推移，随机游走会采取随机的步骤。

预测随机变化是不可能的，除非我们自己预测一个随机值，这是不理想的。在这种情况下，我们只能使用简单的预测方法，或者我们在第 2 章中介绍的基线。由于数值随机变化，因此无法应用统计学习模型。相反，我们只能合理地预测历史均值，或最后一个值。

根据使用场景的不同，预测范围也会有所不同。理想情况下，在处理随机游走时，你将只能预测下一个时间步长。然而，你可能需要预测未来的多个时间步长。让我们来看看如何处理这些情况。

3.3.1　长期预测

在本节中，我们将预测长期的随机游走。这不是一个理想案例——随机游走可能会意外增加或减少，因为过去的观察结果无法预测未来的变化。在这里，我们将继续使用我们在 3.1 节中模拟的随机游走。

为了简化操作，我们将把随机游走分配给一个 DataFrame，并将数据集拆分为训练集和测试集。训练集将包含前 800 个时间步长，对应于 80% 的模拟数据。因此，测试集将包含最后 200 个值：

```
import pandas as pd

df = pd.DataFrame({'value': random_walk})    ◄─── 将模拟的随机游走赋值给一
                                                  个 DataFrame。它将包含一
train = df[:800]                                  个名为 value 的单列
test = df[800:]    ◄───
                                    数据的前 80% 被分配给训练集。由于我们有 1000 个
        将模拟的随机游走的          时间步长，模拟数据的前 80% 对应于索引 800 的值
        前 20% 赋值给测试集
```

图 3.14 展示了我们的拆分。现在，我们使用训练集预测测试集中接下来的 200 个时间步长。

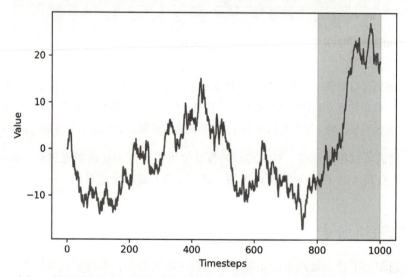

图 3.14　我们生成的随机游走的训练/测试分割。前 800 个时间步长是训练集的一部分，其余的值是测试集的一部分。我们的目标是预测阴影区域中的值

如前所述，我们只能对这种情况使用简单的预测方法，因为我们正在处理随机游走。在这种情况下，我们将使用历史均值（最后一个已知数值）和漂移法。

预测均值相当简单。我们将简单地计算出训练集的均值，并说接下来的 200 个时间步长将等于该值。在这里，我们将创建一个新的列 pred_mean，它将保存历史均值作为预测：

```
mean = np.mean(train.value)    ◄─── 计算训练集的均值

test.loc[:, 'pred_mean'] = mean    ◄───
                                        预测接下来的 200 个时间步长的历史均值
test.head()    ◄─┤ 显示测试集的前五行
```

你将获得 −3.68 的历史均值。这意味着我们将预测我们模拟的随机游走的接下来的 200 个时间步长的值为 −3.68。

另一种可能的基线是预测训练集的最后已知值。在这里，我们将简单地提取训练集的最后一个值，并将其值指定为我们对接下来的 200 个时间步长的预测：

```
last_value = train.iloc[-1].value      ←——— 检索训练集的最后值
test.loc[:, 'pred_last'] = last_value

                                       ←——— 将最后一个值分配给 pred_last 列，作为
test.head()                                   接下来的 200 个时间步长的预测值
```

这种方法得到的预测值的恒定值为 −6.81。

最后，我们将应用漂移法，我们还没有介绍。漂移法是对预测最后已知值的修改。在这种情况下，我们允许这些值随着时间的推移而增加或减少。未来的值的变化速率等于在训练集中看到的速率。因此，它相当于计算训练集的第一个值和最后一个值之间的斜率，并简单地将这条直线外推到未来。

记住，我们可以通过用 y 轴的变化除以 x 轴的变化来计算一条直线的斜率。在我们的例子中，y 轴的变化是随机游走 y_f 的最后一个值与其初始值 y_i 之间的差分。然后，x 轴的变化相当于时间步长数减 1，如式 3.11。

$$斜率 = \frac{\Delta y}{\Delta x} = \frac{y_f - y_i}{\#时间步长数 - 1} \tag{3.11}$$

当我们实现最后一个已知数值基线时，我们计算了训练集的最后一个值，并且我们知道我们模拟的随机游走的初始值是 0。因此，我们可以将这些数字代入式 3.11，并计算式 3.12 中的漂移。

$$漂移 = \frac{-6.81 - 0}{800 - 1} = -0.0085 \tag{3.12}$$

现在让我们在 Python 中实现它。我们将计算 x 轴和 y 轴的变化，并简单地将它们相除以获得漂移：

```
                          计算 x 轴的变化，即最后一个索引（799）和第一个索引（0）
                          之间的差值。它等同于时间步长数减 1
deltaX = 800 - 1    ←———
deltaY = last_value - 0   ←———
                          计算模拟随机游走在训练集中的初始值和最后一个值之间的
drift = deltaY / deltaX   ←———  差分。请记住，训练集的最后一个值是我们之前实现的基线
                                中的 last_value 变量
print(drift)
      根据式 3.12 计算漂移
```

正如预期的那样，这给我们带来了 −0.0085 的漂移，这意味着我们的预测值将随着时间的推移而缓慢下降。漂移法简单地说明了预测线性依赖于时间步长、漂移值和随机游走的初始值，如式 3.13 所示。请记住随机游走从 0 开始，所以我们可以从式 3.13 中删除它。

$$预测 = 漂移值 \times 时间步长 + y_i$$
$$预测 = 漂移值 \times 时间步长 \qquad (3.13)$$

由于我们想要预测训练集之后的 200 个时间步长，因此我们将首先创建一个数组，其中包含从 800 开始到 1000 结束的时间步长范围，步长为 1，然后，我们只需将每个时间步长乘以漂移，即可得到预测值，最后，我们将它们分配到 test 的 pred_drift 列：

```
x_vals = np.arange(800, 1001, 1)      ◁—— 创建一个从 800 开始到 1000 结束的以 1
                                           为步长的时间步长列表

pred_drift = drift * x_vals           ◁——
                                           将每个时间步长乘以漂移，以获得每个时间
test.loc[:, 'pred_drift'] = pred_drift ◁—— 步长的预测值

test.head()        将我们的预测值分配给 pred_drift 列
```

有了这三种方法，根据测试集的实际值，我们现在可以直观地可视化预测是什么样子：

```
                    绘制训练集中的值           绘制测试集中观测
fig, ax = plt.subplots()                  到的值
                                                           绘制历史均值的预测值。它将是
ax.plot(train.value, 'b-')          ◁——                    一条点划线
ax.plot(test['value'], 'b-')        ◁——
ax.plot(test['pred_mean'], 'r-.', label='Mean')       ◁——
ax.plot(test['pred_last'], 'g--', label='Last value')      绘制训练集最后值的
ax.plot(test['pred_drift'], 'k:', label='Drift')  ◁——      预测值。它将是一条
                                                           虚线
                 绘制使用漂移法的预测值。它将是一条点线
ax.axvspan(800, 1000, color='#808080', alpha=0.2)
ax.legend(loc=2)    ◁——
                                                      给预测区域加阴影
ax.set_xlabel('Timesteps')      将图例放置在左上角
ax.set_ylabel('Value')

plt.tight_layout()
```

如图 3.15 所示，我们的预测是错误的。它们都未能预测测试集中观察到的突然增加，这是有道理的，因为随机游走的未来变化是完全随机的，因此不可被预测。

我们可以通过计算我们预测的均方误差来进一步证明。我们不能像第 2 章使用 MAPE 那样，因为随机游走可以取值为 0——不可能计算出与观测值 0 之间的百分比差异，因为这意味着除以 0，这在数学中是不允许的。

因此，我们选择 MSE，因为它可以衡量模型拟合的质量，即使观测值为 0。sklearn 库有 mean_squared_error 函数，只需要观测值和预测值，然后它将返回 MSE。

```
from sklearn.metrics import mean_squared_error

mse_mean = mean_squared_error(test['value'], test['pred_mean'])
mse_last = mean_squared_error(test['value'], test['pred_last'])
mse_drift = mean_squared_error(test['value'], test['pred_drift'])

print(mse_mean, mse_last, mse_drift)
```

你将获得历史均值、最后值和漂移法的 MSE 值分别为 327、425 和 466。我们可以在图 3.16 中比较这三个基线的 MSE。

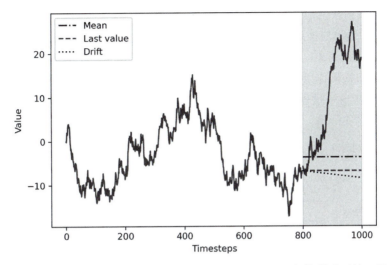

图 3.15 使用均值、最后值和漂移方法预测我们的随机游走。正如你所看到的,所有的预测都相当差,并且不能预测在测试集中观察到的突然增长

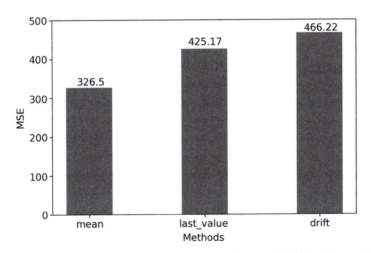

图 3.16 我们的预测的 MSE。显然,随机游走的未来是不可预测的,其 MSE 超过 300

如图 3.16 所示,最佳预测是通过预测历史均值获得的,但 MSE 超过 300。这是一个极高的值,考虑到我们模拟的随机游走不超过 30。

到目前为止,你应该相信,预测长期范围内的随机游走是没有意义的。由于未来值取决于过去值加上一个随机数,因此随着许多时间步长中许多随机数被添加,随机性部分在长期范围内被放大。

3.3.2 预测下一个时间步长

预测随机游走的下一个时间步长是我们可以解决的唯一合理的情况,尽管我们仍会使用简单的预测方法。具体来说,我们会预测最后一个已知值。然而,我们将只为下一个时间步长做这个预测。这样,预测应该只偏离一个随机数,因为随机游走的未来值总是过去值加上白噪声。

实现这个方法很简单:我们取初始观测值并用它来预测下一个时间步长。一旦我们记录了一个新值,它将被用作以下时间步长的预测。这一过程将在未来重复进行。

图 3.17 说明了这一过程。这里,使用上午 8:00 的观测值,预测上午 9:00 的值;使用上午 9:00 观测的实际值,预测上午 10:00 的值,依此类推。

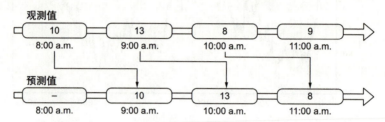

图 3.17 预测一个随机游走的以下时间步长。在这里,在某个时间点的观测值将被用作对下一个时间点的预测值

让我们把这个方法应用到随机游走过程中。为了说明这种方法,我们将把它应用于整个随机游走。当我们实际上只是预测每个时间步长的最后一个已知值时,这种简单的预测可能看起来很惊人。

模拟这个过程的一个好方法是平移数据,pandas 库有一个 shift 方法,它完全符合我们的要求。我们只需传入周期数,在我们的例子中为 1,因为我们正在预测下一个时间步长:

```
df_shift = df.shift(periods=1)

df_shift.head()
```

> df_shift 现在是整个随机游走的预测值,并且对应于每个时间步长的最后一个已知值

你将注意到,在步骤 1 中,值为 0,这对应于模拟随机游走中步骤 0 的观测值。因此,我们有效地使用当前观测值作为下一个时间步长的预测。绘制预测收益率图 3.18。

```
fig, ax = plt.subplots()

ax.plot(df, 'b-', label='actual')
ax.plot(df_shift, 'r-.', label='forecast')

ax.legend(loc=2)

ax.set_xlabel('Timesteps')
ax.set_ylabel('Value')

plt.tight_layout()
```

观察图 3.18,你可能会认为我们已经开发了一个惊人的模型,它几乎完美地拟合我们的

数据。似乎我们在图中没有两条独立的线，因为它们两者几乎完全重叠，这是一个完美拟合的标志。现在，我们可以计算出 MSE：

```
mse_one_step = mean_squared_error(test['value'], df_shift[800:])    ◁────┐
                                                               计算测试集上的 MSE │
print(mse_one_step)
```

这产生了 0.93 的值，这可能会再次让我们认为我们有一个性能非常好的模型，因为 MSE非常接近 0。但是，我们知道我们只是在预测在前一个时间步长观测到的值。如图 3.19 所示，如果我们放大图表，这将变得更加明显。

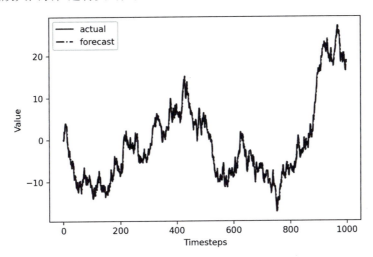

图 3.18　对一个随机游走的下一个时间步长的简单预测。这幅图给人一个非常好的模型的错觉，而我们实际上只是预测在前一个时间步长观测到的值

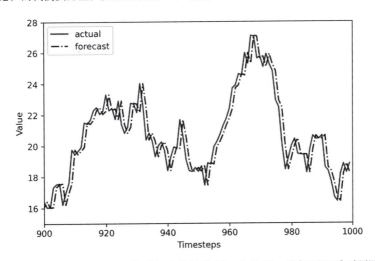

图 3.19　我们随机游走的最后 100 个时间步长的特写。在这里，我们可以看到预测是原始时间序列的一个简单平移

因此，如果必须对随机游走过程进行预测，则最好进行多次预测短期预测。这样，我们就不会允许许多随机数随着时间的推移而累积，这将降低我们长期预测的质量。

因为随机过程会随机走向未来，我们无法使用统计或深度学习技术来适应这样的过程：从随机性中没有什么可以学习，也无法预测。相反，我们必须依靠简单的预测方法。

3.4 下一步

到目前为止，你已经学习了如何开发基线模型，并且你已经发现，在存在随机游走的情况下，你只能合理地应用基线模型来进行预测。对于未来采取随机步骤的数据，你无法拟合统计模型或使用深度学习技术。最终，你无法预测随机移动。

你学习到随机游走是一种序列，其一阶差分不具有自相关性且是一个平稳过程，这意味着其均值、方差和自相关随时间不变。识别随机游走所需的步骤如图 3.20 所示。

但是，如果你的处理过程是平稳的且具有自相关性，这意味着你在 ACF 图中看到连续的显著系数，怎么办？现在，图 3.20 只是简单地说明它不是随机游走，因此你必须找到另一个模型来近似该过程并对其进行预测。在这种情况下，你面对的是一个可以通过移动平均（MA）模型、自回归（AR）模型或两者的组合来近似处理的过程，从而形成自回归移动平均（ARMA）模型。

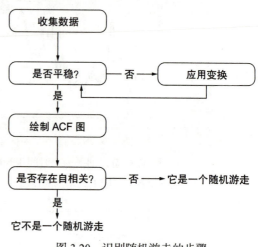

图 3.20 识别随机游走的步骤

在第 4 章中，我们将只关注移动平均模型。你将学习如何识别此类过程，以及如何使用移动平均模型进行预测。

3.5 练习

现在是应用你在本章学到的不同技能的好时机。以下三个练习将测试你对随机游走以及预测随机游走的了解和掌握程度。这些练习是按难度和完成它们所需的时间排序的。3.5.1 节和 3.5.2 节的答案在 GitHub 上：https:// github.com/marcopeix/TimeSeriesForecastingInPython/tree/master/CH03。

3.5.1 模拟和预测随机游走

模拟一个与我们在本章中使用的不同的随机游走。你可以简单地更改种子并获得新值：

1. 生成 500 个时间步长的随机游走。你可以随意选择不同于 0 的初始值。此外，请确保通过将不同的整数传递给 `np.random.seed()` 来更改种子。

2. 绘制你模拟的随机游走。

3. 检验平稳性。

4. 应用一阶差分。

5. 检验平稳性。

6. 将模拟的随机游走分成一个包含前 400 个时间步长的训练集，剩下的 100 个时间步长将是你的测试集。

7. 应用不同的简单预测方法并测量 MSE。哪种方法产生的 MSE 最小?

8. 绘制你的预测图。

9. 在测试集上预测下一个时间步长并测量 MSE，降低了吗?

10. 绘制你的预测图。

3.5.2 预测 GOOGL 的每日收盘价

使用我们在本章使用的 GOOGL 数据集，应用我们讨论的预测技术并衡量其性能:

1. 保留最近 5 天的数据作为测试集。剩下的就是训练集了。

2. 使用简单预测方法预测最后 5 天的收盘价，并测量 MSE。哪种方法最好?

3. 绘制你的预测图。

4. 在测试集上预测下一个时间步长并测量 MSE，降低了吗?

5. 绘制你的预测图。

3.5.3 预测你选择的股票的每日收盘价

许多股票的历史每日收盘价可在 finance.yahoo.com 上免费获得。选择你喜欢的股票代码，并下载其一年的历史每日收盘价:

1. 绘制你所选股票的每日收盘价。

2. 确定是否为随机游走。

3. 如果不是随机游走，请解释原因。

4. 保留最后 5 天的数据作为测试集，剩下的就是训练集了。

5. 使用简单预测方法预测最后 5 天的收盘价，并测量 MSE。哪种方法最好?

6. 绘制你的预测图。

7. 在测试集上预测下一个时间步长并测量 MSE，降低了吗?

8. 绘制你的预测图。

小结

❑ 随机游走是一种过程，其中一阶差分是平稳的并且不是自相关的。

❑ 我们不能在随机游走中使用统计或深度学习技术，因为它在未来是随机移动的。因此，我们必须使用简单的预测。

❑ 平稳时间序列是指其统计特性（均值、方差、自相关）不随时间变化的时间序列。

❑ 增强 Dickey-Fuller 检验用于通过检验单位根来评估平稳性。

❑ ADF 检验的零假设是序列中存在单位根。如果 ADF 统计量是较大的负值，并且 p 值小于 0.05，则零假设被拒绝，并且序列是平稳的。

❑ 变换用于使序列平稳。差分可以稳定趋势和季节性，而对数可以稳定方差。

❑ 自相关测量变量与其自身在前一时间步长（滞后）之间的相关性。自相关函数显示了自相关如何作为滞后的函数而变化。

❑ 理想情况下，我们将预测短期或下一个时间步长的随机游走。这样，我们就不允许随机数字累积，这将降低我们长期预测的质量。

第二部分 *Part 2*

使用统计模型进行
预测

- 第4章　移动平均过程建模
- 第5章　自回归过程建模
- 第6章　复杂时间序列建模
- 第7章　非平稳时间序列预测
- 第8章　考虑季节性
- 第9章　向模型添加外生变量
- 第10章　预测多变量时间序列
- 第11章　顶点项目：预测澳大利亚抗糖尿病
　　　　　药物处方的数量

在本书的这一部分，我们将探讨时间序列预测的统计模型。在进行统计建模时，我们需要进行假设检验，仔细研究数据以提取其属性，并为数据寻找最佳模型。

学完本部分，你将拥有一个使用统计模型对任何类型的时间序列进行建模的强大框架。你将开发 MA(q) 模型、AR(p) 模型、ARMA(p,q) 模型、用于非平稳时间序列的 ARIMA($p,d.q$) 模型、用于季节性时间序列的 SARIMA(p,d,q),(P,D,Q)$_m$ 模型，以及用于在预测中包含外部变量的 SARIMAX 模型。我们还将介绍一次可以预测多个时间序列的 VAR(p) 模型。本部分的最后我们将介绍一个顶点项目，这样你就可以应用所学知识来解决问题。

当然，还有许多其他用于时间序列预测的统计模型。例如，指数平滑基本上采用过去值的加权平均值来预测未来值。指数平滑法背后的一般思想是，在预测未来时，过去值不如最近的值重要，因此为它们分配的权重较小。然后，该模型可以扩展到包括趋势和季节性分量。也有用不同季节性周期的时间序列来建模的统计方法，如 BATS 和 TBATS 模型。

为了使这部分易于操作，我们不会涉及这些模型，但它们在 statsmodels 库中得到了实现，我们将广泛使用该库。

第 4 章 *Chapter 4*

移动平均过程建模

在第 3 章中，你学习了如何确定和预测随机游走过程。我们把随机游走过程定义为一个序列，它的一阶差分是平稳的，没有自相关。这意味着绘制其 ACF 将显示在滞后 0 之后不会出现显著系数。然而，平稳过程可能仍然表现出自相关。在这种情况下，我们有一个时间序列，它可以通过移动平均模型 MA(q)、自回归模型 AR(p) 或自回归移动平均模型 ARMA(p,q) 来近似。在本章中，我们将重点讨论使用移动平均模型进行识别和建模。

假设你想要预测 XYZ Widget Company 的小部件销售额。通过预测未来销售，该公司将能够更好地管理其小部件的生产，并避免生产过多或过少。如果不生产足够的产品，公司将无法满足客户的需求，从而会让客户不满意。另外，生产太多的小部件会增加库存。这些小部件可能会过时或失去价值，这将增加企业的负债，最终导致股东不满。

在这个例子中，我们将研究从 2019 年开始 500 多天的小部件销售情况。随着时间的推移，记录的销售额如图 4.1 所示。请注意，销售额以千美元表示。

图 4.1 显示了一个长期趋势，其中有波峰和波谷。我们可以直观地说，这个时间序列不是一个平稳过程，因为我们可以观察到随时间变化的趋势。此外，数据中没有明显的周期性模式，因此我们目前可以排除任何季节性效应。

为了预测小部件的销售额，我们需要确定基本流程。为此，我们将在处理随机游走过程时应用与第 3 章相同的步骤，如图 4.2 所示。

一旦收集到数据，就将测试其平稳性。如果它不是平稳的，我们会应用变换以使其平稳。然后，一旦序列是平稳过程，我们就将绘制自相关函数。在我们预测小部件销售的例子中，该过程将在 ACF 图中显示显著系数，这意味着它无法被随机游走模型近似。

在本章中，我们将发现 XYZ Widget Company 的小部件销售额可以近似为移动平均过程，并且我们将看看移动平均模型的定义。然后，你将学习如何使用 ACF 图确定移动平均过程的阶数，这个过程的阶数决定了模型的参数数量。最后，我们将应用移动平均模型来预测未来 50 天的小部件销售情况。

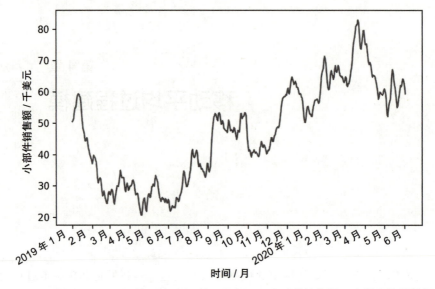

图 4.1　XYZ Widget Company 从 2019 年 1 月 1 日起 500 多天的销售额。这是虚构的数据，但它将有助于学习如何确定和建模移动平均过程

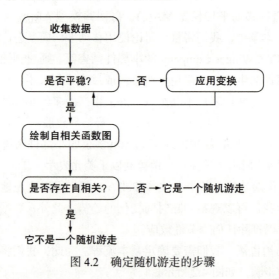

图 4.2　确定随机游走的步骤

4.1　定义移动平均过程

　　移动平均过程（或移动平均模型）声明当前的值线性依赖于当前误差项和过去误差项。假设误差项是相互独立的和正态分布的，就像白噪声一样。

移动平均模型记为 MA(q)，其中 q 为阶数。该模型将现值记为序列的均值 μ、当前误差项 ϵ_t 和过去误差项 ϵ_{t-q} 的线性组合。过去误差对现值的影响大小用 θ_q 的系数进行量化。在数学上，我们用式 4.1 中的一般 q 阶移动平均过程来表示：

$$y_t=\mu+\epsilon_t+\theta_1\epsilon_{t-1}+\theta_2\epsilon_{t-2}+\cdots+\theta_q\epsilon_{t-q} \tag{4.1}$$

> **移动平均过程**
>
> 在移动平均过程中，当前值取决于序列的均值、当前误差项和过去误差项的线性关系。
>
> 移动平均模型记为 MA(q)，其中 q 为阶数。MA(q) 模型的一般表达式为
>
> $$y_t=\mu+\epsilon_t+\theta_1\epsilon_{t-1}+\theta_2\epsilon_{t-2}+\cdots+\theta_q\epsilon_{t-q}$$

移动平均模型的阶数 q 决定了影响现值的过去误差项的数量。例如，如果它是一阶的，则意味着我们有一个 MA(1) 过程，模型如式 4.2 所示。在这里，我们可以看到当前值 y_t 取决于均值 μ、当前误差项 ϵ_t 和前一时间步长的误差项 $\theta_1\epsilon_{t-1}$。

$$y_t=\mu+\epsilon_t+\theta_1\epsilon_{t-1} \tag{4.2}$$

如果我们有一个二阶的移动平均过程，或 MA(2)，那么 y_t 依赖于序列均值 μ、当前误差项 ϵ_t、前一时间步长的误差项 $\theta_1\epsilon_{t-1}$，以及前两个时间步长的误差项 $\theta_2\epsilon_{t-2}$，得到式 4.3：

$$y_t=\mu+\epsilon_t+\theta_1\epsilon_{t-1}+\theta_2\epsilon_{t-2} \tag{4.3}$$

因此，我们可以看到 MA(q) 过程的阶数 q 如何影响必须包含在模型中的过去误差项的数量。q 越大，过去误差项对现值的影响越大。因此，为了拟合适当的模型，确定移动平均过程的阶数很重要。如果我们有二阶移动平均过程，则将使用二阶移动平均模型进行预测。

确定移动平均过程的阶数

为了确定移动平均过程的阶数，我们可以扩展识别随机游走所需的步骤，如图 4.3 所示。

像往常一样，第一步是收集数据，然后测试平稳性。如果序列不是平稳的，那么我们应用变换，例如差分，直到序列是平稳的。之后，我们绘制 ACF 图并寻找显著的自相关系数。在随机游走的情况下，我们将不会在滞后 0 之后看到显著系数。另外，如果我们看到显著系数，那么必须检查它们是否在某个滞后 q 后突然变得不显著。如果是这样的话，那么我们知道我们有一个 q 阶的移动平均过程。否则，我们必须遵循一套不同的步骤来发现时间序列的基本过程。

让我们使用 XYZ Widget Company 的小部件销

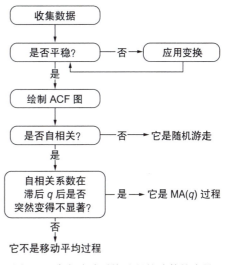

图 4.3 确定移动平均过程的阶数的步骤

售额数据来实现这一点。该数据集包含从 2019 年 1 月 1 日开始的 500 天的销售额数据。我们将遵循图 4.3 中概述的步骤，并确定基本移动平均过程的阶数。

第一步是收集数据，这一步已经完成了，所以现在使用 pandas 将数据加载到 DataFrame 中并显示前五个数据行。在任何时候，你都可以在 GitHub 上查阅本章的源代码：https://github.com/marcopeix/TimeSeriesForecastingInPython/tree/master/CH04。

```python
import pandas as pd

df = pd.read_csv('../data/widget_sales.csv')   ◁── 将 CSV 文件读取到 DataFrame 中
df.head()   ◁── 显示数据的前五行
```

你将看到销售额在 widget_sales 列中。请注意，销售额是以千美元为单位的。

我们可以使用 matplotlib 来绘制数据。我们感兴趣的数值在 widget_sales 列中，因此我们将其传递给 ax.plot()。然后将 x 轴标记为"Time"，y 轴标记为"Widget sales (k$)"。接下来，我们指定 x 轴上的刻度应显示一年中的月份。最后，我们倾斜 x 轴刻度标签，并使用 plt.tight_layout() 删除图形周围多余的空格，结果如图 4.4 所示。

```python
import matplotlib.pyplot as plt

fig, ax = plt.subplots()

ax.plot(df['widget_sales'])   ◁── 绘制小部件销售额的图
ax.set_xlabel('Time')   ◁── 标记 x 轴
ax.set_ylabel('Widget sales (k$)')   ◁── 标记 y 轴

plt.xticks(
    [0, 30, 57, 87, 116, 145, 175, 204, 234, 264, 293, 323, 352, 382, 409,
➥ 439, 468, 498],
    ['Jan', 'Feb', 'Mar', 'Apr', 'May', 'Jun', 'Jul', 'Aug', 'Sep', 'Oct',
➥ 'Nov', 'Dec', '2020', 'Feb', 'Mar', 'Apr', 'May', 'Jun'])   ◁── 标记 x 轴上的刻度

fig.autofmt_xdate()   ◁── 倾斜 x 轴刻度上的标签，以便它们显示得更好看
plt.tight_layout()   ◁── 去除图形周围的多余空格
```

下一步是检验平稳性。我们直观地知道该序列是不平稳的，因为在图 4.4 中有一个可观察到的趋势。不过，为了确保这一点，我们将使用 ADF 来检验。同样，我们将使用 statsmodels 库中的 adfuller 函数，并提取 ADF 统计量和 p 值。如果 ADF 统计量是一个大的负数，并且 p 值小于 0.05，则序列是平稳的。否则我们必须应用转换。

```python
from statsmodels.tsa.stattools import adfuller   ◁── 对存储在 widget_sales 列中的小部件销售额运行 ADF 检验

ADF_result = adfuller(df['widget_sales'])

print(f'ADF Statistic: {ADF_result[0]}')   ◁── 输出 ADF 统计量
print(f'p-value: {ADF_result[1]}')   ◁── 输出 p 值
```

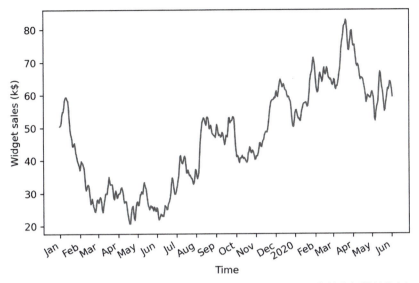

图 4.4 XYZ Widget Company 从 2019 年 1 月 1 日起 500 天内的小部件销售额

结果显示 ADF 统计量为 −1.51，p 值为 0.53。这里，ADF 统计数据不是一个很大的负数，并且 p 值大于 0.05。因此，时间序列不是平稳的，我们必须应用变换使它平稳。

为了使序列平稳，我们将尝试通过应用一阶差分来稳定趋势。我们可以通过使用 numpy 库中的 diff 方法来实现。请记住，此方法接受一个参数 n，该参数指定差分的阶数。在这种情况下，因为它是一阶差分，所以 n 将等于 1。

```
import numpy as np

widget_sales_diff = np.diff(df['widget_sales'], n=1)
```

对数据进行一阶差分并将结果存储在 widget_sales_diff 中

我们可以选择绘制差分序列，看看是否稳定了趋势。图 4.5 显示了差分序列。可以看到，我们成功地删除了序列的长期趋势分量，因为整个时期的值都在 0 附近徘徊。

> **你能重新创建图 4.5 吗**
>
> 虽然可选，但建议你在应用转换时绘制序列图。这将使你更直观地了解在特定变换后该序列是否平稳。尝试自己重建图 4.5。

既然已经对序列应用了变换，那么我们可以再次使用 ADF 检验来检验平稳性。这次，请确保对存储在 widget_sales_diff 变量中的差分数据运行检验。

```
ADF_result = adfuller(widget_sales_diff)

print(f'ADF Statistic: {ADF_result[0]}')
print(f'p-value: {ADF_result[1]}')
```

在差分后的时间序列上运行 ADF 检验

这给出了 ADF 统计量 −10.6 和 p 值 7×10^{-19}。因此，在具有较大负值的 ADF 统计量和远小于 0.05 的 p 值的情况下，我们可以说序列是平稳的。

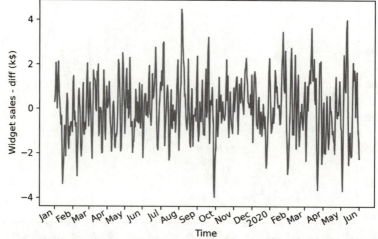

图 4.5　小部件销售额的差分。趋势分量已经稳定下来，因为整个样本上的值都在 0 附近徘徊

我们下一步是绘制自相关函数图。statsmodels 库方便地包括了 plot_acf 函数。我们只需传入差分序列并在 lags 参数中指定滞后数量。请记住，滞后的数量决定了 x 轴上的取值范围。

```
from statsmodels.graphics.tsaplots import plot_acf

plot_acf(widget_sales_diff, lags=30);    ◁──────  绘制差分后的序列的 ACF 图

plt.tight_layout()
```

得到的 ACF 图如图 4.6 所示。你会注意到直到滞后 2 都有一些显著系数。然后它们突然变得不显著，因为它们仍然存在绘图的阴影区域中。这意味着我们有一个二阶的平稳移动平均过程。我们可以使用二阶移动平均模型（或 MA(2) 模型）来预测平稳时间序列。

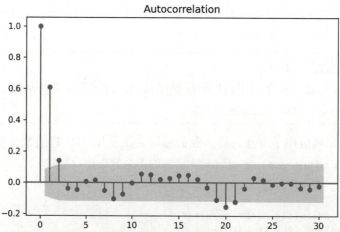

图 4.6　差分序列的 ACF 图。注意系数在滞后 2 之前显著，然后它们突然落入不显著区域（阴影区域）。在滞后 20 附近有一些显著系数，但这可能是偶然的，因为它们在滞后 3 和 20 之间以及滞后 20 之后变得不显著

你可以看到 ACF 图如何帮助我们确定移动平均过程的阶数。在滞后 q 之前，ACF 图将显示显著的自相关系数，之后所有系数将不显著。然后我们可以得出结论：我们有一个 q 阶移动平均过程，或 MA(q) 过程。

4.2　预测移动平均过程

一旦确定了移动平均过程的阶数 q，我们就可以训练数据拟合模型并开始预测。在我们的例子中，我们发现小部件销售额的差分是二阶移动平均过程，或 MA(2) 过程。

移动平均模型假设平稳性，这意味着预测必须在平稳的时间序列上完成。因此，我们将在小部件销售额的差分上训练和测试模型。我们将尝试两种简单的预测技术并拟合二阶移动平均模型。简单预测将作为基线评估移动平均模型的性能，我们预计该模型会比基线更好，因为我们之前将过程确定为二阶移动平均过程。一旦获得了平稳过程的预测，就必须对预测进行逆变换，这意味着我们必须撤销差分过程，以将预测恢复到其原始尺度。

在这种情况下，我们将把 90% 的数据分配给训练集，并保留其他 10% 的数据用于测试集，这意味着我们必须预测未来 50 个时间步长。我们将把差分数据分配给 DataFrame，然后拆分数据。

```
将前 90% 的数据放入训练集中                        将差分数据放入 DataFrame 中

    df_diff = pd.DataFrame({'widget_sales_diff': widget_sales_diff})

    train = df_diff[:int(0.9*len(df_diff))]          将最后 10% 的数据放入测试集中，
    test = df_diff[int(0.9*len(df_diff)):]           用于预测
print(len(train))
print(len(test))
```

我们已经输出了训练集和测试集的大小，以提醒当进行差分时会丢失的数据点。原始数据集包含 500 个数据点，而差分序列总共包含 499 个数据点，因为我们只进行了一次差分。

现在，我们可以看到差分序列和原始序列的预测周期。在这里，我们将在同一个图中绘制两个子图。结果如图 4.7 所示。

```
fig, (ax1, ax2) = plt.subplots(nrows=2, ncols=1, sharex=True)

ax1.plot(df['widget_sales'])                          在同一个图中创建两个子图
ax1.set_xlabel('Time')
ax1.set_ylabel('Widget sales (k$)')
ax1.axvspan(450, 500, color='#808080', alpha=0.2)

ax2.plot(df_diff['widget_sales_diff'])
ax2.set_xlabel('Time')
ax2.set_ylabel('Widget sales - diff (k$)')
ax2.axvspan(449, 498, color='#808080', alpha=0.2)

plt.xticks(
    [0, 30, 57, 87, 116, 145, 175, 204, 234, 264, 293, 323, 352, 382, 409,
     439, 468, 498],
```

```
['Jan', 'Feb', 'Mar', 'Apr', 'May', 'Jun', 'Jul', 'Aug', 'Sep', 'Oct',
 'Nov', 'Dec', '2020', 'Feb', 'Mar', 'Apr', 'May', 'Jun'])

fig.autofmt_xdate()
plt.tight_layout()
```

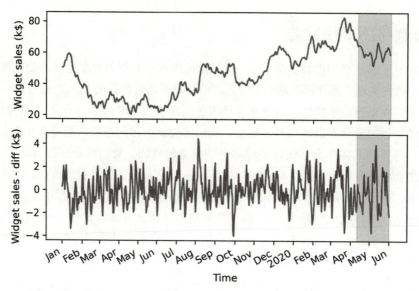

图 4.7　原始序列和差分序列的预测周期。请记住，我们的差分序列比其原始状态少一个数据点

对于预测范围，移动平均模型具有一个特殊性。MA(q) 模型不允许我们一次性预测未来 50 个时间步长。请记住，移动平均模型与过去误差项呈现线性关系，而这些项在数据集中并没有被观测到——它们必须被递归地估计。这意味着对于 MA(q) 模型，我们只能预测未来 q 个时间步长。任何在此点之后的预测都不会有过去误差项，并且该模型只会预测均值。因此，对未来超过 q 个时间步长进行预测是没有价值的，因为预测结果会平淡无奇，只返回均值，相当于基线模型。

为了避免简单地预测未来超过两个时间步长的均值，我们需要开发一个函数，该函数每次可以预测两个或更少的时间步长，直到我们进行了 50 次预测，这样我们就可以将预测与测试集的观测值进行比较。这种方法称为滚动预测。在第一轮中，我们将在第 449 个时间步长上进行训练，并预测第 450 和 451 个时间步长。然后，在第二轮中，我们将在第 451 个时间步长上进行训练，并预测第 452 和 453 个时间步长。这个过程一直重复到我们最终预测第 498 和 499 个时间步长的值。

> **使用 MA(q) 模型进行预测**
>
> 当使用 MA(q) 模型时，预测未来超过 q 个时间步长将简单地返回均值，因为除了 q 个时间步长之外没有要估计的误差项。我们可以使用滚动预测来一次预测多达 q 个时间步长，以避免只预测序列的均值。

我们将拟合的 MA(2) 模型与两个基线进行比较：历史均值和最后值。通过这种方式，我们可以确保 MA(2) 模型将生成比原始预测更好的预测，因为我们知道平稳过程是 MA(2) 过程。

注 在用 MA(2) 模型进行滚动预测时，不必提前两个时间步长进行预测。你可以重复向前预测一个或两个时间步长，以避免仅预测均值。同样，用 MA(3) 模型，你可以使用提前一个、两个或三个时间步长的滚动预测来进行预测。

为了创建这些预测，我们需要一个函数，该函数将重复拟合模型并在特定的时间窗口内生成预测，直到获得了整个测试集的预测。该函数如清单 4.1 所示。

清单 4.1　在一定范围滚动预测的函数

```
from statsmodels.tsa.statespace.sarimax import SARIMAX

def rolling_forecast(df: pd.DataFrame, train_len: int, horizon: int,
➥ window: int, method: str) -> list:

    total_len = train_len + horizon

    if method == 'mean':
        pred_mean = []

        for i in range(train_len, total_len, window):
            mean = np.mean(df[:i].values)
            pred_mean.extend(mean for _ in range(window))

        return pred_mean

    elif method == 'last':
        pred_last_value = []

        for i in range(train_len, total_len, window):
            last_value = df[:i].iloc[-1].values[0]
            pred_last_value.extend(last_value for _ in range(window))

        return pred_last_value

    elif method == 'MA':
        pred_MA = []

        for i in range(train_len, total_len, window):
            model = SARIMAX(df[:i], order=(0,0,2))
            res = model.fit(disp=False)
            predictions = res.get_prediction(0, i + window - 1)
            oos_pred = predictions.predicted_mean.iloc[-window:]
            pred_MA.extend(oos_pred)

        return pred_MA
```

该函数接受一个包含完整模拟移动平均过程的 DataFrame 作为输入。我们还需要传入训练集的长度（在这种情况下为 800）和预测的范围（200）。下一个参数指定我们希望一次预测多少个时间步长（2）。最后，我们指定用于进行预测的方法

predicted_mean 方法允许我们检索由 statsmodels 库定义的实际预测值

MA(q) 模型是更加复杂的 SARIMAX 模型的一部分

首先，我们从 statsmodels 库中导入 SARIMAX 函数。这个函数将允许我们将 MA(2) 模型拟合到差分序列。请注意，SARIMAX 是一个复杂的模型，它允许我们在单个模型中考

虑季节效应、自回归过程、非平稳时间序列、移动平均过程和外生变量。现在，我们将忽略除移动平均部分以外的所有因素。我们将逐步建立移动平均模型，并在后面章节中最终实现 SARIMAX 模型：

- ❏ 接下来，我们定义 rolling_forecast 函数。它将接受一个 DataFrame、训练集的长度、预测范围、窗口大小和方法。DataFrame 包含整个时间序列。
- ❏ train_len 参数初始化可用于拟合模型的数据点数量。在完成预测时，我们可以更新此参数以模拟新数据值的观测结果，然后使用它们进行下一组预测。
- ❏ horizon 参数等于测试集的长度，并表示必须预测的值的数量。
- ❏ window 参数指定一次预测多少个时间步长。在我们的例子中，因为我们有一个 MA(2) 过程，所以窗口将等于 2。
- ❏ method 参数指定要使用的模型。同样的函数允许我们从简单方法和 MA(2) 模型生成预测。

注意函数声明中类型提示的使用。这将帮助我们避免传递意外类型的参数，该类型参数可能会导致函数失败。

然后，每种预测方法都是以循环方式运行的。该循环从训练集的结尾开始并继续到 total_len（不含），步长为 window(total_len 是 train_len 与 horizon 的和)。这个循环生成一个包含 25 个值的列表 [450,451,452，…，497]，但是每次传递生成两个预测，因此针对整个测试集，返回一个含 50 个预测的列表。

一旦定义了它，我们就可以使用函数，并使用三种方法进行预测：历史均值、最后值和拟合的 MA(2) 模型。

首先，我们将创建一个 DataFrame 来保存预测，并将其命名为 pred_df。我们可以复制测试集，以便在 pred_df 中包含实际值，从而更容易评估模型的性能。

然后，我们将指定一些常量。在 Python 中，用大写字母命名常量是一种很好的做法。TRAIN_LEN 是训练集的长度，HORIZON 是测试集的长度，这里是 50 天，WINDOW 可以是 1 或 2，因为我们使用 MA(2) 模型。在本例中，我们将使用 2。

接下来，我们将使用 rolling_forecast 函数为每种方法生成一个预测列表。然后，将每个预测列表存储在 pred_df 各自列中。

```
pred_df = test.copy()

TRAIN_LEN = len(train)
HORIZON = len(test)
WINDOW = 2

pred_mean = rolling_forecast(df_diff, TRAIN_LEN, HORIZON, WINDOW, 'mean')
pred_last_value = rolling_forecast(df_diff, TRAIN_LEN, HORIZON, WINDOW,
➡ 'last')
pred_MA = rolling_forecast(df_diff, TRAIN_LEN, HORIZON, WINDOW, 'MA')

pred_df['pred_mean'] = pred_mean
```

```
pred_df['pred_last_value'] = pred_last_value
pred_df['pred_MA'] = pred_MA

pred_df.head()
```

现在，我们可以根据测试集中的观测值来可视化预测。请记住，我们仍然在使用差分数据集，因此预测也是差分值。

对于此图，我们将绘制部分训练数据，以查看训练集和测试集。我们的观测值将是一条实线，我们将这条曲线标记为"实际值"。然后我们将绘制来自历史均值的预测、来自最后观测值的预测，以及来自 MA(2) 模型的预测。它们将分别是一条点线、一条点划线和一条虚线，并带有标签"均值""最后值"和"MA(2)"。结果如图 4.8 所示。

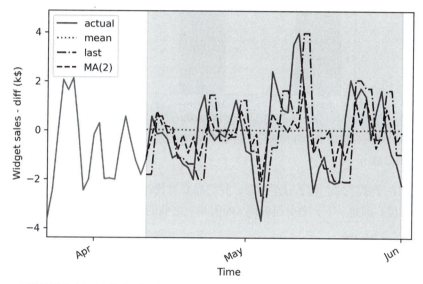

图 4.8　小部件销售额（差分序列）的预测。在一个专业的环境中，报告不同的预测是没有意义的。因此，我们稍后将撤销该转换

在图 4.8 中，你将注意到来自历史均值的预测（显示为点线）几乎是一条直线。这是预料之中的。这个过程是平稳的，所以随着时间的推移，历史均值应该是稳定的。

下一步是衡量模型的性能。为此，我们将计算均方误差。这里我们将使用 sklearn 包中的 mean_squared_error 函数。我们只需要将观测值和预测值传递给这个函数。

```
from sklearn.metrics import mean_squared_error

mse_mean = mean_squared_error(pred_df['widget_sales_diff'],
➥ pred_df['pred_mean'])
mse_last = mean_squared_error(pred_df['widget_sales_diff'],
➥ pred_df['pred_last_value'])
mse_MA = mean_squared_error(pred_df['widget_sales_diff'],
➥ pred_df['pred_MA'])

print(mse_mean, mse_last, mse_MA)
```

这输出历史均值方法的 MSE 为 2.56，最后值方法的 MSE 为 3.25，MA(2) 模型的 MSE 为 1.95。在这里，MA(2) 模型是性能最好的预测方法，因为它的 MSE 是三种方法中最小的。这是预料之中的，因为我们之前确定了小部件销售额差分序列的二阶移动平均过程，从而会有比原始预测方法更小的 MSE。我们可以在图 4.9 中可视化所有预测技术的 MSE。

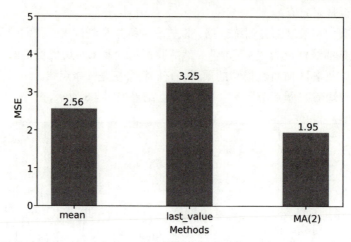

图 4.9　每种预测方法关于小部件差分销售额的 MSE。这里的 MA (2) 模型是冠军，因为它的 MSE 最小

现在我们在平稳序列上有了冠军模型，我们需要对预测进行逆变换，使它们回到未变换数据集的原始尺度。回想一下，差分是时间 t 的值和它之前的值之差的结果，如图 4.10 所示。

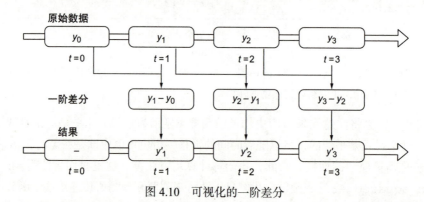

图 4.10　可视化的一阶差分

为了还原一阶差分，我们需要将初始值 y_0 添加到第一个差分 y_1。这样，我们就可以恢复 y_1 的原始尺度。如式 4.4 所示：

$$y_1 = y_0 + y_1' = y_0 + y_1 - y_0 = y_1 \qquad (4.4)$$

然后可以用差分的累积求和得到 y_2，如式 4.5 所示：

$$y_2 = y_0 + y_1' + y_2' = y_0 + y_1 - y_0 + y_2 - y_1 = (y_0 - y_0) + (y_1 - y_1) + y_2 = y_2 \qquad (4.5)$$

应用一次累积求和将撤销一阶差分。在序列经过两次差分变得平稳的情况下，我们需要重复这个过程。

因此，为了在我们数据集的原始尺度下获得预测，我们需要使用测试的第一个值作为初始值。然后我们可以进行累加求和，以获得数据集原始尺度下的 50 个预测序列。我们将把这些预测存储在 pred_widget_sales 列中。

```
df['pred_widget_sales'] = pd.Series()              ← 初始化一个空列来保存我们的预测
df['pred_widget_sales'][450:] = df['widget_sales'].iloc[450] +
➥ pred_df['pred_MA'].cumsum()          ←
                                        对预测进行逆变换，使其恢复到数据集的原始规模
```

让我们根据记录的数据来可视化未变换的预测。记住，我们现在使用的是存储在 df 中的原始数据集。

```
fig, ax = plt.subplots()

ax.plot(df['widget_sales'], 'b-', label='actual')        ← 绘制实际值
ax.plot(df['pred_widget_sales'], 'k--', label='MA(2)')   ←
                                                          绘制逆变换后的预测
ax.legend(loc=2)

ax.set_xlabel('Time')
ax.set_ylabel('Widget sales (K$)')

ax.axvspan(450, 500, color='#808080', alpha=0.2)
ax.set_xlim(400, 500)

plt.xticks(
    [409, 439, 468, 498],
    ['Mar', 'Apr', 'May', 'Jun'])

fig.autofmt_xdate()
plt.tight_layout()
```

你可以在图 4.11 中看到用虚线表示的预测曲线遵循观测值的总体趋势，尽管它并不能预测更大的波谷和峰值。

最后一步是报告原始数据集的 MSE。在专业操作中，我们不会报告差分预测，因为从商业角度来看它们没有意义。我们必须报告数据在原始尺度的值和误差。

我们可以使用 sklearn 中的 mean_absolute_error 函数来测量平均绝对误差（MAE）。我们之所以使用这个指标，是因为它很容易解释，它返回预测值与实际值之间绝对差值的平均值，而不是像 MSE 那样的平方差。

```
from sklearn.metrics import mean_absolute_error

mae_MA_undiff = mean_absolute_error(df['widget_sales'].iloc[450:],
➥ df['pred_widget_sales'].iloc[450:])

print(mae_MA_undiff)
```

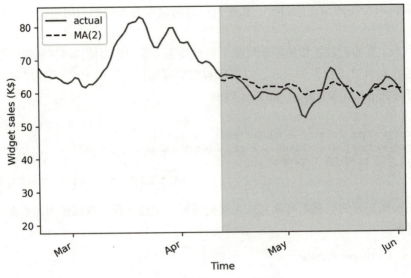

图 4.11 逆变换 MA（2）预测

这会输出一个 2.32 的 MAE。因此，我们的预测平均误差为 2320 美元，大于或小于实际值。请记住，数据单位是千美元，所以我们将 MAE 乘以 1000 表示平均绝对差值。

4.3 下一步

在本章中，我们介绍了移动平均过程以及如何通过 MA(q) 模型对其进行建模，其中 q 是阶数。你已经学习到要确定移动平均过程，一旦它是平稳的，就必须研究 ACF 图。ACF 图将显示一直到滞后 q 的显著峰值，并且其余部分将不会与 0 显著不同。

然而，当研究平稳过程的 ACF 图时，你可能会看到正弦模式，在大滞后时具有负系数和显著的自相关。现在你可以简单地接受这不是一个移动平均过程（见图 4.12）。

当我们在平稳过程的 ACF 图中看到正弦模式时，这暗示着一个自回归过程在起作用，我们必须使用 AR(p) 模型来生成预测。就像 MA(q) 模型一样，AR(p) 模型将要求我们确定其阶数。这次，

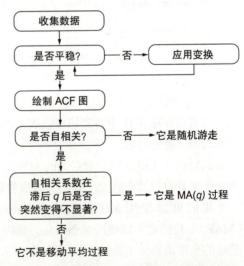

图 4.12 确定平稳时间序列基本过程的步骤

我们必须绘制偏自相关函数图，并看看系数在哪个滞后后突然变得不显著。第 5 章将完全关注自回归过程、如何确定它的阶数，以及如何预测这样一个过程。

4.4 练习

花些时间通过这些练习来测试你对 MA(q) 模型的了解和掌握程度。完整的解决方案可以在 GitHub 上找到：https://github.com/marcopeix/TimeSeriesForecastingInPython/tree/master/CH04。

4.4.1 模拟 MA(2) 过程并做预测

模拟一个平稳的 MA(2) 过程。为此，要使用来自 `statsmodels` 库中的 `ArmaProcess` 函数来模拟以下过程：

$$y_t = 0.9\theta_{t-1} + 0.3\theta_{t-2}$$

1. 在这个练习中，生成 1000 个样本。

```
from statsmodels.tsa.arima_process import ArmaProcess
import numpy as np

np.random.seed(42)    ◄────────┤ 为再现性设定种子。如果要尝试使用不同的值，则更改种子

ma2 = np.array([1, 0.9, 0.3])
ar2 = np.array([1, 0, 0])

MA2_process = ArmaProcess(ar2, ma2).generate_sample(nsample=1000)
```

2. 绘制移动平均模拟。
3. 运行 ADF 检验，并检查该过程是否平稳。
4. 绘制 ACF 图，看看在滞后 2 后是否有显著系数。
5. 把模拟序列拆分为训练集和测试集。将前 800 个时间步长用于训练集，并将其余分配给测试集。
6. 对测试集进行预测。使用均值、最后值和 MA(2) 模型。确保使用我们定义的 `recursive_forecast` 函数一次重复预测 2 个时间步长。
7. 绘制出你的预测。
8. 测量 MSE，并确定你的冠军模型。
9. 用直方图绘制 MSE。

4.4.2 模拟 MA(q) 过程并做预测

重新创建之前的练习，但模拟你选择的移动平均过程。尝试模拟三阶或四阶移动平均过程。我建议生成 10 000 个样本。要特别注意 ACF，看看你的系数在滞后 q 之后是否变得不显著。

小结

❑ 移动平均过程表明当前值与均值、当前误差项和过去误差项呈现线性关系，误差项通常是正态分布的。

❑ 你可以通过研究 ACF 图来确定平稳移动平均过程的阶数 q。系数在滞后 q 之前是显著的。

❑ 你最多可以预测未来 q 个时间步长,因为在数据中没有观测到误差项,必须递归估计。

❑ 预测未来超过 q 个时间步长,将简单地返回序列的均值。为了避免这种情况,你可以应用滚动预测。

❑ 如果对数据应用了变换,则必须撤销变换,以便将预测恢复到数据的原始尺度。

❑ 移动平均模型假定数据是平稳的。因此,只能对平稳数据使用此模型。

第 5 章 Chapter 5

自回归过程建模

在第 4 章中,我们介绍了移动平均过程,也记为 MA(q),其中 q 是阶数。你学到在移动平均过程中,当前值与当前和过去的误差项呈现线性关系。因此,如果你预测超过 q 个时间步长,预测结果将平淡无奇,只返回序列的平均值,因为数据中没有观测到误差项且必须递归地估计。最后,你可以看到,你可以通过研究 ACF 图来确定统计 MA(q) 过程的阶数。自相关系数在滞后 q 之前将是显著的。当自相关系数缓慢衰减或呈现正弦模式时,那么你可能处于自回归过程。

在本章中,我们将首先定义自回归过程。然后,我们定义偏自相关函数,并使用它来查找数据集基础自回归过程的阶数。最后,我们将使用 AR(p) 模型进行预测。

5.1 预测零售店平均每周客流量

假设你想预测零售店的平均每周客流量,以便商店经理能够更好地管理员工的时间表。如果预计有很多人来商店,那么应该安排更多的员工提供服务。如果预计来店的人数较少,则可以安排更少的员工工作。这样商店就可以优化工资支出,并确保员工不会应接不暇或僧多粥少。

对于这个例子,我们有 1000 个数据点,每个数据点表示从 2000 年开始零售店的平均每周客流量。你可以在图 5.1 中看到我们的数据随时间的演变。

在图 5.1 中,我们可以看到一个包含波峰和波谷的长期趋势。我们可以直观地说,这个时间序列不是一个平稳过程,因为我们观测到随时间变化的趋势。此外,数据中没有明显的周期性模式,因此我们目前可以排除任何季节性影响。

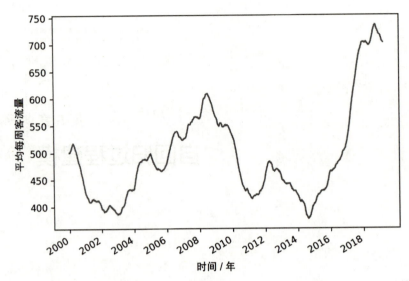

图 5.1 一个零售店的平均每周客流量。该数据集包含 1000 个数据点，从 2000 年的第一周开始。请注意，这是虚构的数据

同样，为了预测平均每周客流量，我们需要确定基础过程。因此，我们必须应用第 4 章中介绍的相同步骤。这样，我们就可以验证我们是否有一个随机游走或移动平均过程。步骤如图 5.2 所示。

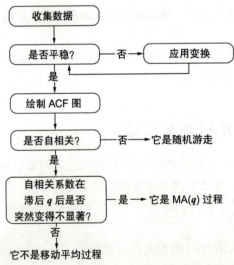

图 5.2 确定平稳时间序列的基本过程的步骤。到目前为止，我们可以确定一个随机游走或一个移动平均过程

在本例中，我们已经收集了数据，因此可以继续检验平稳性。如前所述，随着时间的推移，趋势的存在意味着序列很可能不是平稳的，所以我们必须应用转换以使其平稳。然后我

们将绘制 ACF 图。在我们学习本章的过程中，你将看到不仅存在自相关，而且 ACF 图将具有缓慢衰减的趋势。

这表示一个 p 阶的自回归过程，也记为 AR(p)。在这种情况下，我们必须绘制偏自相关函数（PACF）以找到阶数 p。就像 MA(q) 过程的 ACF 图上的系数一样，在滞后 p 后，PACF 图上的系数将突然变得不显著，因此确定自回归过程的阶数。

同样，自回归过程的阶数决定了 AR(p) 模型中必须包含多少参数。然后我们就可以准备预测了。在这个例子中，我们希望预测下周的平均客流量。

5.2 定义自回归过程

自回归过程建立了输出变量线性依赖于它自己以前的值。换句话说，它是变量对其自身的回归。

自回归过程记为 AR(p) 过程，其中 p 是阶数。在这样的过程中，当前值 y_t 是常数 C 的线性组合，当前误差项 ϵ_t，也是白噪声，以及序列 y_{t-p} 的过去值。过去值对当前值的影响的大小记为 ϕ_p，表示 AR(p) 模型的系数。数学上，我们用式 5.1 表示一般 AR(p) 模型。

$$y_t = C + \phi_1 y_{t-1} + \phi_2 y_{t-2} + \cdots + \phi_p y_{t-p} + \epsilon_t \tag{5.1}$$

自回归过程

自回归过程是一个变量对自身的回归。在时间序列中，这意味着现在值与它的过去值线性相关。

自回归过程记为 AR (p)，其中 p 为阶数。AR (p) 模型的一般表达式为

$$y_t = C + \phi_1 y_{t-1} + \phi_2 y_{t-2} + \cdots + \phi_p y_{t-p} + \epsilon_t$$

与移动平均过程类似，自回归过程的阶数 p 决定了影响当前值的过去值的数量。如果我们有一个一阶自回归过程，也记为 AR(1)，则当前值 y_t 仅依赖于常数 C、前一时间步长 $\phi_1 y_{t-1}$ 的值和一些白噪声 ϵ_t，如式 5.2 所示。

$$y_t = C + \phi_1 y_{t-1} + \epsilon_t \tag{5.2}$$

观察式 5.2，你可能会注意到它非常类似于我们在第 3 章中讨论的随机游走过程。事实上，如果 ϕ_1 为 1，那么式 5.2 就变成了：

$$y_t = C + y_{t-1} + \epsilon_t$$

这就是随机游走模型。因此，我们可以说随机游走是自回归过程的一种特殊情况，其中阶数 p 为 1，ϕ_1 等于 1。还要注意，如果 C 不等于 0，那么我们有一个带漂移的随机游走。

在二阶自回归过程或 AR(2) 的情况下，现值 y_t 线性依赖于常数 C、前一时间步长的值 $\phi_1 y_{t-1}$、前两个时间步长的值 $\phi_2 y_{t-2}$，以及当前误差项 ϵ_t，如式 5.3 所示。

$$y_t = C + \phi_1 y_{t-1} + \phi_2 y_{t-2} + \epsilon_t \tag{5.3}$$

我们可以看到 p 阶如何影响必须包含在模型中的参数数量。与移动平均过程一样，为了建立合适的模型，我们必须找到自回归过程的正确阶数。这意味着如果我们确定了一个 AR (3) 过程，那么我们将使用一个三阶自回归模型来进行预测。

5.3　求平稳自回归过程的阶数

就像移动平均过程一样，有一种方法可以确定平稳自回归过程的阶数 p。我们可以扩展所需的步骤确定移动平均的阶数，如图 5.3 所示。

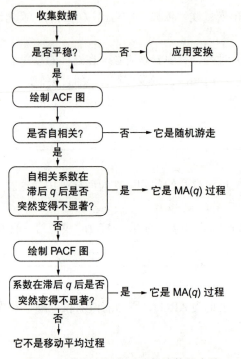

图 5.3　确定自回归过程的阶数的步骤

很自然的第一步是收集数据。在这里，我们将使用你在本章开头看到的平均每周客流量数据集。我们将使用 pandas 读取数据，并将其存储为 DataFrame。

注　请随时查阅 GitHub 上本章的源代码：https://github.com/marcopeix/TimeSeriesForecasting InPython/tree/ master/CH05。

```
import pandas as pd

df = pd.read_csv('../data/foot_traffic.csv')    ← 将 CSV 文件读入 DataFrame 中

df.head()    ← 显示数据的前五行
```

你会看到数据包含一个单独的 `foot_traffic` 列，其中记录了零售店的平均每周客流量。

与往常一样，我们将绘制数据以查看是否存在任何可观测的模式，例如趋势或季节性。现在，你应该对绘制时间序列很熟悉了，因此，我们不会深入研究生成图形的代码。结果如图 5.4 所示。

```python
import matplotlib.pyplot as plt          绘制零售店的平均每周客流量图

fig, ax = plt.subplots()
                                          标记 x 轴
ax.plot(df['foot_traffic'])
ax.set_xlabel('Time')                     标记 y 轴
ax.set_ylabel('Average weekly foot traffic')
                                          标记 x 轴上
plt.xticks(np.arange(0, 1000, 104), np.arange(2000, 2020, 2))    的刻度

fig.autofmt_xdate()        倾斜 x 轴刻度标签使其显示得更好看
plt.tight_layout()
                           去除图形周围的额外空白
```

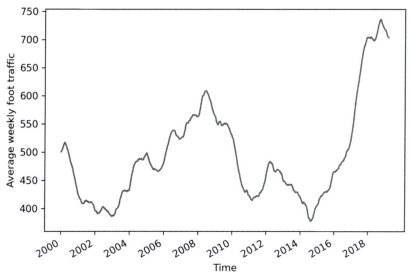

图 5.4　零售店平均每周客流量。数据集包含 1000 个数据点，始于 2000 年的第一周

在图 5.4 中，你会注意到没有周期性模式，所以我们可以排除季节性的存在。至于趋势，多年来有时是正向的，有时是负向的，但是自 2016 年以来，最近的趋势是正向的。

下一步是检验平稳性。如前所述，趋势的存在意味着序列可能是非平稳的。让我们验证一下使用 ADF 检验的结果。同样地，你应该能够在不详细解释代码的情况下轻松运行它。

```python
from statsmodels.tsa.stattools import adfuller        对存储在 foot_traffic
                                                       列中的平均每周客流量运
ADF_result = adfuller(df['foot_traffic'])              行 ADF 检验

print(f'ADF Statistic: {ADF_result[0]}')        输出 ADF 统计量
print(f'p-value: {ADF_result[1]}')
```

输出 p 值

这将输出 ADF 统计量 −1.18 和 p 值 0.68。由于 ADF 统计量不是一个很大的负数，且其 p 值大于 0.05，我们不能拒绝零假设，因此序列是非平稳的。

因此，我们必须应用一种转换使其变为平稳。为了消除趋势的影响并稳定序列的均值，我们将使用差分。

```
import numpy as np
foot_traffic_diff = np.diff(df['foot_traffic'], n=1)
```

对数据进行一阶差分并将结果存储在 foot_traffic_diff 中

或者，我们可以绘制不同序列的 foot_traffic_diff，看看我们是否成功地消除了趋势的影响。差分序列如图 5.5 所示。我们可以看到，我们确实消除了长期趋势，因为这个序列的开始和结束的值大致相同。

> **你可以重新创建图 5.5 吗**
>
> 虽然不是必需的，但在应用转换时将序列绘图是一个好主意。这将使你更直观地了解在特定转换后该序列是否平稳。请尝试自己重新创建图 5.5。

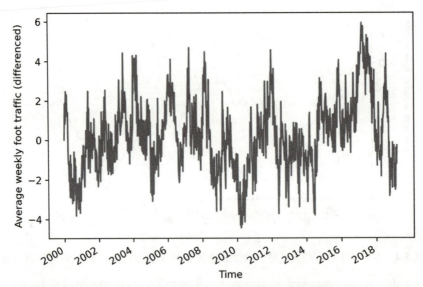

图 5.5　零售店的平均每周客流量差分。请注意，趋势效应已经被删除，因为该序列的开始和结束值大致相同

通过对序列进行转换，我们可以通过对差分序列进行 ADF 检验来验证序列是否平稳。

```
ADF_result = adfuller(foot_traffic_diff)

print(f'ADF Statistic: {ADF_result[0]}')
print(f'p-value: {ADF_result[1]}')
```

在差分后的时间序列上运行 ADF 检验

这将输出 ADF 统计量 −5.27 和 p 值 6.36×10^{-6}。由于 p 值小于 0.05，因此我们可以拒绝

零假设，这意味着我们现在有一个统计序列。

下一步是绘制 ACF 图，并查看是否存在自相关，以及系数是否在一定滞后后突然变得不显著。正如我们在前两章中所做的那样，我们将使用 statsmodels 中的 plot_acf 函数。结果显示在图 5.6 中。

```
from statsmodels.graphics.tsaplots import plot_acf

plot_acf(foot_traffic_diff, lags=20);          ← 绘制差分序列的 ACF 图

plt.tight_layout()
```

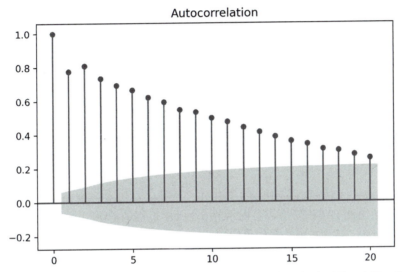

图 5.6　零售店每周平均客流量的 ACF 图。注意这个情形是如何慢慢衰退的。这是一种我们以前从未观测到的行为，它表明了一个自回归过程

在图 5.6 中，你会注意到我们有显著的自相关系数超过滞后 0。因此，我们知道过程不是随机游走的。此外，你会注意到系数随着滞后增加而呈指数衰减。因此，当系数突然变得不显著时，就没有滞后了。这意味着我们没有一个移动平均过程，我们很可能正在研究一个自回归过程。

当平稳过程的 ACF 图呈现指数衰减模式时，我们可能有一个自回归过程在起作用，我们必须找到另一种方法来确定 AR (p) 过程的阶数 p。具体来说，我们必须将注意力转向偏自相关函数图。

偏自相关函数

为了尝试确定一个平稳自回归过程的阶数，我们像处理移动平均过程一样使用了 ACF 图。不幸的是，ACF 图无法给我们提供这方面的信息。我们必须转向偏自相关函数。

请记住，自相关衡量的是时间序列的滞后值之间的线性关系。因此，自相关函数测量当

滞后增加时，两个值之间的相关性如何变化。

为了理解偏自相关函数，让我们考虑以下场景。假设我们有如式 5.4 所示的 AR(2) 过程：

$$y_t = 0.33y_{t-1} + 0.50y_{t-2} \qquad (5.4)$$

我们希望测量 y_t 与 y_{t-2} 之间的关系；换句话说，我们想要测量它们的相关性。这是通过自相关函数来完成的。然而，从式 5.4 中，我们可以看到 y_{t-1} 对 y_t 也有影响。更重要的是，它也对 y_{t-2} 的值有影响，因为在 AR(2) 过程中，每个值都取决于前两个值。因此，当我们使用 ACF 测量 y_t 和 y_{t-2} 之间的自相关时，我们没有考虑到 y_{t-1} 对 y_t 和 y_{t-2} 都有影响的事实。这意味着我们并没有测量 y_{t-2} 对 y_t 的真正影响。要做到这一点，我们必须消除 y_{t-1} 的影响。因此，我们正在测量 y_t 和 y_{t-2} 之间的偏自相关。

在更正式的术语中，当我们去除相关滞后值之间的影响时，偏自相关衡量了时间序列中滞后值之间的相关性。这些都被称为混杂变量。偏自相关函数将揭示偏自相关在滞后增加时的变化情况。

> **偏自相关**
>
> 偏自相关衡量当我们去除相关滞后值的影响时，时间序列中滞后值之间的相关性。我们可以绘制偏自相关函数图以确定平稳 AR(p) 过程的阶数。在滞后 p 阶之后，系数将不显著。

让我们验证绘制 PACF 图是否会揭示式 5.4 所示过程的阶数。从式 5.4 可知，我们有一个二阶自回归过程，或 AR(2)。我们将使用 statsmodels 中的 ArmaProcess 函数对其进行模拟。这个函数需要一个包含 MA(q) 过程的系数的数组和一个包含 AR(p) 过程的系数。由于我们只对模拟 AR (2) 过程感兴趣，因此我们将 MA(q) 过程的系数设置为 0。然后，根据 statsmodels 文档的规定，AR (2) 过程的系数必须与我们想要模拟的符号相反。因此，数组将包含 −0.33 和 −0.50。此外，该函数要求我们包括滞后 0 处的系数，是与 y_t 相乘的数。在这里，这个数字只是 1。

一旦定义了系数数组，我们就可以将它们提供给 ArmaProcess 函数，我们将生成 1000 个样本。确保将随机种子设置为 42 以便再现这里所示的结果。

```python
from statsmodels.tsa.arima_process import ArmaProcess
import numpy as np

np.random.seed(42)          ← 将随机种子设置为 42，以便再现此处所示的结果

ma2 = np.array([1, 0, 0])   ← 将 MA(q) 过程的系数设置为 0，因为我们只对模拟 AR(2) 过程感兴趣。注意，对于滞后 0，第一个系数为 1，并且必须按照文档指定的方式提供
ar2 = np.array([1, -0.33, -0.50])

AR2_process = ArmaProcess(ar2, ma2).generate_sample(nsample=1000)   ← 模拟 AR(2) 过程并生成 1000 个样本
```

设置 AR(2) 过程的系数。再次，在滞后 0 的系数为 1。然后，根据文档说明的规定，将系数的符号设置为与式 5.4 中定义的符号相反

现在我们有了一个模拟的 AR(2) 过程，让我们绘制 PACF 图，看看在滞后 2 之后系数是否突然变得不显著。如果是这样的话，我们就会知道我们可以使用 PACF 图来确定平稳自回归过程的阶数，就像我们可以使用 ACF 图来确定平稳移动平均过程的阶数一样。

statsmodels 库可以让我们快速绘制 PACF 图。我们可以使用 plot_pacf 函数，它只需要序列和滞后的数量就可以在图上显示。

```
from statsmodels.graphics.tsaplots import plot_pacf

plot_pacf(AR2_process, lags=20);          ◁─── 绘制我们模拟的 AR(2) 过程的 PACF 图

plt.tight_layout()
```

结果如图 5.7 所示，它表明我们有一个二阶的自回归过程。

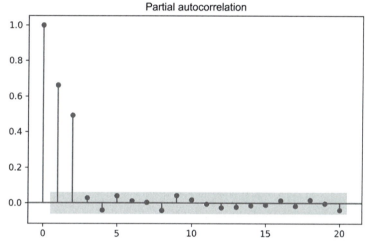

图 5.7　我们模拟的 AR(2) 过程的 PACF 图。你可以清楚地看到，在滞后 2 之后，偏自相关系数
与 0 没有显著差异。因此，我们可以使用 PACF 图来确定一个平稳的 AR(p) 模型的阶

我们现在知道，我们可以使用 PACF 图来确定平稳的 AR (p) 过程的阶。PACF 图中的系数在滞后 p 之前将是显著的。之后，它们不应明显不同于 0。

让我们看看我们是否可以将相同的策略应用于平均每周客流量数据集。我们使该序列平稳，并看到 ACF 图呈现出缓慢衰减的趋势。让我们画出 PACF 图，看看滞后在一个特定滞后之后是否变得不显著。

该过程与我们刚才所做的完全相同，但这次我们将绘制存储在 foot_traffic_diff 中的差分序列的 PACF 图。你可以在图 5.8 中看到结果。

```
plot_pacf(foot_traffic_diff, lags=20);    ◁─── 绘制我们差分序列的 PACF 图

plt.tight_layout()
```

请看图 5.8，你可以看到滞后 3 之后没有显著的系数。因此，差分平均每周客流量是一个三阶自回归过程，也可以记为 AR(3)。

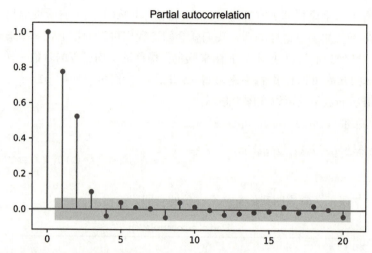

图 5.8 不同零售店平均每周客流量的 PACF 图。你可以看到，滞后 3 之后的系数不显著。因此，我们可以说，平稳过程是一个三阶自回归过程，或一个 AR(3) 过程

5.4 预测自回归过程

一旦确定阶数，我们就可以拟合一个自回归模型来预测时间序列。在这种情况下，该模型也被称为 AR (p)，其中 p 仍然是这个过程的阶数。

我们将使用我们一直在使用的相同数据集来预测一家零售店下周的平均客流量。为了评估预测，我们将为测试集保留最近 52 周的数据，而其余的数据将用于训练。这样，我们就可以在 1 年的时间内评估预测性能。

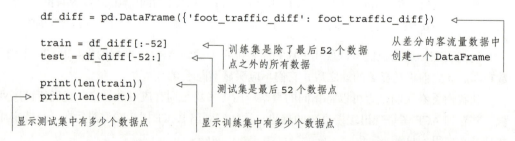

可以看到，训练集包含 947 个数据点，而测试集包含 52 个符合预期的数据点。请注意，两个集的和为 999，即比我们原来的序列少 1 个数据点。这是正常的，因为我们应用差分使序列平稳，我们知道差分删除了序列中第一个数据点。

接下来，我们将在原始序列和差分序列中对我们场景的测试期进行可视化。如图 5.9 所示。

```
fig, (ax1, ax2) = plt.subplots(nrows=2, ncols=1, sharex=True,
```

```
  figsize=(10, 8))

ax1.plot(df['foot_traffic'])
ax1.set_xlabel('Time')
ax1.set_ylabel('Avg. weekly foot traffic')
ax1.axvspan(948, 1000, color='#808080', alpha=0.2)

ax2.plot(df_diff['foot_traffic_diff'])
ax2.set_xlabel('Time')
ax2.set_ylabel('Diff. avg. weekly foot traffic')
ax2.axvspan(947, 999, color='#808080', alpha=0.2)

plt.xticks(np.arange(0, 1000, 104), np.arange(2000, 2020, 2))

fig.autofmt_xdate()
plt.tight_layout()
```

使用 figsize 参数指定图形的大小。第一个数字是
高度，第二个数字是宽度（均为英寸⊖）

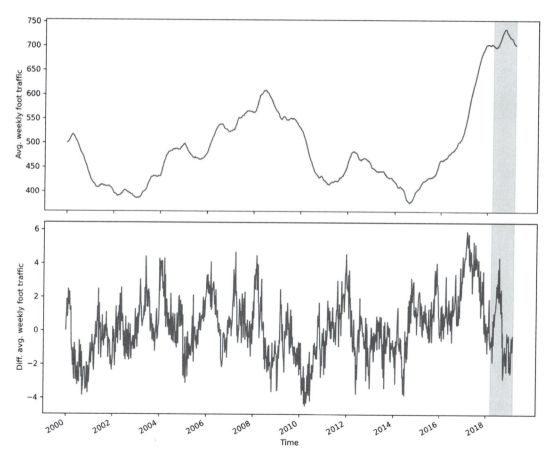

图 5.9　我们对原始序列和差分序列的预测的测试期。请记住，我们的差分序列已经失去了它
　　　 的第一个数据点

⊖　1 英寸等于 0.0254 米。——编辑注

鉴于我们的目标是预测下周零售店的平均客流量，我们将在测试集上进行滚动预测，如清单 5.1 所示。记住数据是记录了一周的时间，所以预测下一个时间步意味着我们预测下周的平均客流量。

清单 5.1 在一定范围滚动预测的函数

```
def rolling_forecast(df: pd.DataFrame, train_len: int, horizon: int,
➥ window: int, method: str) -> list:

    total_len = train_len + horizon
    end_idx = train_len
if method == 'mean':
    pred_mean = []

    for i in range(train_len, total_len, window):
        mean = np.mean(df[:i].values)
        pred_mean.extend(mean for _ in range(window))

    return pred_mean

elif method == 'last':
    pred_last_value = []

    for i in range(train_len, total_len, window):
        last_value = df[:i].iloc[-1].values[0]
        pred_last_value.extend(last_value for _ in range(window))

    return pred_last_value

elif method == 'AR':
    pred_AR = []

    for i in range(train_len, total_len, window):
        model = SARIMAX(df[:i], order=(3,0,0))      ← 阶数指定了一个 AR(3) 模型
        res = model.fit(disp=False)
        predictions = res.get_prediction(0, i + window - 1)
        oos_pred = predictions.predicted_mean.iloc[-window:]
        pred_AR.extend(oos_pred)

    return pred_AR
```

我们将使用三种不同的方法进行预测。历史均值方法和最后值方法将作为基线，我们还将使用 AR (3) 模型，因为我们之前就建立了一个平稳的三阶自回归过程。正如我们在第 4 章中所做的，我们将使用均方误差评估每种预测方法的性能。

此外，我们还将复用第 4 章中定义的函数，以递归方式预测整个测试期。然而，这次我们必须包括使用自回归模型的方法。

我们将再次使用 statsmodels 中的 SARIMAX 函数，因为它包含 AR 模型。如前所述，SARIMAX 是一个复杂的模型，它允许我们在一个单一的模型中考虑季节性效应、自回归过程、非平稳时间序列、移动平均过程和外生变量。现在，我们将忽略除移动自回归部分

以外的所有因素。

一旦函数被定义，我们就可以使用它来根据每种方法生成预测。我们将在 test 中将它们分配到它们自己的列中。

```
TRAIN_LEN = len(train)
HORIZON = len(test)
WINDOW = 1

pred_mean = rolling_forecast(df_diff, TRAIN_LEN, HORIZON, WINDOW, 'mean')
pred_last_value = rolling_forecast(df_diff, TRAIN_LEN, HORIZON, WINDOW,
    'last')
pred_AR = rolling_forecast(df_diff, TRAIN_LEN, HORIZON, WINDOW, 'AR')

test['pred_mean'] = pred_mean
test['pred_last_value'] = pred_last_value
test['pred_AR'] = pred_AR

test.head()
```

因为我们需要预测下一个时间步长，所以窗口大小为 1

存储训练集的长度。注意，在 Python 中常量通常用大写字母表示

存储测试集的长度

将预测结果存储在 test 中相应的列中

我们现在可以根据测试集中的观测值来可视化预测。请注意，我们正在使用差分序列，所以预测也是差分的值。计算结果如图 5.10 所示。

```
fig, ax = plt.subplots()

ax.plot(df_diff['foot_traffic_diff'])
ax.plot(test['foot_traffic_diff'], 'b-', label='actual')
ax.plot(test['pred_mean'], 'g:', label='mean')
ax.plot(test['pred_last_value'], 'r-.', label='last')
ax.plot(test['pred_AR'], 'k--', label='AR(3)')

ax.legend(loc=2)

ax.set_xlabel('Time')
ax.set_ylabel('Diff. avg. weekly foot traffic')

ax.axvspan(947, 998, color='#808080', alpha=0.2)

ax.set_xlim(920, 999)

plt.xticks([936, 988],[2018, 2019])

fig.autofmt_xdate()
plt.tight_layout()
```

绘制训练集的一部分，这样我们就可以看到从训练集到测试集的过渡

绘制测试集中的值

绘制历史均值方法的预测值

绘制最后已知值方法的预测值

绘制 AR(3) 模型的预测值

查看图 5.10，你将再次看到，使用历史均值生成一条直线，这在图中显示为点线。对于 AR(3) 模型和最后已知值方法的预测，折线几乎与测试集的折线混淆，所以我们必须测量 MSE 来评估哪种方法的性能最强。同样，我们将使用 sklearn 学习库中的 mean_squared_error 函数。

```
from sklearn.metrics import mean_squared_error

mse_mean = mean_squared_error(test['foot_traffic_diff'], test['pred_mean'])
mse_last = mean_squared_error(test['foot_traffic_diff'],
➡ test['pred_last_value'])
mse_AR = mean_squared_error(test['foot_traffic_diff'], test['pred_AR'])

print(mse_mean, mse_last, mse_AR)
```

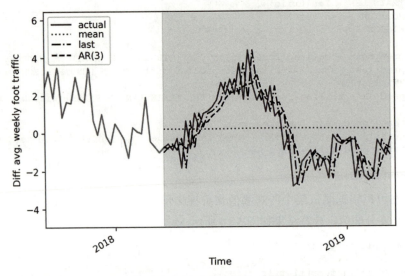

图 5.10　对一个零售店每周平均客流量（差分序列）的预测

这将输出 MSE 值，其中历史均值方法为 3.11，最后已知值方法为 1.45，AR(3) 模型为 0.92。因为 AR (3) 模型的 MSE 为三个中最低的，所以我们得出结论，AR(3) 模型是表现最好的预测下周平均客流量的方法。这是预料之中的，因为我们证明了平稳过程是一个三阶自回归过程。使用 AR (3) 模型建模将生成最佳预测是有道理的。

由于预测是不同的值，因此为了使预测回到数据的原始尺度我们需要逆变换；否则，预测在商业环境中将没有意义。为了实现这一点，我们可以将预测的累积和添加到原始序列中训练集的最后一个值。这一点出现在索引 948 处，因为我们是在一个包含 1000 点的数据集中预测过去 52 周。

```
df['pred_foot_traffic'] = pd.Series()
df['pred_foot_traffic'][948:] = df['foot_traffic'].iloc[948] +
➡ pred_df['pred_AR'].cumsum()
```

将未差分的预测值分配给 df 中的 `pred_foot_traffic` 列

现在我们可以将无差分预测与原始序列的测试集的观测值按其原始尺度绘制。

```
fig, ax = plt.subplots()

ax.plot(df['foot traffic'])
```

```
ax.plot(df['foot_traffic'], 'b-', label='actual')          绘制实际值
ax.plot(df['pred_foot_traffic'], 'k--', label='AR(3)')

                                                            绘制未差分的预测值
ax.legend(loc=2)

ax.set_xlabel('Time')
ax.set_ylabel('Average weekly foot traffic')

ax.axvspan(948, 1000, color='#808080', alpha=0.2)

ax.set_xlim(920, 1000)
ax.set_ylim(650, 770)

plt.xticks([936, 988],[2018, 2019])

fig.autofmt_xdate()
plt.tight_layout()
```

在图 5.11 中，你可以看到模型（以虚线的形式显示）遵循了测试集中观测值的总体趋势。

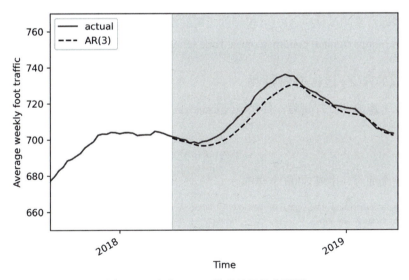

图 5.11　来自 AR(3) 模型的无差分预测

现在，我们可以测量原始数据集上的平均绝对误差，以获得它在业务上下文中的含义。我们将使用无差分的预测简单地测量 MAE。

```
from sklearn.metrics import mean_absolute_error

mae_AR_undiff = mean_absolute_error(df['foot_traffic'][948:],
➡ df['pred_foot_traffic'][948:])

print(mae_AR_undiff)
```

这里输出的平均绝对误差为 3.45。这意味着预测平均减少了 3.45 人，或大于或小于本周客流量的实际值。请注意，我们报告 MAE 是因为它具有简单的商业意义，易于理解和解释。

5.5 下一步

在本章中，我们介绍了自回归过程以及如何通过 AR(p) 模型对其进行建模。其中，p 是阶数，它决定了模型中包含多少滞后值。我们还看到，绘制自相关函数并不能帮助我们确定平稳 AR(p) 过程的阶数。相反，我们必须绘制偏自相关函数，其中部分自相关系数在滞后 p 之前才具有显著性。

然而，可能会出现 ACF 和 PACF 都不提供信息的情况。如果 ACF 和 PACF 曲线都表现出缓慢衰减或正弦模式，该怎么办？在这种情况下，无法推断出 MA(q) 或 AR(p) 过程的阶数。这意味着我们正面临一个更复杂的过程，很可能是 AR(p) 过程和 MA(q) 过程的组合。这就是所谓的 ARMA 过程，或 ARMA(p,q)，它将是第 6 章的主题。

5.6 练习

通过这些练习来测试你对 AR (p) 模型的了解和掌握程度。所有练习的解决方案都可以在 GitHub 上找到：https://github.com/marcopeix/TimeSeriesForecastingInPython/tree/master/CH05。

5.6.1 模拟 AR(2) 过程并做预测

模拟一个平稳的 AR(2) 过程。使用 `statsmodels` 库中的 `ArmaProcess` 函数，并模拟此过程：

$$y_t = 0.33y_{t-1} + 0.50y_{t-2}$$

1. 对于这个练习，生成 1000 个样本。

```
from statsmodels.tsa.arima_process import ArmaProcess
import numpy as np

np.random.seed(42)    ⟵——|  为了再现性，设置种子。如果需要尝试不同的值，则更改种子

ma2 = np.array([1, 0, 0])
ar2 = np.array([1, -0.33, -0.50])

AR2_process = ArmaProcess(ar2, ma2).generate_sample(nsample=1000)
```

2. 绘制你模拟的自回归过程。

3. 运行 ADF 检验，检查该过程是否平稳。如果不平稳，则应用差分。

4. 绘制 ACF 图。它是在慢慢衰退的吗？

5. 绘制 PACF 图。在滞后 2 之后是否有显著的系数？

6. 将你的模拟序列分为训练集和测试集。取训练集的前 800 个时间步长，并将其余的时间步长分配给测试集。

7. 在测试集中做出预测。使用历史均值法、最后已知值法和 AR (2) 模型。使用 rolling_

forecast 函数，并使用长度为 2 的 window。

    8. 绘制出你的预测图。

    9. 测量 MSE，并确定你的冠军模型。

    10. 用直方图绘制你的 MSE。

5.6.2 模拟 AR(p) 过程并做预测

重新创建前面的练习，只模拟你的 AR(p) 过程。实验采用三阶或四阶自回归过程。我建议生成 10 000 个样本。

在预测时，请对 rolling_forecast 函数的 window 参数尝试不同的值。看看它会如何影响模型的性能。是否有一个能使 MSE 最小的值？

小结

- ❑ 自回归过程表明，当前值与其过去值和误差项呈现线性关系。
- ❑ 如果一个平稳过程的 ACF 图显示了一个缓慢的衰减，那么你很可能有一个自回归过程。
- ❑ 当你删除其他自相关滞后值的影响时，偏自相关函数可以衡量一个时间序列的两个滞后值之间的相关性。
- ❑ 一个平稳自回归过程的 PACF 绘图将显示该过程的 p 阶。在滞后 p 之前，相关系数将显著。

复杂时间序列建模

在第 4 章中，我们介绍了移动平均过程，记为 MA(q)，其中 q 是阶数。你了解到，在移动平均过程中，现值与均值、当前误差项和过去误差项呈现线性相关。可以使用 ACF 图来推断阶数 q，其中自相关系数将仅在滞后 q 之前是显著的。在 ACF 图显示缓慢衰减模式或正弦模式的情况下，可能存在自回归过程而不是移动平均过程。

在第 5 章中，我们介绍了自回归过程，记为 AR(p)，其中 p 是阶数。在自回归过程中，现值与其自身的过去值线性相关。换句话说，它是变量对其自身的回归。你可以看到，我们可以使用 PACF 图来推断阶数 p，其中偏自相关系数将仅在滞后 p 之前是显著的。因此，我们可以确定、建模和预测随机游走、纯移动平均过程和纯自回归过程。

下一步是学习如何处理那些从 ACF 图或 PACF 图中无法推断阶数的时间序列。这意味着这两个图都表现出缓慢衰减模式或正弦模式。在这种情况下，我们存在一个自回归移动平均过程，它表示了我们在前两章中讨论的自回归和移动平均过程的组合。

在本章中，我们将研究自回归移动平均过程——ARMA(p,q)，其中 p 表示自回归部分的阶数，q 表示移动平均部分的阶数。此外，分别使用 ACF 和 PACF 图确定阶数 q 和 p 变得困难，因为这两个图都将表现出缓慢衰减或正弦模式。因此，我们将定义一个通用建模过程，它将允许我们对这些复杂的时间序列进行建模。这个过程使用 Akaike 信息准则（AIC）进行模型选择，该标准将确定我们序列的 p 和 q 的最优组合。然后，我们必须使用残差分析来评估模型的有效性，通过研究模型残差的相关图、Q-Q 图和密度图来评估它们是否与白噪声非常相似。如果是这样的话，我们可以继续使用 ARMA(p, q) 模型来预测时间序列。

本章将介绍预测复杂时间序列的基础知识。当我们开始对非平稳时间序列建模并结合季节性和外生变量时，这里介绍的所有概念将在以后的章节中重复使用。

6.1 预测数据中心带宽使用量

假设你的任务是预测大型数据中心的带宽使用情况。带宽定义为可以传输的最大数据速率。它的基本单位是比特每秒（bit/s）。

通过预测带宽使用情况，数据中心可以更好地管理其计算资源。在预期使用较少带宽的情况下，数据中心可以关闭一些计算资源。这反过来又减少了开支，并允许维护。另外，如果预计带宽使用量会增加，则可以专用所需的资源来维持需求并确保低延迟，以便让顾客满意。

在这种情况下，有 10 000 个数据点表示从 2019 年 1 月 1 日开始的每小时的带宽使用。这里的带宽以兆比特每秒（Mbit/s）为单位，相当于 10^6bit/s。我们可以在图 6.1 中看到时间序列。

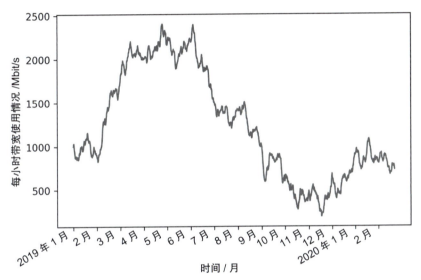

图 6.1　自 2019 年 1 月 1 日起，一个数据中心的每小时带宽使用情况。该数据集包含 10 000 个点

在图 6.1 中，你可以看到随时间变化的长期趋势，这意味着该序列可能不是平稳的，所以我们需要应用转换。还有，图中似乎有没有周期性行为，所以我们可以排除在序列中存在季节性。

为了预测带宽使用量，我们需要确定序列中的基础过程。因此，我们将遵循第 5 章中定义的步骤。这样，我们可以验证我们是否有一个随机游走、一个移动平均过程，或者一个自回归过程。步骤如图 6.2 所示。

第一步是收集数据，在这种情况下已经完成了。然后我们必须确定序列是不是平稳的。图中趋势的存在暗示序列不是平稳的。不过，我们将应用 ADF 检验来检查平稳性，并相应地应用变换。

然后，我们将绘制 ACF 函数，并发现在滞后 0 之后存在显著的自相关系数，这意味着它不是随机游走。然而，我们将观测到系数会缓慢地衰减。经过一定的滞后之后，系数不会突然变得不显著，这意味着它不是一个纯粹的移动平均过程。

然后，我们将继续绘制 PACF 函数。这次，我们将注意到一个正弦模式，这意味着经过一定的滞后之后，系数不会突然变得不显著。我们将得出结论，即这也不是一个纯粹的自回归过程。

因此，它必须是自回归过程和移动平均过程的组合，从而生成一个自回归移动平均过程，可以用 ARMA(p, q) 模型来建模，其中 p 是自回归过程的阶数，q 是移动平均过程的阶数。很难使用 ACF 和 PACF 图来分别找到 p 和 q，因此我们将使用 p 和 q 的不同值组合来拟合许多 ARMA(p, q) 模型。然后我们将根据 Akaike 信息准则模型来选择一个模型并通过对其残差的分析来评估其可行性。理想情况下，一个模型的残差将具有类似于白噪声的特征。然后我们就可以使用这个模型来做出预测了。对于这个示例，我们将预测未来两个小时内的每小时带宽使用情况。

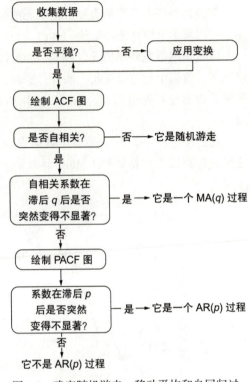

图 6.2 确定随机游走、移动平均和自回归过程的步骤

6.2 研究自回归移动平均过程

自回归移动平均过程是自回归过程以及移动平均过程的组合。它表明，当前值与其自身先前的值和一个常数呈线性关系，就像在自回归过程中一样，同时当前值也与序列的均值、当前误差项和过去误差项呈现线性关系，就像在移动平均过程中一样。

自回归移动平均过程记为 ARMA(p, q)，其中 p 为自回归部分的阶数，q 是移动平均部分的阶数。数学上，ARMA(p, q) 过程表示为常数 C、序列的过去值 y_{t-p}、序列的均值 μ、过去误差项 ϵ_{t-q} 和当前误差项 ϵ_t 的线性组合，如式 6.1 所示：

$$y_t = C + \phi_1 y_{t-1} + \phi_2 y_{t-2} + \cdots + \phi_p y_{t-p} + \mu + \epsilon_t + \theta_1 \epsilon_{t-1} + \theta_2 \epsilon_{t-2} + \cdots + \theta_q \epsilon_{t-q} \tag{6.1}$$

> **自回归移动平均过程**
>
> 自回归移动平均过程是自回归过程和移动平均过程的组合。
> 它被表示为 ARMA(p, q)，其中 p 是自回归过程的阶数，并且 q 是移动平均过程的阶

数。ARMA(p, q) 模型一般等式是

$$y_t=C+\phi_1 y_{t-1}+\phi_2 y_{t-2}+\cdots+\phi_p y_{t-p}+\mu+\epsilon_t+\theta_1 \epsilon_{t-1}+\theta_2 \epsilon_{t-2}+\cdots+\theta_q \epsilon_{t-q}$$

一个 ARMA(0,q) 过程相当于一个 MA(q) 过程，因为阶数 $p=0$ 抵消了 AR(p) 部分。ARMA(p,0) 过程相当于 AR(p) 过程，因为阶数 $q=0$ 取消了 MA(q) 部分。

同样，阶数 p 决定了影响当前值的过去值的数量。类似地，阶数 q 决定了影响当前值的过去误差项的数量。换句话说，阶数 p 和 q 分别决定了自回归和移动平均部分。

因此，如果我们有一个 ARMA(1,1) 过程，我们就是将一个 1 阶自回归过程或 AR(1) 与一个 1 阶移动平均过程或 MA(1) 相结合。回想一下一阶自回归过程是常数 C、前一时间步长 $\phi_1 y_{t-1}$ 和白噪声 ϵ_t 的序列的线性组合，如式 6.2 所示：

$$AR(1):y_t=C+\phi_1 y_{t-1}+\epsilon_t \tag{6.2}$$

再回想一下，一阶移动平均过程（或 MA (1)）是序列的均值 μ、当前误差项 ϵ_t 和前一个时间步长 $\theta_1 \epsilon_{t-1}$ 的误差项的线性组合，如式 6.3 所示：

$$MA(1):y_t=\mu+\epsilon_t+\theta_1 \epsilon_{t-1} \tag{6.3}$$

我们可以组合 AR(1) 和 MA(1) 过程来获得一个 ARMA(1,1) 过程，如式 6.4 所示，它将式 6.2 和式 6.3 的效果结合起来：

$$ARMA(1,1):y_t=C+\phi_1 y_{t-1}+\epsilon_t+\theta_1 \epsilon_{t-1} \tag{6.4}$$

如果我们有一个 ARMA (2,1) 过程，我们就将一个二阶自回归过程与一个一阶移动平均过程相结合。我们知道，我们可以将一个 AR (2) 过程表示为式 6.5，而从式 6.3 中得到的 MA(1) 过程保持不变：

$$AR(2):y_t=C+\phi_1 y_{t-1}+\phi_2 y_{t-2}+\epsilon_t \tag{6.5}$$

因此，一个 ARMA (2,1) 过程可以表示为式 6.5 中定义的 AR (2) 过程和式 6.3 中定义的 MA(1) 过程的组合，如式 6.6 所示：

$$ARMA(2,1):y_t=C+\phi_1 y_{t-1}+\phi_2 y_{t-2}+\mu+\epsilon_t+\theta_1 \epsilon_{t-1} \tag{6.6}$$

在 $p=0$ 的情况下，我们有一个 ARMA (0,q) 过程，它等价于一个纯 MA (q) 过程，如第 4 章所示。类似地，如果 $q=0$，则我们有一个 ARMA (p,0) 过程，它相当于纯 AR(p) 过程，如第 5 章所示。

我们现在可以看到，通过确定等式中包含的过去值的数量，阶数 p 如何只影响过程的自回归部分。同样，通过确定包含在 ARMA(p,q) 式中的过去误差项的数量，阶数 q 只影响过程的移动平均部分。当然，p 和 q 的阶数越高，包含的项越多，过程也就变得越复杂。

为了对 ARMA (p,q) 过程进行建模和预测，我们需要找到阶数 p 和 q。这样，我们可以使用 ARMA (p,q) 模型来拟合可用数据并进行预测。

6.3 确定一个平稳的 ARMA 过程

现在我们已经定义了自回归移动平均过程，并看到了阶数 p 和 q 如何影响模型的等式，我们需要确定如何在给定的时间序列中识别这样的基础过程。

我们将扩展在第 5 章中定义的步骤，使得最终可能包括一个 ARMA(p,q) 过程，如图 6.3 所示。

在图 6.3 中，你会注意到，如果 ACF 和 PACF 图都没有显示显著和非显著系数之间的明显分界线，那么我们就有一个 ARMA(p,q) 过程。为了验证这一点，让我们模拟一下我们自己的 ARMA 过程。

我们将模拟一个 ARMA(1,1) 过程。这相当于组合一个具有 AR(1) 过程的 MA(1) 过程。具体来说，我们将模拟式 6.7 定义的 ARMA(1,1) 过程。请注意，常数 C 和均值 μ 都等于 0。系数 0.33 和 0.9 是该模拟的主观选择。

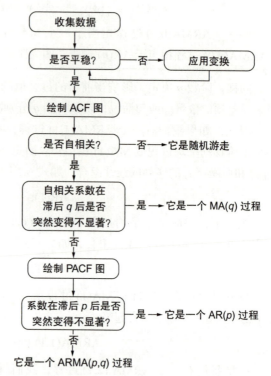

图 6.3 确定随机游走、移动平均过程 MA (q)、自回归过程 AR (p) 和自回归移动平均过程 ARMA(p,q) 的步骤

$$y_t = 0.33y_{t-1} + 0.9\epsilon_{t-1} + \epsilon_t \quad (6.7)$$

该模拟的目的是证明我们不能使用 ACF 图来确定 ARMA(p,q) 过程的阶 q，在这种情况下为 1，我们也不能使用 PACF 图来确定 ARMA(p,q) 过程的阶数 p，在这种情况下也是 1。

我们将使用 statsmodels 库中的 ArmaProcess 函数来模拟 ARMA(1,1) 过程。与前几章一样，我们将为 AR(1) 过程以及 MA(1) 过程定义系数数组。根据等式 6.7，我们知道 AR(1) 过程的系数为 0.33。但是，请记住，函数期望具有符号相反的自回归过程的系数，因为这就是它在 statsmodels 库中的实现方式。因此，我们将其输入为 −0.33。对于移动平均部分，式 6.7 规定系数为 0.9。再回想一下，在定义系数数组时，第一个系数总是等于 1，由库指定，表示滞后 0 时的系数。定义系数后，我们将生成 1000 个数据点。

注 本章的源代码可在 GitHub 上找到：https://github.com/marcopeix/TimeSeriesForecasting InPython/tree/master/CH06。

```
from statsmodels.tsa.arima_process import ArmaProcess
import numpy as np
```

```
np.random.seed(42)

ar1 = np.array([1, -0.33])
ma1 = np.array([1, 0.9])

ARMA_1_1 = ArmaProcess(ar1, ma1).generate_sample(nsample=1000)
```

定义 AR(1) 部分的系数。请记住，第一个系数总是 1，如文档中所述。此外，我们必须以与式 6.7 中定义的符号相反的方式编写 AR 部分的系数

定义 MA(1) 部分的系数。第一个系数是 1，用于滞后 0，如文档中所述　　　生成 1000 个样本

准备好模拟数据后，我们可以进入下一步并验证过程是否平稳。我们可以通过运行 ADF 测试来做到这一点。我们将输出出 ADF 统计数据以及 p 值。如果 ADF 统计是一个大的负数，并且我们有一个小于 0.05 的 p 值，那么我们可以拒绝零假设，并得出结论，我们有一个平稳的过程。

```
from statsmodels.tsa.stattools import adfuller

ADF_result = adfuller(ARMA_1_1)

print(f'ADF Statistic: {ADF_result[0]}')
print(f'p-value: {ADF_result[1]}')
```

对模拟的 ARMA(1,1) 数据运行 ADF 检验

返回的 ADF 统计量为 -6.43，p 值为 1.7×10^{-8}。由于我们有一个很大的负 ADF 统计量和一个远小于 0.05 的 p 值，因此我们可以得出结论，我们模拟的 ARMA(1,1) 过程是平稳的。

按照图 6.3 中概述的步骤，我们将绘制 ACF 图，看看我们是否可以推断出我们模拟的 ARMA(1,1) 过程的移动平均部分的阶数。同样，我们将使用 statsmodels 中的 plot_acf 函数来生成图 6.4。

```
from statsmodels.graphics.tsaplots import plot_acf

plot_acf(ARMA_1_1, lags=20);

plt.tight_layout()
```

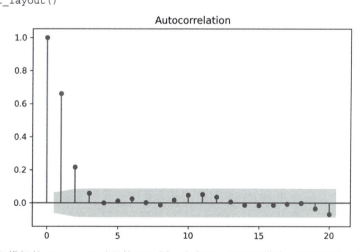

图 6.4　我们模拟的 ARMA(1,1) 过程的 ACF 图。注意图上的正弦模式，这意味着一个 AR(p) 过程正在起作用。最后一个显著系数是滞后 2，这表明 $q=2$。然而，我们知道我们模拟了一个 ARMA(1,1) 过程，所以 q 必须等于 1。因此，ACF 图不能用于推断 ARMA(p,q) 过程的阶数 q

在图 6.4 中，你会注意到图中的正弦模式，它表明了自回归过程的存在。这是预料之中的，因为我们模拟了 ARMA(1,1)，并且我们知道自回归部分的存在。而且，你会注意到最后一个有效系数在滞后 2。然而，我们知道模拟数据有一个 MA(1) 过程，因此我们预计只有滞后 1 的显著系数。因此，我们可以得出结论，ACF 图没有揭示任何关于 ARMA(1,1) 过程的阶数 q 的有用信息。

现在，我们可以继续进行图 6.3 中概述的下一步，并绘制 PACF。在第 5 章你学会了 PACF 可用于查找一个平稳 AR(p) 过程的阶数。现在，我们将验证是否可以找到模拟 ARMA(1,1) 过程的阶数 p，其中 $p=1$。我们将使用 plot_pacf 函数来生成图 6.5。

```
from statsmodels.graphics.tsaplots import import plot_pacf

plot_pacf(ARMA_1_1, lags=20);

plt.tight_layout()
```

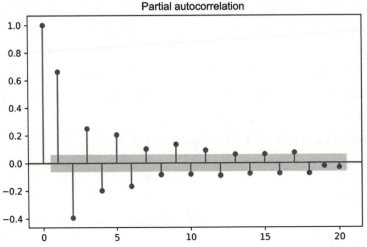

图 6.5 我们模拟的 ARMA(1,1) 过程的 PACF 图。再一次，我们有一个在显著和不显著之间没有明显的截止点的正弦模式系数。从这个图中，我们不能推断出我们模拟的 ARMA(1,1) 过程中的 $p=1$，这意味着我们不能使用 PACF 图来确定 ARMA(p,q) 过程的阶数 p

在图 6.5 中，我们可以看到一个清晰的正弦模式，这意味着我们无法推断阶数 p 的值。我们知道我们模拟了一个 ARMA(1,1) 过程，但我们无法从图 6.5 中的 PACF 图中确定该值，因为我们有显著的滞后 1 之后的系数。因此，绘制 PACF 图不能用于寻找 ARMA(p,q) 过程的阶数 p。

根据图 6.3，由于在 ACF 和 PACF 图中，显著系数和非显著系数之间没有明确的界限，因此我们可以得出结论：我们有一个 ARMA(p,q) 过程，情况确实如此。

确定一个平稳的 ARMA(p,q) 过程

如果你的过程是平稳的，并且 ACF 和 PACF 图都显示衰减或正弦曲线模式，那么它就是一个平稳的 ARMA(p,q) 过程。

我们知道，确定过程的阶数是建模和预测的关键，因为阶数将决定模型中必须包含多少参数。由于 ACF 和 PACF 图在 ARMA(p,q) 过程的情况下是无用的，因此，必须设计一个通用的模块，使我们能够为模型找到合适的 (p,q) 组合。

6.4 设计一个通用的建模过程

在 6.3 节中，我们介绍了确定一个平稳 ARMA(p,q) 过程的步骤。我们看到，如果 ACF 和 PACF 图都显示正弦或衰减模式，时间序列可以用 ARMA(p,q) 过程来建模。然而，这两种图对确定阶数 p 和 q 都没有用处。在我们模拟的 ARMA(1,1) 过程中，我们注意到系数在两个图中的滞后 1 之后都是显著的。

因此，我们必须设计一个过程，使我们能够找到阶数 p 和 q。这一过程的优点是，它也可以适用于以下情况：时间序列是非平稳的，并且具有季节性影响。此外，它还将适用于 p 或 q 等于 0 的情况，这意味着我们可以远离绘制 ACF 和 PACF 图，并完全依赖于模型选择标准和残差分析。步骤如图 6.6 所示。

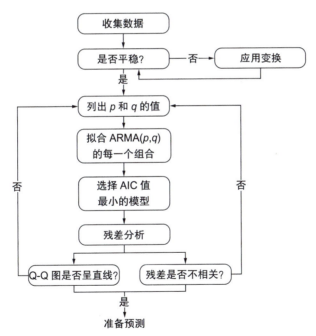

图 6.6 ARMA(p,q) 过程的通用建模过程。第一步是收集数据，测试平稳性，并相应地应用变换。然后我们定义一个 p 和 q 的可能值列表。然后，我们将 ARMA(p,q) 的每个组合拟合到我们的数据，并且选择 AIC 值最小的型号。然后我们通过查看 Q-Q 图和残差相关图进行残差分析。如果它们接近白噪声，则模型可以用于预测。否则，我们必须为 p 和 q 尝试不同的值

在图 6.6 中，你可以看到这个新的建模过程完全删除了 ACF 和 PACF 的绘图。它允许我们选择一个完全基于统计测试和数值标准的模型，而不是依赖于 ACF 和 PACF 图的定性分析。

最初的几个步骤与我们在第 5 章之前逐步建立的步骤保持不变，因为我们仍然必须收集数据，测试平稳性，并应用相应的变换。然后我们列出 p 和 q 的不同可能取值——注意，它们只取正整数。有了可能值的列表，我们可以将每个唯一的 ARMA(p,q) 组合拟合到数据中。

一旦完成，我们就可以计算 Akaike 信息准则，我们将在 6.4.1 节和 6.4.2 节中详细讨论该准则。这量化了每一个质量彼此相关的模型。然后我们将选择具有最低 AIC 的模型。

从那里，我们可以分析模型的残差，即模型的实际值和预测值的差分。理想情况下，残差看起来是白噪声，这意味着预测值和实际值之间的任何差分是由于随机性。因此，残差必须是不相关的和独立分布的。我们可以通过研究 Q-Q 图绘制来评估这些属性，并运行 Ljung-Box 检验，我们将在 6.4.3 节中探讨。如果分析使我们得出结论，残差是完全随机的，那么我们有模型已准备好进行预测。否则，我们必须为 p 和 q 尝试一组不同的值，然后重新开始这个过程。

当我们设计通用建模过程时，许多新的概念和技术将被引入到我们的工作中。我们将在之后的章节中深入研究每一个步骤，并使用我们模拟的 ARMA(1,1) 过程。然后，我们将应用相同的过程来对带宽使用进行建模。

6.4.1 了解 AIC

在介绍图 6.6 中概述的步骤之前，我们需要确定如何从我们将安装的所有模型中选择最佳模型。在这里，我们将使用 Akaike 信息准则（AIC）选择最优模型。

AIC 估计一个模型相对于其他模型的质量。由于当模型拟合到数据时，将会丢失一些信息，因此 AIC 量化了模型丢失的相对信息量。丢失的信息越少，AIC 值越小，模型越好。

AIC 是估计参数 k 值和最大似然函数 $\hat{L}$ 的函数，如式 6.8 所示。

$$\text{AIC} = 2k - 2\ln(\hat{L}) \tag{6.8}$$

AIC

AIC 是一个模型与其他模型相关的质量度量，用于模型选择。

AIC 是模型中参数个数 k 和最大似然函数 $\hat{L}$ 的函数：

$$\text{AIC} = 2k - 2\ln(\hat{L})$$

AIC 值越小，模型的效果越好。根据 AIC 进行选择，可以让我们在模型的复杂性和它对数据的拟合优度之间保持平衡。

参数个数 k 的估计值与 ARMA(p,q) 模型的阶数 (p,q) 直接相关，如果我们拟合一个 ARMA(2,2) 模型，那么我们有 2+2=4 个参数来估计。如果我们拟合一个 ARMA(3,4) 模型，那么我们有 3+4=7 个参数来估计。你可以看到拟合更复杂的模型是如何惩罚 AIC 分数的：阶

数 (p,q) 增加，参数 k 的数量增加，因此 AIC 增加。

似然函数衡量模型的拟合优度。可以将其看作分布函数的相反数。给定一个具有平稳参数的模型，分布函数将测量观测数据点的概率。似然函数翻转了这个逻辑。给定一组观测数据，它将估计不同的模型参数生成观测数据的可能性。

例如，考虑掷一个六面骰子的情况。分布函数告诉我们，有 1/6 的概率会观察到这些值之一: [1, 2, 3, 4, 5, 6]。现在让我们翻转这个逻辑来解释似然函数。假设掷 10 次骰子，得到以下数值: [1, 5, 3, 4, 6, 2, 4, 3, 2, 1]。这个似然函数将确定骰子有六个面的可能性。在应用 AIC 的背景下，我们可以把似然函数看作一个问题 (即我的观测数据来自 ARMA(1,1) 模型的可能性有多大？) 的答案，如果非常可能，意味着 $\hat{L}$ 很大，则 ARMA(1,1) 模型符合数据。

因此，如果一个模型很好地拟合了数据，那么可能性的最大值会很高。因为 AIC 减去似然最大值的自然对数由式 6.8 中的 $\hat{L}$ 表示，则较大的 $\hat{L}$ 值将降低 AIC。

你可以看到 AIC 如何在欠拟合和过拟合之间保持平衡。请记住，AIC 越小，模型相对于其他模型越好。因此，过拟合模型将具有非常好的拟合，这意味着 $\hat{L}$ 较大且 AIC 减少。然而，参数的数量 k 也会很大，这会使 AIC 变得很差。欠拟合模型将具有少量参数，因此 k 会很小。然而，似然函数的最大值还将由于欠拟合而变小，这意味着 AIC 再次受到惩罚。因此，AIC 允许我们在模型中的参数数量和训练数据的拟合之间找到平衡。

最后，我们必须记住，AIC 仅量化与其他模型相关的模型的质量。因此，它是质量的相对衡量标准。如果我们只将较差的模型与数据相匹配，那么 AIC 将帮助我们从这组模型中确定最佳模型。

现在，让我们使用 AIC 来帮助我们为模拟的 ARMA(1,1) 过程选择合适的模型。

6.4.2 使用 AIC 选择模型

现在，我们将使用我们模拟的 ARMA(1,1) 过程介绍图 6.6 中概述的通用建模过程的步骤。

在 6.3 节中，我们检验了平稳性，并得出结论: 模拟过程已经平稳了。因此，我们可以继续定义 p 和 q 的可能取值列表。虽然我们知道了来自模拟的 p 和 q 的阶数，但让我们考虑以下步骤作为演示通用建模过程的工作原理。

我们将允许 p 和 q 的值在 0 到 3 之间变化。请注意，此范围是任意的，如果你愿意，可以尝试更大的取值范围。我们将创建所有 (p,q) 的可能组合，使用 itertools 中的 product 函数。由于 p 和 q 有四个可能的值，这将生成 16 个包含 (p,q) 的唯一组合的列表。

```
from itertools import product        创建一个 p 的可能值的列表，从 0 开始到 4 (不包括 5)，
                                     以 1 为步长

ps = range(0, 4, 1)                  创建一个 q 的可能值的列表，从 0 开始到 4 (不包括 5)，
qs = range(0, 4, 1)                  以 1 为步长

                                     生成一个包含 (p,q) 的所有唯一组合的列表
order_list = list(product(ps, qs))
```

通过创建了可能的值列表，我们现在必须将所有唯一的 16 个 ARMA(p,q) 模型匹配到

模拟数据中。为此，我们将定义一个 optimize_ARMA 函数，它将数据和唯一的 (p,q) 组合列表作为输入。在函数中，我们将初始化一个空列表来存储每个 (p,q) 组合及其相应的 AIC。然后，我们将遍历每个 (p,q) 组合，并将一个 ARMA(p,q) 模型拟合到数据中。我们将计算 AIC 并存储结果。然后我们将创建一个 DataFrame，并按 AIC 值按升序排序，因为 AIC 越小，模型就越好。函数最终将输出有序的 DataFrame，这样我们就可以选择适当的模型。optimize_ARMA 函数清单 6.1 所示。

清单 6.1　拟合所有唯一的 ARMA(p,q) 模型的函数

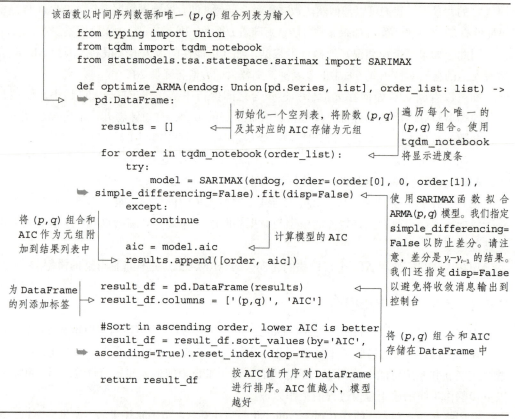

通过定义函数，我们现在可以使用它并拟合不同的 ARMA(p,q) 模型。输出结果如图 6.7 所示。你将看到 AIC 最小的模型对应于一个 ARMA(1,1) 模型，这正是我们模拟的过程。

```
result_df = optimize_ARMA(ARMA_1_1, order_list)
result_df                          显示 DataFrame 结果
```
在模拟的 ARMA(1,1) 数据上拟合不同的 ARMA(p,q) 模型

如 6.4.1 节所述，AIC 是相对质量的度量。在这里我们可以说，相对于我们拟合数据的所有其他模型，ARMA(1,1) 模型是最好的模型。现在我们需要一种绝对度量模型的质量的方法，这把我们带到了建模过程的下一步——残差分析。

	(p,q)	AIC
0	(1, 1)	2801.407785
1	(2, 1)	2802.906070
2	(1, 2)	2802.967762
3	(0, 3)	2803.666793
4	(1, 3)	2804.524027
5	(3, 1)	2804.588567
6	(2, 2)	2804.822282
7	(3, 3)	2805.947168
8	(2, 3)	2806.175380
9	(3, 2)	2806.894930
10	(0, 2)	2812.840730
11	(0, 1)	2891.869245
12	(3, 0)	2981.643911
13	(2, 0)	3042.627787
14	(1, 0)	3207.291261
15	(0, 0)	3780.418416

图 6.7　对模拟的 ARMA(1,1) 数据拟合所有 ARMA(p,q) 模型得到的 DataFrame。我们可以看到，具有最小 AIC 的模型对应于一个 ARMA(1,1) 模型，这意味着我们成功确定了模拟数据的阶数

6.4.3　了解残差分析

到目前为止，我们已经将不同的 ARMA(p,q) 模型拟合到我们模拟的 ARMA(1,1) 过程中。使用 AIC 作为模型选择标准，我们发现 ARMA(1,1) 模型相对于其他所有拟合的模型是最好的模型。现在我们必须通过对模型的残差进行分析来衡量它的绝对质量。

这就把我们带到了预测之前的最后一步，那就是残差分析，并回答图 6.8 中的两个问题：Q-Q 图是否呈直线；残差是否不相关？如果这两个问题的答案都是肯定的，那么我们就可以有一个做预测的模型。否则，我们必须尝试不同的 (p,q) 组合，并重新启动过程。

一个模型的残差只是预测值和实际值之间的差值。考虑我们模拟的 ARMA(1,1) 过程，用式 6.9 表示。

$$y_t = 0.33y_{t-1} + 0.9\epsilon_{t-1} + \epsilon_t \tag{6.9}$$

现在假设我们将一个 ARMA(1,1) 模型拟合到过程中，并完美地估计了模型的系数，这样模型就可以表示为式 6.10。

$$\hat{y}_t = 0.33y_{t-1} + 0.9\ \epsilon_{t-1} \tag{6.10}$$

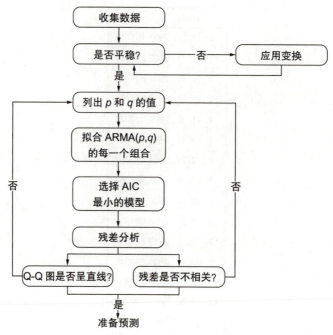

图 6.8 一个 ARMA(p,q) 过程的通用建模过程

残差将是来自模型的值和来自模拟过程的观测值之间的差值。换句话说，残差是式 6.9 和式 6.10 之间的差值。计算结果如式 6.11 所示。

$$残差 = 0.33y_{t-1} + 0.9\epsilon_{t-1} + \epsilon_t - (0.33y_{t-1} + 0.9)$$
$$残差 = \epsilon_t \tag{6.11}$$

如式 6.11 所示，在理想情况下，模型的残差为白噪声。这表明模型已经捕获了所有预测信息，只剩下无法建模的随机波动。因此，残差必须是不相关的，并且具有正态分布，以便我们得出结论：我们有一个很好的预测模型。

残差分析有两个方面：定性分析和定量分析。定性分析侧重于研究 Q-Q 图，而定量分析则确定残差是否不相关。

定性分析：研究 Q-Q 图

残差分析的第一步是研究 Q-Q 图。Q-Q 图是一种图形工具，用于验证假设，即模型的残差呈正态分布。

通过在 y 轴上绘制残差的分位数来构建 Q-Q 图，这与理论分布的分位数相反，在这种情况下是在 x 轴上的正态分布。这将生成散点图。我们将该分布与正态分布进行比较，因为我们希望残差与白噪声（即正态分布）相似。

如果两个分布相似，意味着残差的分布接近正态分布，则 Q-Q 图将显示一条近似于 $y=x$ 的直线。这反过来意味着模型非常拟合数据。你在图 6.9 中可以看到一个 Q-Q 图的例子，其中残差呈正态分布。

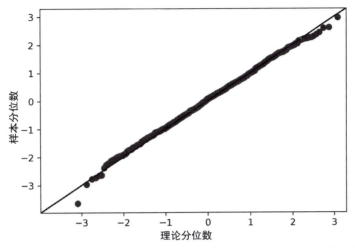

图 6.9　一个随机分布的残差的 Q-Q 图。在 y 轴上，我们有来自残差的分位数。在 x 轴上，我们有来自理论正态分布的分位数。你可以看到一条直线大约躺在 $y = x$ 上。这表明我们的残差非常接近于正态分布

另外，不接近正态分布的残差的 Q-Q 图将生成偏离 $y = x$ 的曲线。在图 6.10 中，你可以看到粗线不直，不在 $y = x$ 上。如果得到这样的结果，我们就可以得出结论：残差的分布并不像正态分布，这表明模型并不拟合数据。因此，我们必须尝试 p 和 q 的值的不同范围，拟合模型，选择具有最低 AIC 的模型，并对新模型进行残差分析。

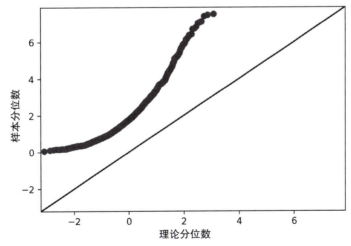

图 6.10　不接近正态分布的残差的 Q-Q 图。你可以清楚地看到，粗线是弯曲的，它不在 $y = x$ 上。因此，残差的分布与正态分布有很大的不同

Q-Q 图
Q-Q 图是两个分布的分位数相互比较的图。在时间序列预测中，我们将 y 轴上的残

差分布与 x 轴上的理论正态分布进行对比。

这个图形工具允许我们评估模型的拟合优度。如果残差分布类似于正态分布，我们将看到一条在 $y=x$ 上的直线。这意味着模型是一个很好的拟合，因为残差类似于白噪声。

另外，如果残差的分布与正态分布不同，我们将看到一条曲线。然后，我们可以得出结论，模型不是一个很好的拟合，因为残差的分布不接近一个正态分布，因此残差不同于白噪声。

你可以看到 Q-Q 图如何帮助我们。我们知道，如果一个模型很好地拟合数据，残差将类似于白噪声，因此也将具有类似的性质。这意味着残差应该是正态分布的。因此，如果 Q-Q 图显示一条直线，那么我们就有了一个很好的模型。否则，模型必须被抛弃，我们必须尝试去拟合一个更好的模型。

虽然 Q-Q 图是评估我们模型质量的快速方法，但分析仍然是主观的。因此，我们将进一步通过应用 Ljung-Box 检验的定量方法支持残差分析。

定量分析：应用 Ljung-Box 检验

一旦我们分析了 Q-Q 图并确定残差近似于正态分布，我们就可以应用 Ljung-Box 检验来证明残差是不相关的。请记住，一个好的模型具有与白噪声相似的残差，因此残差应该是正态分布且不相关的。

Ljung-Box 检验是一种统计检验，用于检验一组数据明显不同于 0。在我们的例子中，我们将应用 Ljung-Box 检验模型的残差，以评估它们是否相关。零假设状态数据是独立分布的，这意味着没有自相关。

Ljung-Box 检验

Ljung-Box 检验是一种统计检验，用于确定一组数据与 0 显著不同。

在时间序列预测中，我们将应用模型残差的 Ljung-Box 检验测试残差是否与白噪声相似。零假设表明数据是独立分布的，这意味着没有自相关。如果 p 值大于 0.05，则我们不能拒绝零假设，这意味着残差是独立分布的。因此，没有自相关，残差类似于白噪声，该模型可用于预测。

如果 p 值小于 0.05，则我们拒绝零假设，这意味着残差不是独立分布的，而是相关的，该模型无法用于预测。

该测试将返回 Ljung-Box 统计量和一个 p 值。如果 p 值小于 0.05，则我们拒绝零假设，这意味着残差不是独立分布的，这又意味着存在自相关。在这种情况下，残差不能接近白噪声的性质，必须丢弃该模型。

如果 p 值大于 0.05，则我们不能拒绝零假设，这意味着残差是独立分布的。因此，没有自相关，残差与白噪声相似。这意味着我们可以继续使用模型，并做出预测。

现在你已经理解了残差分析的概念，让我们将这些技术应用到我们模拟的 ARMA(1,1) 过程中。

6.4.4　进行残差分析

现在，我们将继续模拟 ARMA(1,1) 过程的建模过程。我们已经成功地选择了一个具有最低 AIC 的模型，即预期的 ARMA(1,1) 模型。现在如图 6.11 所示，我们需要进行残差分析，以评估模型是否很好地拟合数据。

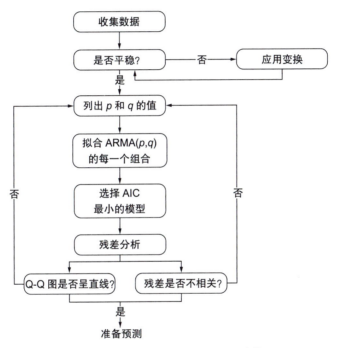

图 6.11　一个 ARMA(p,q) 过程的通用建模过程

我们知道 ARMA(1,1) 模型一定是好的，因为我们模拟了 ARMA(1,1) 过程，但本节将证明建模过程是可行的。我们不太可能在业务环境中对模拟数据进行建模和预测，因此在将其应用于真实数据之前，首先在已知流程上涵盖整个建模过程，以使我们自己确信它是可行的，这一点非常重要。

要进行残差分析，我们需要拟合模型并将残差存储在便于访问的变量中。使用 statsmodels 库，我们将首先定义一个 ARMA(1,1) 模型，然后将其拟合到模拟的数据中。然后，我们可以使用属性 resid 访问残差。

```
model = SARIMAX(ARMA_1_1, order=(1,0,1), simple_differencing=False)
model_fit = model.fit(disp=False)
residuals = model_fit.resid    ◁────── 存储模型的残差
```

下一步是绘制 Q-Q 图，我们将使用来自 statsmodels 的 qqplot 函数来显示我们对正态分布的残差。该函数只需要数据，默认情况下它将自己的分布与正态分布进行比较。我们还需要显示线 $y = x$，以评估这两个分布的相似性。

```
from statsmodels.graphics.gofplots import qqplot

qqplot(residuals, line='45');          ◁─── 绘制残差的 Q-Q 图，并指定显示线 y=x
```

计算结果如图 6.12 所示。你会看到一条粗粗的直线，大约在 $y=x$ 上。因此，从定性的角度来看，模型的残差似乎是正态分布的，就像白噪声一样，这表明我们的模型能很好地拟合数据。

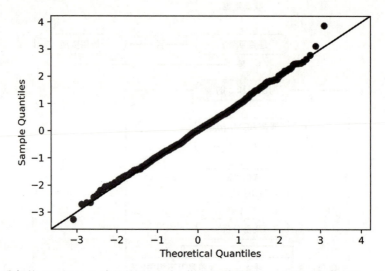

图 6.12　我们的 ARMA(1,1) 残差的 Q-Q 图。你可以看到在 $y=x$ 上有一条粗直线。这意味着我们的残差是正态分布的，就像白噪声一样

我们将使用图诊断方法来扩展定性分析。这将生成一个包含四个不同的图的图，包括一个 Q-Q 图。

```
model_fit.plot_diagnostics(figsize=(10, 8));
```

计算结果如图 6.13 所示。你可以看到 statsmodels 是如何使我们很容易地定性地分析残差的。

左上角的图显示了整个数据集的残差。你可以看到没有趋势，随着时间的推移，平均值似乎是稳定的，这就像白噪声一样，表明了站点的多样性。

右上角的图显示了残差的直方图。你可以看到一个这张图上的正态分布，这再次表明残差接近于白噪声，因为白噪声也呈正态分布。

左下角的图显示了 Q-Q 图，它与图 6.12 相同，并且因此使我们得出同样的结论。

最后，右下角的图显示了残差的自相关函数。你可以看出，在滞后 0 处只有一个显著的峰值，而在其他方面没有显著的系数。这意味着残差是不相关的，这进一步支持了它们类似

于白噪声的结论，这是我们从一个好的模型中所期望的。

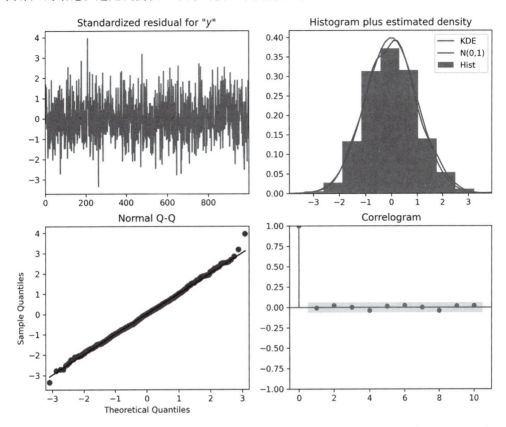

图 6.13 来自状态模型的模型诊断。左上角的图显示残差，右上角为残差的直方图，左下角
为残差的 Q-Q 图，右下角为残差的 ACF 图

残差分析的最后一步是应用 Ljung-Box 检验。这使我们能够定量评估残差是否确实不相关。我们将使用 statsmodels 中的 acorr_ljungbox 函数，以在残差上进行 Ljung-Box 检验。该函数将残差和滞后列表作为输入。在这里我们会计算 10 个滞后的 Ljung-Box 统计量和 p 值。

```
from statsmodels.stats.diagnostic import acorr_ljungbox

lbvalue, pvalue = acorr_ljungbox(residuals, np.arange(1, 11, 1))    ◁─────┐

print(pvalue)    ◁──┤显示每个滞后的 $p$ 值          在 10 个滞后上对残差应用 Ljung-Box 检验
```

p 值的结果列表显示每个 p 值都在 0.05 以上。因此，在每次延迟时，零假设不能被拒绝，这意味着残差是独立分布且不相关的。

我们可以从分析中得出结论，残差类似于白噪声。Q-Q 图显示一条直线，这意味着残差是正常分布的。此外，Ljung-Box 检验表明残差是不相关的，就像白噪声。因此，残差是完全随机的，这意味着我们有很拟合我们数据的模型。现在，让我们将相同的建模过程应用于带宽数据集。

6.5　应用通用建模过程

我们现在有了一个通用的建模过程，允许我们建模和预测一个通用的 ARMA(p, q) 模型，如图 6.14 所示。我们将此过程应用于我们模拟的 ARMA(1,1) 过程，发现最佳拟合是 ARMA(1,1) 模型，如预期的那样。

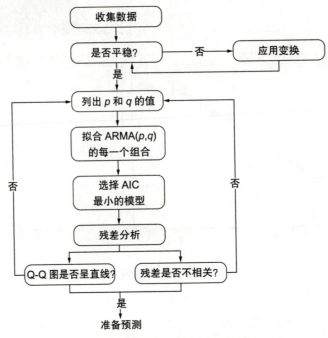

图 6.14　一个 ARMA(p,q) 过程的通用建模过程

现在，我们可以在带宽数据集上应用相同的过程，以获得针对这种情况的最佳模型。回想一下，我们的目标是预测未来 2h 内的带宽使用情况。

第一步是使用 pandas 来收集和加载数据：

```
import pandas as pd

df = pd.read_csv('data/bandwidth.csv')
```

然后，我们可以绘制出时间序列，并寻找一个趋势或一个季节性模式。到目前为止，你应该习惯于绘制你的时间序列。计算结果如图 6.15 所示。

```
import matplotlib.pyplot as plt

fig, ax = plt.subplots()
```

```
ax.plot(df.hourly_bandwidth)
ax.set_xlabel('Time')
ax.set_ylabel('Hourly bandwith usage (MBps)')

plt.xticks(
    np.arange(0, 10000, 730),
    ['Jan', 'Feb', 'Mar', 'Apr', 'May', 'Jun', 'Jul', 'Aug', 'Sep', 'Oct',
    'Nov', 'Dec', '2020', 'Feb'])

fig.autofmt_xdate()
plt.tight_layout()
```

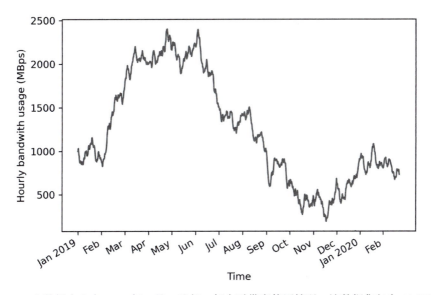

图 6.15　一个数据中心自 2019 年 1 月 1 日起，每小时带宽使用情况。该数据集包含 10 000 个点

通过图 6.15 中绘制的数据，你可以看到在数据中没有周期性模式。然而，你会注意到长期趋势的存在，这意味着数据可能不是平稳的。让我们应用 ADF 检验来验证假设。同样，我们将使用来自 statsmodels 的 adfuller 函数，并输出出 ADF 统计量和 p 值。

```
from statsmodels.tsa.stattools import adfuller

ADF_result = adfuller(df['hourly_bandwidth'])

print(f'ADF Statistic: {ADF_result[0]}')
print(f'p-value: {ADF_result[1]}')
```

输出的 ADF 统计量为 −0.8，p 值为 0.80。因此，我们不能拒绝零假设，这意味着时间序列不是平稳的。

我们必须对数据应用一个转换，以便使其平稳。让我们使用 numpy 来应用一阶差分。

```
import numpy as np

bandwidth_diff = np.diff(df.hourly_bandwidth, n=1)
```

这样一来，我们就可以再次应用 ADF 检验，这次是在不同的数据上，以检验平稳性。

```
ADF_result = adfuller(bandwidth_diff)

print(f'ADF Statistic: {ADF_result[0]}')
print(f'p-value: {ADF_result[1]}')
```

这将返回 ADF 统计量 −20.69 和 p 值 0.0。具有大的负 ADF 统计量和远小于 0.05 的 p 值，我们可以说差分序列是平稳的。

我们现在准备开始使用 ARMA(*p*,*q*) 模型来建模平稳过程。我们将把序列拆分成训练集和测试集。在这里，我们将保留测试集的最后 7 天的数据。由于我们预测的是未来 2h，因此用于评估模型性能的测试集包含 84 个周期的 2h 数据，因为 7 天的每小时数据总共为 168h。

```
df_diff = pd.DataFrame({'bandwidth_diff': bandwidth_diff})

train = df_diff[:-168]
test = df_diff[-168:]        ◁────── 一周有 168h，因此我们将最后 168 个数据点分配给测试集

print(len(train))
print(len(test))
```

我们可以输出训练集和测试集的长度作为完整性检查，当然，测试集有 168 个数据点，训练集有 9831 个数据点。

现在让我们可视化训练集和测试集的差分和原始序列。结果如图 6.16 所示。

```
fig, (ax1, ax2) = plt.subplots(nrows=2, ncols=1, sharex=True, figsize=(10,
➥  8))

ax1.plot(df.hourly_bandwidth)
ax1.set_xlabel('Time')
ax1.set_ylabel('Hourly bandwidth')
ax1.axvspan(9831, 10000, color='#808080', alpha=0.2)

ax2.plot(df_diff.bandwidth_diff)
ax2.set_xlabel('Time')
ax2.set_ylabel('Hourly bandwidth (diff)')
ax2.axvspan(9830, 9999, color='#808080', alpha=0.2)

plt.xticks(
    np.arange(0, 10000, 730),
    ['Jan', 'Feb', 'Mar', 'Apr', 'May', 'Jun', 'Jul', 'Aug', 'Sep', 'Oct',
➥  'Nov', 'Dec', '2020', 'Feb'])

fig.autofmt_xdate()
plt.tight_layout()
```

准备好训练集后，我们现在可以使用之前定义的 optimize_ARMA 函数来拟合不同的 ARMA(*p*,*q*) 模型。请记住，该函数接受数据和作为输入的唯一 (*p*,*q*) 组合的列表。在函数内部，我们初始化一个用于存储每个 (*p*,*q*) 组合及其对应的 AIC 的空列表。然后我们在每个 (*p*,*q*) 组合上迭代，并在数据上拟合 ARMA(*p*,*q*) 模型。我们计算 AIC 并存储结果。然后，我们创建一个 DataFrame，并按中的 AIC 值对其进行升序排序，因为 AIC 越小，模型越好。

我们的函数终于输出有序 DataFrame，以便我们可以选择适当的模型。optimize_ARMA 函数如清单 6.2 所示。

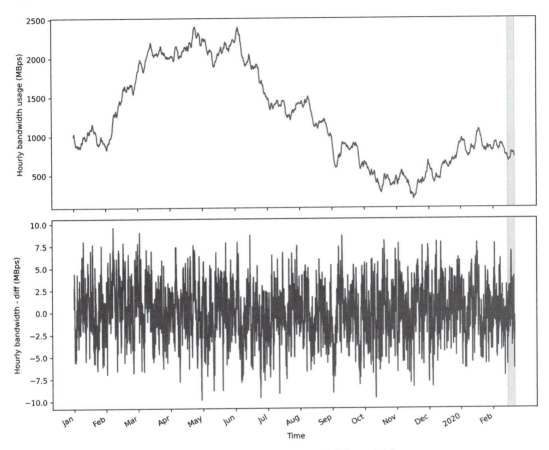

图 6.16 原始序列和差分序列的训练集和测试集

清单 6.2 拟合所有唯一的 ARMA(p,q) 模型的函数

该函数将时间序列数据和唯一 (p,q) 组合列表作为输入

```
from typing import Union
from tqdm import tqdm_notebook
from statsmodels.tsa.statespace.sarimax import SARIMAX

def optimize_ARMA(endog: Union[pd.Series, list], order_list: list) ->
    pd.DataFrame:
        results = []          初始化一个空列表，将阶数 (p,q)
                              及其对应的 AIC 存储为元组

        for order in tqdm_notebook(order_list):     迭代每个唯一的
            try:                                    (p,q) 组合。使用
                model = SARIMAX(endog, order=(order[0], 0, order[1]),    tqdm_notebook
                                                                        将显示一个进度条
```

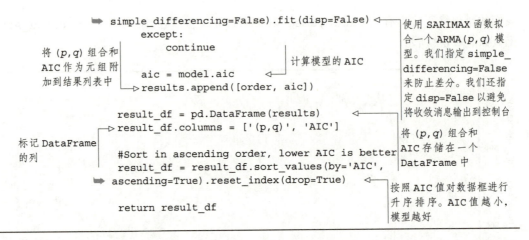

在这里，我们将尝试 *p* 和 *q* 的值，范围从 0 到 3（包括 0 和 3）。这意味着我们将拟合 16 个唯一的 ARMA(*p,q*) 模型到训练集，并选择一个最小 AIC。你可以随意更改 *p* 和 *q* 的值范围，但请记住更大的范围将导致拟合更多的模型和更长的计算时间。此外，你不需要担心过拟合——我们正在使用 AIC，这将避免我们选择过拟合的模型。

```
ps = range(0, 4, 1)        ◁——— p 阶的取值可以为 {0,1,2,3}
qs = range(0, 4, 1)        ◁——— q 阶的取值可以为 {0,1,2,3}

order_list = list(product(ps, qs))     ◁——— 生成唯一的 (p, q) 组合
```

完成了这一步，我们就可以将训练集和唯一的 (*p,q*) 组合列表传递给 `optimize_ARMA` 函数。

```
result_df = optimize_ARMA(train['bandwidth_diff'], order_list)
result_df
```

生成的 `DataFrame` 如图 6.17 所示。你会注意到前三个模块的 AIC 都是 27 991，只有细微的差别。因此，我认为 ARMA(2,2) 模型是应该选择的模型。它的 AIC 价值非常接近 ARMA(3,2) 和 ARMA(2,3) 模型，同时不太复杂，因为它具有 4 个要估计的参数而不是 5 个。因此，我们将选择 ARMA(2,2) 模型并进入下一步，即模型残差分析。

为了进行残差分析，我们将在训练集上拟合 ARMA(2,2) 模型。然后，我们将使用 `plot_diagnostics` 方法来研究 Q-Q 图，以及其他伴随的图。计算结果如图 6.18 所示。

```
model = SARIMAX(train['bandwidth_diff'], order=(2,0,2),
  ➥ simple_differencing=False)
model_fit = model.fit(disp=False)model_fit = best_model.fit(disp=False)
model_fit.plot_diagnostics(figsize=(10, 8));
```

在图 6.18 中，你可以看到 a 图没有显示趋势，平均值似乎随着时间的推移保持不变，这意味着残差可能是平稳的。b 显示密度图，其形状类似于正态分布。c 的 Q-Q 图在显示了一

条非常接近 $y=x$ 的粗直线。最后 d 的 ACF 图显示滞后 0 之后没有自相关。因此，图 6.18 表明，残差明显类似于白噪声，因为它们通常是分散的和不相关的。

	(p,q)	AIC
0	(3, 2)	27991.063879
1	(2, 3)	27991.287509
2	(2, 2)	27991.603598
3	(3, 3)	27993.416924
4	(1, 3)	28003.349550
5	(1, 2)	28051.351401
6	(3, 1)	28071.155496
7	(3, 0)	28095.618186
8	(2, 1)	28097.250766
9	(2, 0)	28098.407664
10	(1, 1)	28172.510044
11	(1, 0)	28941.056983
12	(0, 3)	31355.802141
13	(0, 2)	33531.179284
14	(0, 1)	39402.269523
15	(0, 0)	49035.184224

图 6.17　在差分带宽数据集上拟合不同的 ARMA(p,q) 模型，生成一个按 AIC 值升序排序的 `DataFrame`。注意前三个模型的 AIC 值都为 27 991

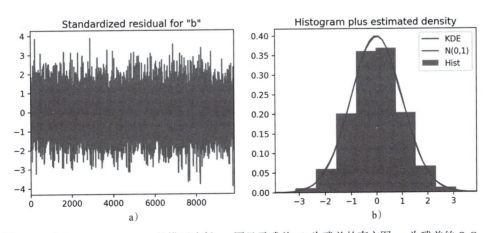

图 6.18　来自 `statsmodels` 的模型诊断。a 图显示残差，b 为残差的直方图，c 为残差的 Q-Q 图，d 为残差的 ACF 图

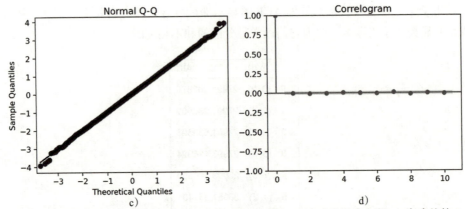

图6.18 来自 `statsmodels` 的模型诊断。a图显示残差，b为残差的直方图，c为残差的Q-Q
图，d为残差的ACF图 （续）

最后一步是对前10个滞后的残差进行 Ljung-Box 检验。如果返回的 p 值超过 0.05，我
们不能拒绝零假设，这意味着残差是不相关的和独立分布的，就像白噪声。

```
residuals = model_fit.resid

lbvalue, pvalue = acorr_ljungbox(residuals, np.arange(1, 11, 1))

print(pvalue)
```

返回的 p 值均超过 0.05。因此，我们可以得出结论，残差确实是不相关的。ARMA(2,2)
模型已经通过了残差分析，我们准备使用此模型来预测带宽使用情况。

6.6 预测带宽使用情况

在 6.5 节中，我们在带宽数据集上应用了通用的建模过程，并得出结论，ARMA(2,2) 模
型是数据的最佳模型。现在，我们将使用 ARMA(2,2) 模型基于过去 7 天来预测未来 2h 的带
宽使用情况。

我们将复用在第 4 章和第 5 章中定义和使用的 `rolling_forecast` 函数，如清单 6.3
所示。回想一下，这个函数允许我们一次预测多步，直到我们有对整个未来的预测。当然，
这次，我们将对差分数据拟合一个 ARMA(2,2) 模型。此外，我们还将比较模型对两个基准
的性能：均值和最后已知值。这将允许我们确保 ARMA(2,2) 模型比简单预测方法表现更好。

清单 6.3 一个对未来进行滚动预测的函数

```
def rolling_forecast(df: pd.DataFrame, train_len: int, horizon: int,
➡ window: int, method: str) -> list:

    total_len = train_len + horizon
    end_idx = train_len

    if method == 'mean':
```

```
        pred_mean = []

        for i in range(train_len, total_len, window):
            mean = np.mean(df[:i].values)
            pred_mean.extend(mean for _ in range(window))

        return pred_mean

    elif method == 'last':
        pred_last_value = []

        for i in range(train_len, total_len, window):
            last_value = df[:i].iloc[-1].values[0]
            pred_last_value.extend(last_value for _ in range(window))
        return pred_last_value

    elif method == 'ARMA':
        pred_ARMA = []

        for i in range(train_len, total_len, window):          ┌─ 阶数指定了一个 ARMA(2,2)
            model = SARIMAX(df[:i], order=(2,0,2))  ◄──────────┤  模型
            res = model.fit(disp=False)
            predictions = res.get_prediction(0, i + window - 1)
            oos_pred = predictions.predicted_mean.iloc[-window:]
            pred_ARMA.extend(oos_pred)

        return pred_ARMA
```

有了 rolling_forecast 的定义，我们就可以用它来评价不同预测方法的性能。我们首先创建一个 DataFrame 来保存测试集以及不同方法的预测。然后我们会指定训练集和测试集的大小。我们一次预测两个步骤，因为我们有 ARMA(2,2) 模型，意味着存在 MA(2) 分量。我们知道从第 4 章用 MA(q) 模型预测超过 q 步的未来将简单地返回均值，因此预测将保持平坦。因此，我们将通过将窗口设置为 2 来避免这种情况。然后，我们可以使用均值方法、最后已知值方法和 ARMA(2,2) 模型，在测试集上进行预测，并将每个预测结果存储在 test 的相应的列中。

```
pred_df = test.copy()

TRAIN_LEN = len(train)
HORIZON = len(test)
WINDOW = 2

pred_mean = recursive_forecast(df_diff, TRAIN_LEN, HORIZON, WINDOW, 'mean')
pred_last_value = recursive_forecast(df_diff, TRAIN_LEN, HORIZON, WINDOW,
➡ 'last')
pred_ARMA = recursive_forecast(df_diff, TRAIN_LEN, HORIZON, WINDOW, 'ARMA')

test.loc[:, 'pred_mean'] = pred_mean
test.loc[:, 'pred_last_value'] = pred_last_value
test.loc[:, 'pred_ARMA'] = pred_ARMA

pred_df.head()
```

然后，我们可以绘制和可视化每种方法的预测。

```
fig, ax = plt.subplots()

ax.plot(df_diff['bandwidth_diff'])
ax.plot(test['bandwidth_diff'], 'b-', label='actual')
ax.plot(test['pred_mean'], 'g:', label='mean')
ax.plot(test['pred_last_value'], 'r-.', label='last')
ax.plot(test['pred_ARMA'], 'k--', label='ARMA(2,2)')
ax.legend(loc=2)
ax.set_xlabel('Time')
ax.set_ylabel('Hourly bandwidth (diff)')

ax.axvspan(9830, 9999, color='#808080', alpha=0.2)     ◄─── 将测试期的背景设置为灰色

ax.set_xlim(9800, 9999)     ◄─┤ 放大测试期

plt.xticks(
    [9802, 9850, 9898, 9946, 9994],
    ['2020-02-13', '2020-02-15', '2020-02-17', '2020-02-19', '2020-02-21'])

fig.autofmt_xdate()
plt.tight_layout()
```

测试结果如图 6.19 所示。为了更好地可视化，我已经放大了测试期。

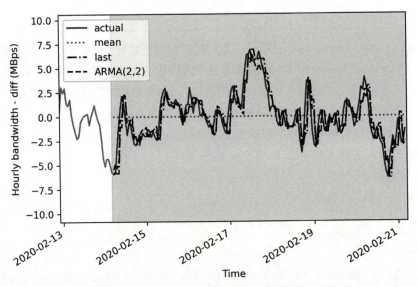

图 6.19　使用均值、最后已知值和 ARMA(2,2) 模型预测不同的每小时带宽使用情况。你可以
看到 ARMA(2,2) 预测如何，最后已知值预测与测试集的实际值几乎一致

在图 6.19 中，你可以看到以虚线形式显示的 ARMA（2,2）预测几乎与测试集的实际值
相一致。最后已知值法的预测也是如此，用点虚线表示。当然，使用均值的预测，用点线表
示，在测试期是完全平稳的。

现在，我们将测量均方误差来评估每个模型。具有最小 MSE 的模型是性能最佳的模型。

```
mse_mean = mean_squared_error(test['bandwidth_diff'], test['pred_mean'])
mse_last = mean_squared_error(test['bandwidth_diff'],
➡ test['pred_last_value'])
mse_ARMA = mean_squared_error(test['bandwidth_diff'], test['pred_ARMA'])

print(mse_mean, mse_last, mse_ARMA)
```

均值方法返回的 MSE 为 6.3，最后已知值方法返回的 MSE 为 2.2，ARMA(2,2) 模型为 1.8。ARMA(2,2) 模型的性能优于基准，这意味着我们有一个性能良好的模型。

最后一步是反向转换预测，以使其达到与原始数据尺度相同。请记住，我们将原始数据差分为让它平稳。然后将 ARMA(2,2) 模型应用于平稳数据集并生成了差分的预测。

为了还原差分变换，我们可以应用累积和，就像我们在第 4 章和第 5 章中所做的那样。

```
df['pred_bandwidth'] = pd.Series()
df['pred_bandwidth'][9832:] = df['hourly_bandwidth'].iloc[9832] +
➡ pred_df['pred_ARMA'].cumsum()
```

然后，我们可以在数据的原始尺度上绘制预测图。

```
fig, ax = plt.subplots()

ax.plot(df['hourly_bandwidth'])
ax.plot(df['hourly_bandwidth'], 'b-', label='actual')
ax.plot(df['pred_bandwidth'], 'k--', label='ARMA(2,2)')

ax.legend(loc=2)

ax.set_xlabel('Time')
ax.set_ylabel('Hourly bandwith usage (MBps)')

ax.axvspan(9831, 10000, color='#808080', alpha=0.2)

ax.set_xlim(9800, 9999)

plt.xticks(
    [9802, 9850, 9898, 9946, 9994],
    ['2020-02-13', '2020-02-15', '2020-02-17', '2020-02-19', '2020-02-21'])

fig.autofmt_xdate()
plt.tight_layout()
```

查看图 6.20 中的结果，你可以看到用虚线表示的预测，与测试集的实际值密切相关，并且这两行几乎一致。

我们可以测量未进行差分的 ARMA(2,2) 预测的 MAE，以理解预测值与实际值之间的差距。我们将使用 MAE，因为它易于解释。

```
mae_ARMA_undiff = mean_absolute_error(df['hourly_bandwidth'][9832:],
➡ df['pred_bandwidth'][9832:])

print(mae_ARMA_undiff)
```

返回的 MAE 为 14，这意味着我们的预测平均比实际带宽使用情况高或低 14Mbit/s。

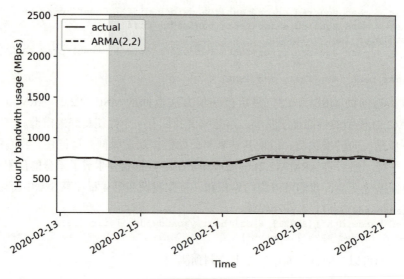

图 6.20 对每小时带宽使用情况的无差分预测。请注意，表示我们的预测的虚线几乎与表示实际值的实线重合。这意味着我们的预测非常接近实际值，表明了有一个性能良好的模型

6.7 下一步

在本章中，我们介绍了 ARMA(p,q) 模型以及它如何有效地将 AR(p) 模型与 MA(q) 模型相结合，并对更复杂的时间序列进行了建模和预测。这要求我们定义一个全新的建模过程，它不依赖于 ACF 和 PACF 图的定性研究。相反，我们用不同的 (p,q) 组合来拟合许多 ARMA(p,q) 模型，并选择具有最小 AIC 的模型。然后，我们分析了模型的残差，以确保它们的性质类似于白噪声：正态分布、平稳和不相关。这个分析是两者都是定性的，因为我们可以通过研究 Q-Q 图来评估残差是不是正态分布的，也是定量的，因为我们可以应用 Ljung-Box 检验来确定残差是否相关。如果模型的残差具有随机变量的性质（如白噪声），则该模型可用于预测。

到目前为止，我们已经介绍了平稳时间序列的不同模型：主要是 MA(q) 模型、AR(p) 模型和 ARMA(p,q) 模型。每个模型都需要我们转换数据以使其平稳，然后才能进行预测。此外，我们必须对预测进行逆变换，以获得原始尺度的预测数据。

然而，有一种方法可以对非平稳时间序列进行建模，而不必对它们进行转换并对预测进行逆变换。具体来说，我们可以使用差分自回归移动平均模型（或 ARIMA(p,d,q)）整合时间序列进行建模。这将是第 7 章的主题。

6.8　练习

现在是测试你的知识，并通过这些练习应用通用建模过程的时候了。这些解决方案可以在 GitHub 上找到：https://github.com/marcopeix/TimeSeriesForecastingInPython/tree/master/CH06。

6.8.1　对模拟的 ARMA(1,1) 过程进行预测

1. 复用模拟的 ARMA(1,1) 过程，将其分为训练集和测试集。将 80% 的数据分配给训练集，剩下的 20% 分配给测试集。

2. 使用 `rolling_forecast` 函数，使用 ARMA(1,1) 模型、均值方法和最后已知值方法进行预测。

3. 绘制出你的预测图。

4. 使用 MSE 评估每种方法的性能，哪种方法表现最好？

6.8.2　模拟 ARMA(2,2) 过程并进行预测

模拟一个 ARMA(2,2) 过程，使用 `statsmodels` 中的 `ArmaProcess` 函数，并模拟如下操作：

$$y_t=0.33y_{t-1}+0.50y_{t-2}+0.9\epsilon_{t-1}+0.3\epsilon_{t-2}$$

1. 模拟 10 000 个样本。

```
from statsmodels.tsa.arima_process import ArmaProcess
import numpy as np

np.random.seed(42)          ◀──────  设置种子以实现可重复性。如果要尝试不同的值，则更改种子

ma2 = np.array([1, 0.9, 0.3])
ar2 = np.array([1, -0.33, -0.5])

ARMA_2_2 = ArmaProcess(ar2, ma2).generate_sample(nsample=10000)
```

2. 绘制你的模拟过程。

3. 使用 ADF 检验来测试平稳性。

4. 将数据分成训练集和测试集。测试集必须包含最后的 200 个时间步长，剩下的都是训练集的。

5. 定义 p 和 q 值的一个范围，并生成所有唯一的阶数组合 (p,q)。

6. 使用 `optimize_ARMA` 函数拟合所有唯一的 ARMA(p,q) 模型，并选择 AIC 最小的模型。ARMA（2,2）模型是 AIC 最小的模型吗？

7. 根据 AIC 选择最佳模型，并将残差存储在一个称为 `residuals` 的变量中。

8. 用 `plot_diagnostics` 方法对残差进行定性分析。Q-Q 图显示了一条在 $y=x$ 上的直线吗？相关图是否显示了显著的系数？

9. 通过对前 10 个滞后阶段应用 Ljung-Box 检验，对残差进行定量分析。所有返回的 p 值都高于 0.05 ？残差是否相关?

10. 用所选择的 ARMA(p,q) 模型、均值方法和最后已知值方法，通过 rolling_forecast 函数进行预测。

11. 绘制出你的预测结果。

12. 使用 MSE 评估每种方法的性能，哪种方法表现最好?

小结

❏ 自回归移动平均模型，记为 ARMA(p,q)，是自回归模型 AR(p) 和移动平均模型 MA (q) 的组合状态。

❏ 一个 ARMA(p,q) 过程将在 ACF 和 PACF 图上显示一个衰减模式或一个正弦模式。因此，它们不能被用来估计 p 和 q 的阶数。

❏ 通用建模过程不依赖于 ACF 和 PACF 图。相反，我们拟合了许多 ARMA(p,q) 模型，并进行模型选择和残差分析。

❏ 模型的选择采用了 Akaike 信息准则（AIC）。它确定了模型的信息丢失，并与模型中的参数及其拟合优度有关。AIC 值越小，模型效果越好。

❏ AIC 是对质量的相对衡量。它返回其他模型中最好的模型。对于质量的绝对测量，我们进行残差分析。

❏ 一个好的模型的残差必须近似于白噪声，这意味着它们必须是不相关的、正态分布的和独立的。

❏ Q-Q 图是用于比较两个分布的图形工具。我们用它来将残差的分布与理论正态分布进行比较。如果图中显示一条位于 $y=x$ 的直线，则两个分布是相似的；否则残差不是正态分布。

❏ Ljung-Box 检验允许我们确定残差是否相关。零假设表示数据是独立分布的并且不相关。如果返回的 p 值大于 0.05，则我们不能拒绝零假设，这意味着残差是不相关的，就像白噪声。

第 7 章 | *Chapter 7*

非平稳时间序列预测

在第 4 章～第 6 章中，我们介绍了移动平均模型 MA(q)、自回归模型 AR(p) 以及 ARMA 模型 ARMA(p,q)。我们看到这些模型只能用于平稳时间序列，这需要我们应用变换，主要是差分，并使用 ADF 检验来检验平稳性。在我们介绍的示例中，每个模型的预测都返回了不同的值，这要求我们还原变换，以便将数值恢复到原始数据尺度。

现在，我们添加另一个分量到 ARMA(p,q) 模型中，以便我们可以预测一个非平稳时间序列。该分量是积分阶数，由变量 d 表示。这就引出了差分自回归移动平均（ARIMA）模型 ARIMA(p,d,q)。使用该模型，我们可以考虑非平稳时间序列，并避免在差分数据上建模和必须对预测进行逆变换的步骤。

在本章中，我们将定义 ARIMA(p,d,q) 模型和积分阶数 d。然后，我们将在通用建模过程中添加一个步骤。图 7.1 显示了第 6 章中定义的通用建模过程。为了将该过程与 ARIMA(p,d,q) 模型一起使用，我们必须添加一个步骤来确定积分阶数。

然后，我们将应用修改后的过程来预测非

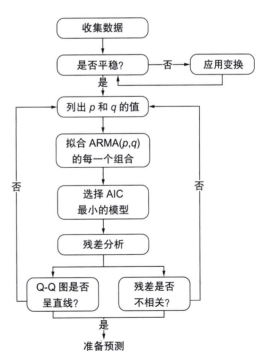

图 7.1 使用 ARMA(p,q) 模型的通用建模过程。在本章中，我们将添加另一个步骤到这个过程中，以拟合 ARIMA(p,d,q) 模型

平稳时间序列，这意味着该序列具有趋势，或者其方差不随时间变化。具体来说，我们将回顾强生公司 1960 ～ 1980 年的季度每股收益数据集，我们在第 1 章和第 2 章中首次研究了该数据集。该序列如图 7.2 所示。我们将应用 ARIMA(p,d,q) 模型来预测 1 年的季度每股收益。

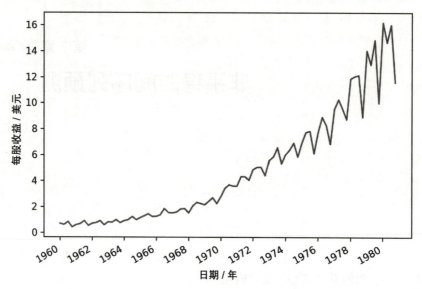

图 7.2　强生公司 1960 ～ 1980 年的季度每股收益。我们在第 1 章和第 2 章中使用了相同的数据集

7.1　定义差分自回归移动平均模型

差分自回归移动平均过程是自回归过程 AR(p)、积分 I(d) 和移动平均过程 MA(q) 的组合。

就像 ARMA 过程一样，ARIMA 过程表明当前值依赖于来自 AR(p) 部分的过去值和来自 MA(q) 部分的过去误差。然而，ARIMA 过程不使用原始序列 (y_t)，而是使用差分序列 (y_t')。请注意，y_t' 可以表示已进行多次差分的序列。

因此，ARIMA(p,d,q) 过程的数学表达式表明，差分序列 y_t' 的当前值等于常数 C、差分序列的过去值 $\varphi_p y_{t-p}'$、差分序列的平均值 μ、过去误差项 $\theta_q \epsilon_{t-q}'$ 和当前误差项 ϵ_t 之和，如式 7.1 所示：

$$y_t' = C + \varphi_1 y_{t-1}' + \cdots + \varphi_p y_{t-p}' + \theta_1 \epsilon_{t-1}' + \cdots + \theta_q \epsilon_{t-q}' + \epsilon_t + \mu \tag{7.1}$$

与 ARMA 过程一样，阶数 p 决定了模型中包括的序列滞后值的数量，而阶数 q 则决定了模型中包括的滞后误差项的数量。但是在式 7.1 中，你会注意到并没有明确显示阶数 d。

在这里，阶数 d 被定义为积分的阶数。积分只是差分的逆运算。因此，积分的阶数等于一个序列被差分到平稳状态的次数。

如果我们对一个序列进行一次差分，使其平稳，则 d=1。如果对一个数列进行两次差分，使其平稳，则 d=2。

> **差分自回归移动平均模型**
>
> 差分自回归移动平均过程是 AR(p) 和 MA(q) 过程的组合，但以差分序列表示。
>
> 它记为 ARIMA(p,d,q)，其中 p 是 AR(p) 过程的阶数，d 是积分的阶数，q 是 MA(q) 过程的阶数。
>
> 积分是差分的逆运算，积分的阶数 d 等于序列被差分以使其平稳的次数。
>
> ARIMA(p,d,q) 过程的一般公式是
>
> $$y'_t = \mathrm{C} + \varphi_1 y'_{t-1} + \cdots + \varphi_p y'_{t-p} + \theta_1 \epsilon'_{t-1} + \cdots + \theta_q \epsilon'_{t-q} + \epsilon'_t + \mu$$
>
> 请注意，y'_t 表示差分序列，并且它可能已被多次差分。

一个时间序列如果可以通过应用差分变得平稳，则称它为积分序列。在存在非平稳积分时间序列的情况下，我们可以使用 ARIMA(p,d,q) 模型来生成预测。

因此，简单地说，ARIMA 模型只是一种可应用于非平稳时间序列的 ARMA 模型。尽管 ARMA(p,q) 模型要求序列在拟合 ARMA(p,q) 模型之前是平稳的，但 ARIMA(p,d,q) 模型可用于非平稳序列。我们只需要找到积分的阶数 d，它对应于使序列变得平稳所需的最小差分次数。

因此，在我们将其应用于预测强生公司的季度每股收益之前，我们必须在通用建模过程中添加寻找积分阶数的步骤。

7.2 修改通用建模过程以考虑非平稳序列

在第 6 章中，我们建立了一个通用建模过程，它允许我们对更复杂的时间序列进行建模，这意味着该序列同时具有自回归和移动平均分量。该过程包括拟合许多 ARMA(p, q) 模型并选择具有最小 AIC 的模型。然后，我们研究了模型的残差，以验证它们类似于白噪声。如果是这种情况，则该模型可用于预测。我们可以在图 7.3 中看到当前状态下的通用建模过程。

通用建模过程的下一次迭代将包括确定积分的阶数 d 的步骤。这样，我们可以应用相同的过程，但使用 ARIMA(p,d,q) 模型，这将允许我们预测一个非平稳时间序列。

从 7.1 节中，我们知道积分的阶数 d 是一个序列必须被差分才能变得平稳的最小次数。因此，如果一个序列在差分一次后是平稳的，那么 d=1。如果它在差分两次后是平稳的，那么 d=2。根据我的经验，一个时间序列很少需要差分两次以上才能变得平稳。

我们可以添加一个步骤，以便在将变换应用于序列时，将 d 的值设置为对序列进行差分的次数。然后，不是拟合许多 ARMA(p,q) 模型，而是拟合许多 ARIMA(p,d,q) 模型。过程的其余部分保持不变，因为我们仍然使用 AIC 来选择最佳模型并研究其残差，结果过程如图 7.4 所示。

注意，在 d=0 的情况下，模型等价于 ARMA(p,q) 模型。这也意味着该序列不需要进行差分以保持平稳。还必须说明，ARMA(p,q) 模型只能应用于平稳序列，而 ARIMA(p,d,q) 模型可以应用于未进行差分的序列。

让我们应用新的通用建模过程来预测强生公司的季度每股收益。

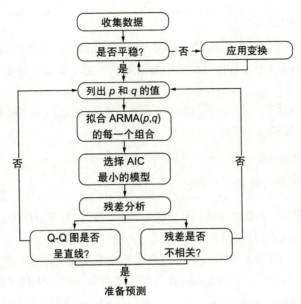

图 7.3 使用 ARMA(p,q) 模型的通用建模过程。现在，我们必须将其应用于 ARIMA(p,d,q) 模型，使我们能够处理非平稳时间序列

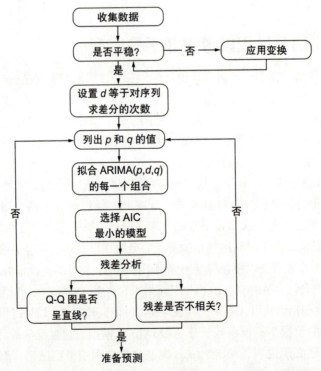

图 7.4 使用 ARIMA(p,d,q) 模型的通用建模过程。注意增加了一个步骤，其中我们为 ARIMA(p,d,q) 模型指定参数 d。这里，d 仅仅是序列必须被差分才能变得平稳的最小次数

7.3 预测一个非平稳时间序列

现在，我们将应用图 7.4 中显示的通用建模过程来预测强生公司的季度每股收益。我们将使用第 1 章和第 2 章中介绍的相同数据集。我们将预测 1 年的季度每股收益，这意味着我们必须预测未来的四个时间步长，因为一年有四个季度。数据集涵盖了 1960 ～ 1980 年这一时期的数据。

像往常一样，第一步是收集数据。在这里，数据已经准备好了，因此我们可以简单地加载它并显示序列。结果如图 7.5 所示。

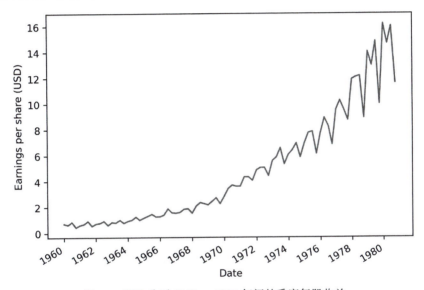

图 7.5　强生公司 1960 ～ 1980 年间的季度每股收益

注　可参考 GitHub 上本章的源代码：https://github.com/marcopeix/TimeSeriesForecasting
InPython/tree/master/CH07。

```
df = pd.read_csv('../data/jj.csv')

fig, ax = plt.subplots()

ax.plot(df.date, df.data)
ax.set_xlabel('Date')
ax.set_ylabel('Earnings per share (USD)')

plt.xticks(np.arange(0, 81, 8), [1960, 1962, 1964, 1966, 1968, 1970, 1972,
➡ 1974, 1976, 1978, 1980])

fig.autofmt_xdate()
plt.tight_layout()
```

按照该过程，我们必须检查数据是不是平稳的。图 7.5 显示了一个积极的趋势，因为季度每股收益往往随着时间的推移而增加。然而，我们可以应用 ADF 检验来确定它是不是平稳的。到目前为止，你应该对这些步骤非常熟悉，因此代码中将添加较少的注释。

```
ad_fuller_result = adfuller(df['data'])

print(f'ADF Statistic: {ad_fuller_result[0]}')
print(f'p-value: {ad_fuller_result[1]}')
```

此代码块返回的 ADF 统计量为 2.74，p 值为 1.0。由于 ADF 统计量不是一个大的负数，并且 p 值大于 0.05，因此我们不能拒绝零假设，这意味着序列不是平稳的。

我们需要确定序列必须被差分多少次才能变得平稳，这将设置积分的阶 d。我们可以应用一阶差分并检验平稳性。

```
eps_diff = np.diff(df['data'], n=1)        ◁──── 应用一阶差分

ad_fuller_result = adfuller(eps_diff)      ◁──── 检验
                                                  平稳性
print(f'ADF Statistic: {ad_fuller_result[0]}')
print(f'p-value: {ad_fuller_result[1]}')
```

这导致 ADF 统计量为 -0.41，p 值为 0.9。同样，ADF 统计量不是很大的负数，并且 p 值大于 0.05。因此，我们不能拒绝零假设，并且我们必须得出结论：在一阶差分之后，这个序列不是平稳的。

让我们再次尝试差分，以查看该序列是否变得平稳：

```
eps_diff2 = np.diff(eps_diff, n=1)         ◁──── 对这个差分序列
                                                  再次进行差分
ad_fuller_result = adfuller(eps_diff2)     ◁──── 检验平稳性

print(f'ADF Statistic: {ad_fuller_result[0]}')
print(f'p-value: {ad_fuller_result[1]}')
```

这导致 ADF 统计量为 -3.59，p 值为 0.006。现在我们有一个小于 0.05 的 p 值和一个大的负 ADF 统计量，我们可以拒绝零假设，并得出结论，序列是平稳的。需要两次差分才能使数据平稳，这意味着积分的阶数是 2，所以 $d=2$。

在我们继续拟合 ARIMA(p,d,q) 模型的不同组合之前，我们必须将数据分为训练集和测试集。我们将保留最后一年的数据以供测试。这意味着我们将用 1960 ~ 1979 年的数据拟合模型，并预测 1980 年的季度每股收益，以评估模型相对于 1980 年观测值的质量。在图 7.6 中，测试期为阴影区域。

为了拟合多个 ARIMA(p,d,q) 模型，我们将定义 optimize_ARIMA 函数。它与我们在第 6 章中定义的 optimize_ARIMA 函数几乎相同，只是这次我们将积分的阶数 d 作为输入添加到函数中。函数的其余部分保持不变，因为我们拟合不同的模型，并通过升序 AIC 对它们进行排序，以便选择具有最小 AIC 的模型。清单 7.1 显示了 optimize_ARIMA 函数。

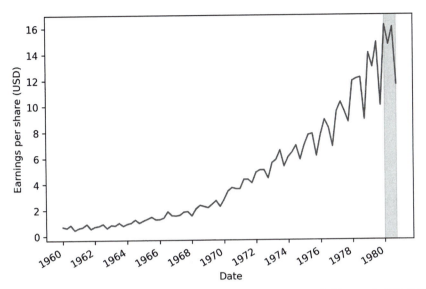

图 7.6 训练集和测试集。训练集为 1960 ～ 1979 年（含），而测试集是 1980 年报告的季度每股收益。该测试集对应于数据集的最后四个数据点

清单 7.1 拟合所有唯一 ARIMA(p,d,q) 模型的函数

该函数将时间序列数据、唯一 (p,q)
组合列表和积分阶数 d 作为输入

```
from typing import Union
from tqdm import tqdm_notebook
from statsmodels.tsa.statespace.sarimax import SARIMAX

def optimize_ARIMA(endog: Union[pd.Series, list], order_list: list, d: int)
    -> pd.DataFrame:

        results = []

        for order in tqdm_notebook(order_list):
            try:
                model = SARIMAX(endog, order=(order[0], d, order[1]),
    simple_differencing=False).fit(disp=False)
            except:
                continue

            aic = model.aic
            results.append([order, aic])

        result_df = pd.DataFrame(results)
        result_df.columns = ['(p,q)', 'AIC']

        #Sort in ascending order, lower AIC is better
        result_df = result_df.sort_values(by='AIC',
    ascending=True).reset_index(drop=True)

        return result_df
```

初始化一个空列表，以将每个阶数 (p,q) 及其相应的 AIC 存储为元组

迭代每个唯一的 (p,q) 组合。使用 tqdm_notebook 将显示进度条

使用 SARIMAX 函数拟合 ARIMA(p,d,q) 模型。我们指定 simple_differencing=False 以避免差分。我们还指定 disp=False 以避免将收敛消息输出到控制台

计算模型的 AIC

将 (p,q) 组合和 AIC 作为元组附加到结果列表中

标记 DataFrame 的列

将 (p,q) 组合和 AIC 存储在一个 DataFrame 中

按照 AIC 值的升序对 DataFrame 进行排序。AIC 值越小，模型越好

有了这个函数，我们可以为阶数 p 和 q 定义一个可能值的列表。在这种情况下，我们将尝试两个阶数的值 0、1、2 和 3，并生成唯一 (p,q) 组合的列表。

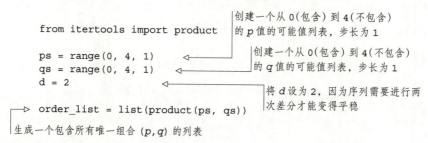

```
from itertools import product          创建一个从 0（包含）到 4（不包含）
                                        的 p 值的可能值列表，步长为 1
ps = range(0, 4, 1)                     创建一个从 0（包含）到 4（不包含）
qs = range(0, 4, 1)                     的 q 值的可能值列表，步长为 1
d = 2                                   将 d 设为 2，因为序列需要进行两
                                        次差分才能变得平稳
order_list = list(product(ps, qs))
生成一个包含所有唯一组合 (p,q) 的列表
```

注意，我们没有给出参数 d 的取值范围，因为它有一个非常具体的定义：序列变得平稳必须进行的差分次数。因此，必须将其设置为特定值，在本例中为 2。

此外，为了使用 AIC 比较模型，d 必须为常数。改变 d 将改变用于计算 AIC 值的似然函数，因此使用 AIC 作为标准来比较模型将不再有效。

现在，我们可以使用训练集运行 optimize_ARIMA 函数。该函数返回一个 DataFrame，其模型在顶部具有最小的 AIC。

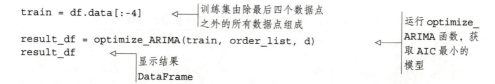

```
train = df.data[:-4]          训练集由除最后四个数据点
                              之外的所有数据点组成          运行 optimize_
result_df = optimize_ARIMA(train, order_list, d)         ARIMA 函数，获
result_df                                                取 AIC 最小的
                   显示结果                                模型
                   DataFrame
```

返回的 DataFrame 显示，当 p 和 q 的值均为 3 时，AIC 最小。因此，ARIMA(3,2,3) 模型似乎最适合这种情况。现在，让我们通过研究其残差来评估模型的有效性。

为此，我们将在训练集上拟合一个 ARIMA(3,2,3) 模型，并使用 plot_diagnostics 方法显示残差的诊断。结果如图 7.7 所示。

```
model = SARIMAX(train, order=(3,2,3), simple_differencing=False)
model_fit = model.fit(disp=False)                    在训练集上拟合一个
                                                     ARIMA(3,2,3) 模
model_fit.plot_diagnostics(figsize=(10,8));          型，因为这个模型具
                                                     有最小的 AIC
                        显示残差
                        的诊断
```

在图 7.7 中，左上角的图显示了随时间变化的残差。虽然在残差中没有趋势，但方差似乎不是恒定的，这是与白噪声相比的差异。右上角的图显示了残差的分布。我们可以看到它相当接近正态分布。左下角的 Q-Q 图使我们得出相同的结论，因为它显示了一条相当直的线，这意味着残差的分布接近正态分布。最后，通过查看右下角的相关图，我们可以看到一个系数似乎在滞后 3 处是显著的。然而，由于它前面没有任何显著的自相关系数，我们可以假设这是偶然的。因此，我们可以说相关图在滞后 0 之后没有显示出显著的系数，就像白噪声一样。

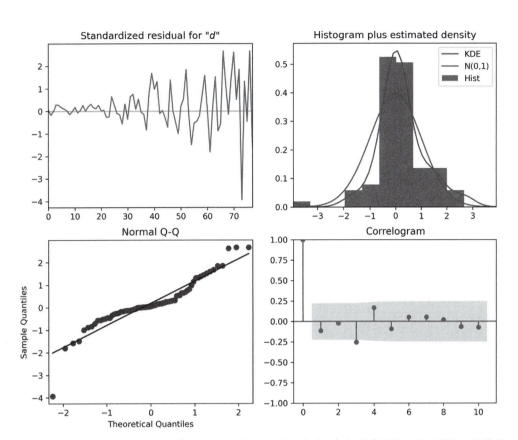

图 7.7　ARIMA(3, 2, 3) 残差的诊断。左下角的 Q-Q 图显示了一条相当直的线，在末端有一些偏差

因此，从定性的角度来看，残差似乎接近白噪声，这是一个好的迹象，因为这意味着模型的误差是随机的。

最后一步是从定量的角度评估残差。因此，我们将应用 Ljung-Box 检验来确定残差是否相关。我们将对前 10 个滞后进行测试，并研究 p 值。如果所有的 p 值都大于 0.05，则我们不能拒绝零假设，并且我们将得出残差不相关的结论，就像白噪声一样。

```
from statsmodels.stats.diagnostic import acorr_ljungbox

residuals = model_fit.resid        ◁──┤将模型的残差存储在
                                      └一个变量中

lbvalue, pvalue = acorr_ljungbox(residuals, np.arange(1, 11, 1))  ◁┐
                                                                   │
print(pvalue)                                          对前 10 个滞后进行
                                                       Ljung-Box 检验
```

在模型残差的前 10 个滞后上运行 Ljung-Box 检验将返回一个所有大于 0.05 的 p 值的列表。因此，我们不拒绝零假设，并且我们得出残差不相关的结论，就像白噪声一样。

ARIMA(3,2,3) 模型通过了所有的检查，现在可以用于预测。请记住，测试集是最后四个数据点，对应于 1980 年报告的四个季度每股收益。作为我们模型的基准，我们将使用简单的季节性方法。这意味着我们将 1979 年第一季度的每股收益作为 1980 年第一季度每股收益的预测,然后将 1979 年第二季度的每股收益作为 1980 年第二季度每股收益的预测,以此类推。请记住,在建模时,我们需要一个基准或基线模型,以确定我们开发的模型是否优于简单的方法。模型的性能必须始终相对于基线模型进行评估。

```
test = df.iloc[-4:]        ◄─── 测试集对应最后
                                四个数据点

test['naive_seasonal'] = df['data'].iloc[76:80].values    ◄─
                           简单的季节性预测是通过选择 1979 年报告的季度
                           EPS 并使用相同的值作为 1980 年的预测值来实现的
```

有了基线,我们现在就可以使用 ARIMA(3, 2, 3) 模型进行预测,并将结果存储在 ARIMA_pred 列中。

```
ARIMA_pred = model_fit.get_prediction(80, 83).predicted_mean    ◄─

test['ARIMA_pred'] = ARIMA_pred    ◄─             获取 1980 年
                        将预测值分配给                 的预测值
                        ARIMA_pred 列
```

让我们将预测可视化,以查看每种方法的预测与观测值的接近程度。结果如图 7.8 所示。

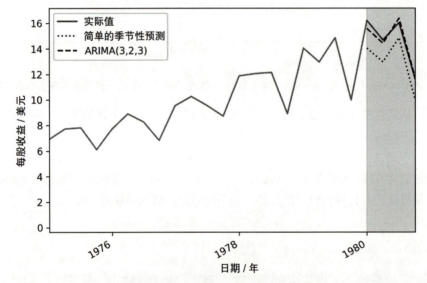

图 7.8 强生公司 1980 年的季度每股收益预测。我们可以看到,来自 ARIMA(3,2,3) 模型的预测(如虚线所示)与 1980 年的观测数据几乎完全重叠

在图 7.8 中,我们可以看到以点线表示的简单的季节性预测和以虚线表示的 ARIMA(3,2,3) 预测。ARIMA(3,2,3) 模型对季度 EPS 的预测误差很小。

我们可以通过测量平均绝对百分比误差来量化误差,并用直方图显示每种预测方法的指标,如图 7.9 所示。

```
def mape(y_true, y_pred):        ←┐定义一个函数来计算MAPE
    return np.mean(np.abs((y_true - y_pred) / y_true)) * 100

mape_naive_seasonal = mape(test['data'], test['naive_seasonal'])
mape_ARIMA = mape(test['data'], test['ARIMA_pred'])    ←┐         ←┐
                                                         计算       计算简单
fig, ax = plt.subplots()                                 ARIMA(3,2,3)  的季节性
                                                         模型的       方法的
x = ['naive seasonal', 'ARIMA(3,2,3)']                   MAPE 值      MAPE 值
y = [mape_naive_seasonal, mape_ARIMA]

ax.bar(x, y, width=0.4)
ax.set_xlabel('Models')
ax.set_ylabel('MAPE (%)')
ax.set_ylim(0, 15)

for index, value in enumerate(y):
    plt.text(x=index, y=value + 1, s=str(round(value,2)), ha='center')

plt.tight_layout()
```

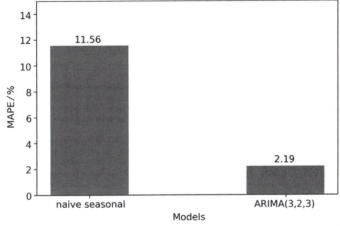

图 7.9 两种预测方法的 MAPE。你可以看到，ARIMA 模型的误差指标约为基线的五分之一

在图 7.9 中，你可以看到简单的季节性预测的 MAPE 为 11.56%，而 ARIMA(3,2,3) 模型的 MAPE 为 2.19%，约为基准值的五分之一。这意味着预测与实际值平均相差 2.19%。ARIMA(3,2,3) 模型显然比简单的季节性方法更好。

7.4 下一步

在本章中，我们介绍了 ARIMA(p,d,q) 模型，它让我们可以对非平稳时间序列进行建模和预测。

积分的阶数 d 定义了一个序列必须被差分才能变得平稳的最小次数。该参数允许我们以相同的尺度在原始序列上拟合模型并获得预测，不像 ARMA(p,q) 模型，它需要序列是平稳

的，以便应用模型，并要求我们对预测进行逆变换。

为了应用 ARIMA(p,d,q) 模型，我们在通用建模过程中增加了一个额外的步骤，该步骤仅用来找到积分阶数的值，这对应于一个序列必须被差分才能变得平稳的最小次数。

现在，我们可以再添加一层到 ARIMA(p,d,q) 模型中，它允许我们考虑时间序列的另一个属性：季节性。我们已经对强生公司的数据集进行了足够多的研究，以认识到该序列中存在明显的周期性模式。要在模型中整合序列的季节性，我们必须使用季节性差分自回归移动平均模型 SARIMA(p,d,q)(P,D,Q)$_m$，这将是第 8 章的主题。

7.5 练习

现在是时候将 ARIMA 模型应用于我们之前探索的数据集了。此练习的完整解决方案可在 GitHub 上获得：https://github.com/marcopeix/TimeSeriesForecastingInPython/tree/master/CH07。

在第 4 章～第 6 章的数据集上应用 ARIMA(p,d,q) 模型

在第 4 章～第 6 章中，我们介绍了非平稳时间序列，展示了如何应用 MA(q)、AR(p) 及 ARMA(p,q) 模型。在每一章中，我们对序列进行变换，使其平稳、拟合模型、进行预测，并且必须对预测进行逆变换，使其回到数据的原始尺度。

现在，你已经知道如何处理非平稳时间序列，请重新访问每个数据集并应用 ARIMA(p,d,q) 模型。对于每个数据集，执行以下操作：

❑ 应用通用的建模过程。

❑ ARIMA(0,1,2) 模型是否适用于第 4 章的数据集？

❑ ARIMA(3,1,0) 模型是否适用于第 5 章的数据集？

❑ ARIMA(2,1,2) 模型是否适用于第 6 章的数据集？

小结

❑ 差分自回归移动平均模型 ARIMA(p,d,q) 是自回归模型 AR(p)、积分的阶数 d 和移动平均模型 MA(q) 的组合。

❑ ARIMA(p,d,q) 模型可以应用于非平稳时间序列，并且还有一个额外的优势，即返回与原序列相同尺度的预测。

❑ 积分的阶数 d 等于序列变得平稳时所需的最小差分次数。

❑ ARIMA($p,0,q$) 模型等价于 ARMA(p,q) 模型。

第 8 章 *Chapter 8*

考虑季节性

在第 7 章中，我们讨论了差分自回归移动平均模型 ARIMA(p,d,q)，它允许我们对非平稳时间序列进行建模。现在，我们将在 ARIMA 模型中增加另一层复杂性，以包含时间序列中的季节性模式，从而得到 SARIMA 模型。

季节性差分自回归移动平均（SARIMA）模型，或 SARIMA(p,d,q)(P,D,Q)$_m$，增加了另一组参数，使我们能够在预测时间序列时考虑到周期性模式，而 ARIMA(p,d,q) 模型并不总是能够做到这一点。

在本章中，我们将研究 SARIMA(p,d,q)(P,D,Q)$_m$ 模型，并调整通用建模过程以考虑新的参数。我们还将确定如何识别时间序列中的季节性模式，并应用 SARIMA 模型来预测季节性时间序列。具体来说，我们将应用该模型来预测一家航空公司每月的乘客总数。数据是从 1949 年 1 月至 1960 年 12 月的记录。该序列如图 8.1 所示。

在图 8.1 中，我们可以清楚地看到该序列的季节性模式。在一年的开始和结束的时候，乘客的数量较少，而在 6 月、7 月和 8 月的时候，乘客的数量会激增。我们的目标是预测一年内每月的

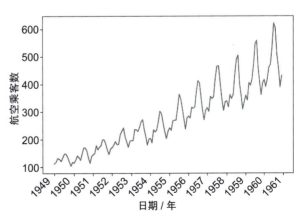

图 8.1　1949 年 1 月至 1960 年 12 月某航空公司每月航空乘客总数。你将注意到该序列中的一个明显的季节性模式，高峰期流量出现在每年的年中

航空乘客人数。对于航空公司来说，预测航空乘客的数量是很重要的，成功的预测可以让公司更好地为机票定价并安排航班，以满足给定月份的需求。

8.1 研究 SARIMA(*p,d,q*)(*P,D,Q*)$_m$ 模型

SARIMA(*p,d,q*)(*P,D,Q*)$_m$ 模型通过添加季节性参数对第 7 章中的 ARIMA(*p,d,q*) 模型进行了扩展。你将注意到模型中的四个新参数：*P*、*D*、*Q* 和 *m*。前三个与 ARIMA(*p,d,q*) 模型中的含义相同，但它们是季节性的。为了理解这些参数的含义以及它们如何影响最终模型，我们必须首先定义 *m*。

参数 *m* 表示频率。在时间序列的上下文中，频率被定义为每个周期的观测数。周期的长度取决于数据集。对于每年、每季度、每月或每周的记录数据，一个周期的长度被认为是 1 年。如果每年记录一次数据，则 *m* = 1，因为每年只有一次观测。如果数据按季度记录，则 *m* = 4，因为一年有四个季度，所以每年有四次观测。当然，如果数据按月记录，则 *m* = 12。最后，对于周数据，*m* = 52。表 8.1 根据收集数据的频率给出了 *m* 的适当值。

当数据按每日或次每日收集时，有多种解释频率的方法。例如，每日数据可以具有每周的季节性。在这种情况下，频率 *m* = 7，因为在一个完整的周期 1 周内会有 7 次观测。它也可能具有每年的季节性，这意味着 *m* = 365。因此，你可以看到每日和次每日数据可以具有不同的周期长度，因此具有不同的频率 *m*。表 8.2 根据每日和次每日数据的季节性周期提供了适当的 *m* 值。

表 8.1　根据数据选择合适的频率 *m*

数据收集	频率 *m*
年	1
季	4
月	12
周	52

表 8.2　每日和次每日数据的合适频率 *m*

数据收集	频率 *m*				
	分钟	小时	天	周	年
每日				7	365
每小时			24	168	8766
每分钟		60	1440	10080	525960
每秒钟	60	3600	86400	604800	31557600

既然你理解了参数 *m*，那么 *P*、*D* 和 *Q* 的含义就变得直观了。如前所述，它们是你从 ARIMA(*p,d,q*) 模型中已知的 *p*、*d* 和 *q* 参数的季节性对应项。

> **季节性差分自回归移动平均模型**
>
> 季节性差分自回归移动平均模型在 ARIMA(*p,d,q*) 模型的基础上增加了季节性参数。
>
> 它记为 SARIMA(*p,d,q*)(*P,D,Q*)$_m$，其中 *P* 为季节性 AR(*P*) 过程的阶数，*D* 为积分的季节性阶数，*Q* 为季节性 MA(*Q*) 过程的阶数，*m* 为频率，即每个季节性周期的观测次数。
>
> 注意，SARIMA(*p,d,q*)(0,0,0)$_m$ 模型等价于 ARIMA(*p,d,q*) 模型。

让我们考虑一个 $m = 12$ 的例子。如果 $P = 2$，则意味着我们在滞后 m 倍时包含了该序列的两个过去值。因此，我们将包含 y_{t-12} 和 y_{t-24} 处的值。

类似地，如果 $D = 1$，则意味着季节性差分使序列稳定。在这种情况下，季节性差分可记为式 8.1：

$$y'_t = y_t - y_{t-12} \tag{8.1}$$

在 $Q = 2$ 的情况下，我们将包含滞后 m 倍数的过去误差项。因此，我们将包含误差 ϵ_{t-12} 和 ϵ_{t-24}。

让我们使用航空公司的每月航空乘客总数数据集来看待这个问题。我们知道这是月数据，也就是说 $m = 12$。此外，我们可以看到，7 月和 8 月通常是一年中航空乘客人数最多的月份，如图 8.2 中的圆形标记所示。因此，如果我们要对 1961 年 7 月进行预测，那么来自往年 7 月的信息很可能是有用的，因为我们可以直观地预期航空乘客人数在 1961 年 7 月达到最高点。参数 P、D、Q 和 m 允许我们从之前的季节性周期中获取信息，以帮助我们预测时间序列。

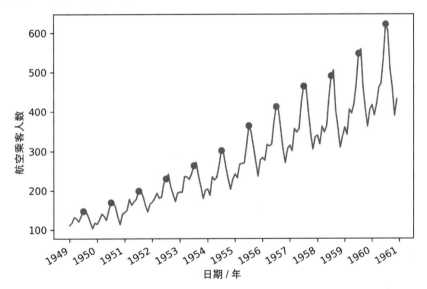

图 8.2 标记每年的 7 月。你可以看到 7 月份的航空乘客人数最多。因此，如果第二年的 7 月份也出现了全年最高的航空乘客数量，那就说得通了。这类信息是由 SARIMA(p,d,q) (P,D,Q)$_m$ 模型的季节参数 P、D、Q 和 m 捕获的

既然我们已经研究了 SARIMA 模型，并且了解了它如何扩展 ARIMA 模型，接下来我们将着重于识别时间序列中季节性模式的存在。

8.2 识别时间序列的季节性模式

直觉上，我们知道将 SARIMA 模型应用于表现出季节性模式的数据是有意义的。因此，确定识别时间序列中季节性的方法非常重要。

通常，绘制时间序列数据足以观察周期性模式。例如，查看图 8.3 中的每月航空乘客人数，我们很容易确定每年重复的模式，每年 6 月、7 月和 8 月有大量乘客记录，每年 11 月、12 月和 1 月乘客较少。

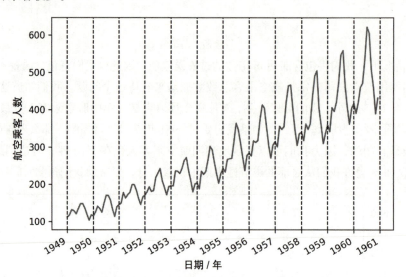

图 8.3　突出显示了每月航空乘客人数的季节性模式。垂直虚线将 12 个月的周期分开。我们
　　　　可以清楚地看到峰值出现在每年的年中，并且每年年初和年末有一个非常相似的模
　　　　式。这一观察结果通常足以确定数据集是季节性的

识别时间序列中的季节性模式的另一种方法是使用时间序列分解，我们在第 1 章中首次使用的方法。时间序列分解是将时间序列分为三个主要部分的统计任务：趋势分量、季节性分量和残差分量。

趋势分量表示时间序列的长期变化。该分量负责随时间增加或减少的时间序列。当然，季节性分量是时间序列中的季节性模式。它表示在固定时间段内发生的重复波动。最后，残差或噪声表示趋势或季节性分量无法解释的任何不规则性。

> **时间序列分解**
>
> 　　时间序列分解是一项统计任务，它将时间序列分解为三个主要分量：趋势分量、季节性分量和残差分量。
>
> 　　趋势分量表示时间序列的长期变化。该分量负责随时间增加或减少的时间序列。季节性分量是时间序列中的周期性模式。它表示在固定时间段内发生的重复波动。最后，残差或噪声表示趋势或季节性分量无法解释的任何不规则性。

注　本章的源代码可在 GitHub 上获取：https://github.com/marcopeix/TimeSeriesForecasting
InPython/tree/master/CH08。

通过时间序列分解，我们可以清楚地识别和可视化时间序列的季节性分量。我们可以使用 statsmodels 库中的 STL 函数来分解航空乘客的数据集，以生成图 8.4。

```
from statsmodels.tsa.seasonal import STL

decomposition = STL(df['Passengers'], period=12).fit()

fig, (ax1, ax2, ax3, ax4) = plt.subplots(nrows=4, ncols=1, sharex=True,
➥   figsize=(10,8))

ax1.plot(decomposition.observed)
ax1.set_ylabel('Observed')

ax2.plot(decomposition.trend)
ax2.set_ylabel('Trend')

ax3.plot(decomposition.seasonal)
ax3.set_ylabel('Seasonal')

ax4.plot(decomposition.resid)
ax4.set_ylabel('Residuals')

plt.xticks(np.arange(0, 145, 12), np.arange(1949, 1962, 1))

fig.autofmt_xdate()
plt.tight_layout()
```

将每个分量
绘制在
一幅图中

使用 STL 函数将该序
列分解。周期等于频
率 m，因为我们有月度
数据，所以周期为 12

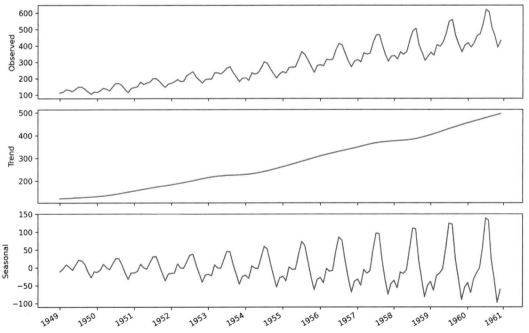

图 8.4 航空乘客数据集的分解。第一张图显示了观测到的数据。第二张图显示了趋势分量，
它告诉我们航空乘客的数量随着时间的推移而增加。第三张图显示了季节性分量，我
们可以清楚地看到时间的重复模式。最后，第四张图显示了残差，这是数据中的变
化，不能用趋势或季节性分量解释

图 8.4　航空乘客数据集的分解。第一张图显示了观测到的数据。第二张图显示了趋势分量，
　　　　它告诉我们航空乘客的数量随着时间的推移而增加。第三张图显示了季节性分量，我
　　　　们可以清楚地看到时间的重复模式。最后，第四张图显示了残差，这是数据中的变
　　　　化，不能用趋势或季节性分量解释　（续）

　　在图 8.4 中，你可以看到时间序列的每个分量。你会注意到，趋势、季节性和残差分量
的 y 轴都与观测到的数据略有不同。这是因为每个图都显示了归因于该特定分量的变化幅
度。这样，趋势、季节性和残差分量的总和就得到了顶部图中所示的观测数据。这解释了为
什么季节性分量有时在负值中，有时在正值中，因为它造成了观测数据的波峰和波谷。

　　在没有季节性模式的时间序列的情况下，分解过程将显示季节性分量在 0 处的一条水平
线。为了证明这一点，我模拟了一个线性时间序列，并使用你刚才看到的方法将其分解为三
个分量，结果如图 8.5 所示。

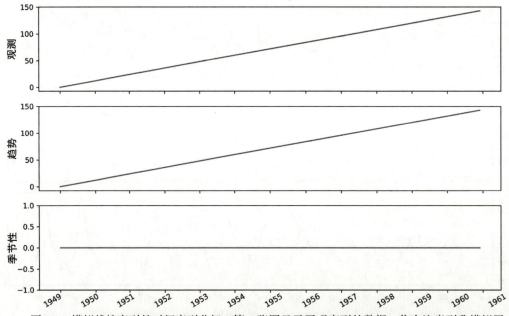

图 8.5　模拟线性序列的时间序列分解。第一张图显示了观察到的数据，你会注意到我模拟了
　　　　一个完美的线性序列。第二张图显示了趋势分量，预计与观测数据相同，因为该序列
　　　　随时间线性增加。由于没有季节模式，第三张图的季节性分量在 0 处是一条平坦的水
　　　　平线。第四张图的残差也是 0，因为我模拟了一个完美的线性序列

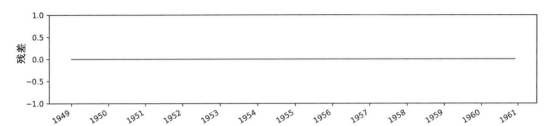

图 8.5　模拟线性序列的时间序列分解。第一张图显示了观察到的数据，你会注意到我模拟了一个完美的线性序列。第二张图显示了趋势分量，预计与观测数据相同，因为该序列随时间线性增加。由于没有季节模式，第三张图的季节性分量在 0 处是一条平坦的水平线。第四张图的残差也是 0，因为我模拟了一个完美的线性序列　（续）

你可以看到时间序列分解如何帮助我们确定数据是不是季节性的。这是一种图解方法，而不是一种统计检验，但它足以确定一个序列是否具有季节性，以便我们可以应用适当的模型进行预测。事实上，没有统计检验来确定时间序列的季节性。

现在，你已经知道如何识别序列中的季节性模式，我们可以继续调整通用建模过程，以包含 SARIMA(p,d,q)(P,D,Q)$_m$ 模型的新参数，并预测每月的航空乘客数量。

8.3　预测航空公司每月乘客数量

在第 7 章中，我们调整了通用建模过程，以解释 ARIMA 模型中的新参数 d，它允许我们预测非平稳时间序列。图 8.6 概述了这些步骤。现在我们必须再次修改它，以解释 SARIMA 模型的新参数，即 P、D、Q 和 m。

第一步收集数据仍然没有改变，然后，我们依旧检验平稳性并应用转换以设置参数 d。然而，我们也可以使用季节性差分来使序列平稳，并且 D 将等于我们应用季节性差分的最小次数。

然后，我们为 p、q、P 和 Q 设置一个可能的取值范围，因为 SARIMA 模型还可以包含季节性自回归和季节性移动平均过程的阶数。请注意，添加这两个新参数将增加我们可以拟合的 SARIMA(p,d,q)(P,D,Q)$_m$ 模型的唯一组合数量，因此这一步将需要更长时间才能完成。过程的其

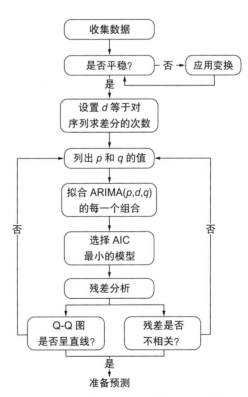

图 8.6　ARIMA 模型的通用建模过程。我们现在需要调整步骤，以说明 SARIMA 模型的参数 P、D、Q 和 m

余部分保持不变，因为我们仍然需要选择具有最低 AIC 的模型，并在使用该模型进行预测之前执行残差分析。最终的建模过程如图 8.7 所示。

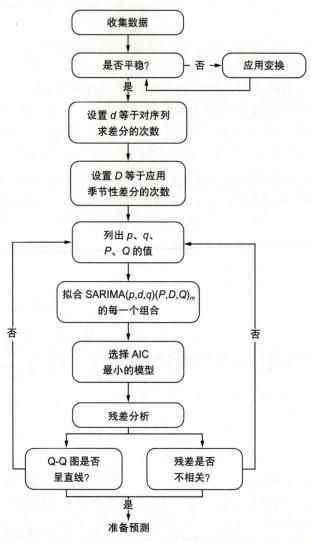

图 8.7 SARIMA 模型的通用建模过程。请注意，我们可以将 P、D 和 Q 设置为 0 以获得 ARIMA (p,d,q) 模型

我们已经定义了新的建模过程，现在准备预测月度航空乘客总数。对于这种情况，我们希望预测 1 年的月度航空乘客总数，因此我们将使用 1960 年的数据作为测试集，如图 8.8 所示。

基线模型是简单的季节性预测，我们将使用 ARIMA(p,d,q) 和 SARIMA$(p,d,q)(P,D,Q)_m$ 模型来验证添加季节性分量是否会产生更好的预测。

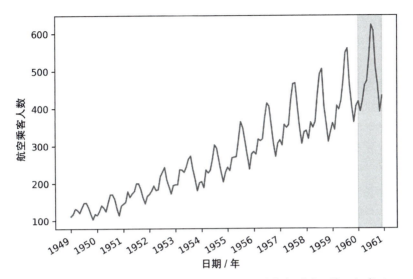

图 8.8　航空乘客数据集的训练集和测试集划分。阴影区域代表测试区域，相当于 1960 全年，
　　　　因为我们的目标是预测一年的每月航空乘客

8.3.1　使用 ARIMA(p,d,q) 模型进行预测

我们首先使用 ARIMA(p,d,q) 模型对数据集进行建模。这样，我们就可以比较它对 SARIMA(p,d,q)(P,D,Q)$_m$ 模型的性能。

按照我们之前概述的通用建模过程，我们将首先检验平稳性。同样，我们使用 ADF 检验。

```
ad_fuller_result = adfuller(df['Passengers'])

print(f'ADF Statistic: {ad_fuller_result[0]}')
print(f'p-value: {ad_fuller_result[1]}')
```

输出的 ADF 统计量为 0.82，p 值为 0.99。因此，我们不能拒绝零假设，序列不是平稳的。我们将对序列进行差分并再次检验其平稳性。

```
df_diff = np.diff(df['Passengers'], n=1)      ◁── 一阶
                                                  差分
ad_fuller_result = adfuller(df_diff)

print(f'ADF Statistic: {ad_fuller_result[0]}')
print(f'p-value: {ad_fuller_result[1]}')
```

返回的 ADF 统计量为 −0.283，p 值为 0.054。同样，我们不能拒绝零假设，对序列求差分也不能使其平稳。因此，我们将再次对其进行差分，并检验其平稳性。

```
df_diff2 = np.diff(df_diff, n=1)      ◁── 序列现在是
                                          二阶
ad_fuller_result = adfuller(df_diff2)     差分

print(f'ADF Statistic: {ad_fuller_result[0]}')
print(f'p-value: {ad_fuller_result[1]}')
```

返回的 ADF 统计量为 -16.38，p 值为 2.73×10^{-29}。现在我们可以拒绝零假设，序列被认为是平稳的。因为序列被差分了两次才变得平稳，所以 $d = 2$。

现在，我们可以定义参数 p 和 q 的可能取值范围，并拟合所有唯一的 ARIMA(p,d,q) 模型。我们将特别选择从 0 到 12 的范围，以允许 ARIMA 模型在时间上回到 12 个时间步长。由于数据是按月抽样的，并且我们知道它是季节性的，因此我们可以假设，某一年 1 月份的航空乘客数量很可能预示着下一年 1 月份的航空乘客数量。由于这两个点相隔 12 个时间步长，因此我们将 p 和 q 的取值范围设置为从 0 到 12，以便在 ARIMA(p,d,q) 模型中潜在地捕获该季节性信息。最后，由于我们使用的是 ARIMA 模型，因此我们将把 P、D 和 Q 设置为 0。注意，在下面的代码中使用了参数 s，它相当于 m。statsmodels 中 SARIMA 的实现使用 s 代替 m——它们都表示频率。

```
将 P 和 Q 设置为 0，
因为我们正在使用
ARIMA(p,d,q) 模型        允许 p 和 q 在
        ps = range(0, 13, 1)        0 到 12 之间变化，
        qs = range(0, 13, 1)  ◁     以捕获季节性信息
        Ps = [0]
        Qs = [0]          将参数 d 设置为
                          使序列变得平稳
        d = 2     ◁        的差分次数
        D = 0     ◁
        s = 12            D 被设置为 0，因为我们正在
                          使用 ARIMA(p,d,q) 模型       生成
                                                    (p,d,q)(0,0,0)
        ARIMA_order_list = list(product(ps, qs, Ps, Qs))  ◁  的所有可能组合
参数 s 等同于 m，它们都表示
频率。这是在 statsmodels
库中实现 SARIMA 模型的简单
方式
```

你会注意到，我们设置了参数 P、D、Q 和 m，即使我们使用的是 ARIMA 模型。这是因为我们要定义一个 optimize_SARIMA 函数，该函数将在 8.3.2 节中再次使用。我们将 P，D 和 Q 设置为 0，因为 SARIMA$(p,d,q)(0,0,0)_m$ 模型等价于 ARIMA(p,d,q) 模型。

这个 optimize_SARIMA 函数建立在第 7 章中定义的 optimize_ARIMA 函数的基础上。这一次，我们将整合 P 和 Q 可能的值，并添加积分季节性阶数 D 和频率 m。函数如清单 8.1 所示。

清单 8.1　定义一个选择最佳 SARIMA 模型的函数

```
def optimize_SARIMA(endog: Union[pd.Series, list], order_list: list, d:
 ⇒ int, D: int, s: int) -> pd.DataFrame:        order_list 参数现在包括 p、
                                                q、P 和 Q 阶数。我们还添加了
    results = []                                差分 D 的季节性阶数和频率。
                                                请记住，在 statsmodels 库
                                                中实现的 SARIMA 模型中，频
    for order in tqdm_notebook(order_list):     率 m 用 s 表示
        try:
遍历所有唯一的     model = SARIMAX(
SARIMA(p,d,q)        endog,
(P,D,Q)ₘ 模型，拟     order=(order[0], d, order[1]),
合它们，并存储 AIC    seasonal_order=(order[2], D, order[3], s),
                     simple_differencing=False).fit(disp=False)
```

```
        except:
        continue
        aic = model.aic
        results.append([order, aic])

    result_df = pd.DataFrame(results)
    result_df.columns = ['(p,q,P,Q)', 'AIC']

    #Sort in ascending order, lower AIC is better
    result_df = result_df.sort_values(by='AIC',
➡ ascending=True).reset_index(drop=True)

    return result_df
```
← 返回从最小的 AIC 开始排序的 DataFrame

准备好函数后，我们可以使用训练集启动它并获得具有最低 AIC 的 ARIMA 模型。尽管我们使用的是 optimize_SARIMA 函数，我们仍然在拟合 ARIMA 模型，因为我们专门将 P、D 和 Q 设置为 0。对于训练集，我们将采用除最后 12 个数据点以外的所有数据点，因为这 12 个数据点将用于测试集。

```
train = df['Passengers'][:-12]
```
← 训练集由所有数据点组成，但不包括最后 12 个，因为最后一年的数据用于测试集

```
ARIMA_result_df = optimize_SARIMA(train, ARIMA_order_list, d, D, s)
ARIMA_result_df
```
← 按 AIC 升序显示排序后的 DataFrame

运行 optimize_SARIMA 函数

这将返回一个 DataFrame，其中具有最低 AIC 的模型是 SARIMA$(11,2,3)(0,0,0)_{12}$ 模型，相当于 ARIMA$(11,2,3)$ 模型。如你所见，允许阶数 p 从 0 到 12 变化对模型有利，因为 AIC 最低的模型考虑了序列过去的 11 个值，因为 $p = 11$。我们将了解这是否足以从序列中获取季节性信息，并在 8.3.3 节中比较 ARIMA 模型与 SARIMA 模型的性能。

现在，我们将专注于执行残差分析。我们可以拟合 ARIMA$(11,2,3)$ 先前获得的模型，并绘制残差诊断图。

```
ARIMA_model = SARIMAX(train, order=(11,2,3), simple_differencing=False)
ARIMA_model_fit = ARIMA_model.fit(disp=False)

ARIMA_model_fit.plot_diagnostics(figsize=(10,8));
```

结果如图 8.9 所示。基于定性分析，残差接近白噪声，这意味着误差是随机的。

下一步是对残差运行 Ljung-Box 检验，以确保它们独立且不相关。

```
from statsmodels.stats.diagnostic import acorr_ljungbox

residuals = ARIMA_model_fit.resid

lbvalue, pvalue = acorr_ljungbox(residuals, np.arange(1, 11, 1))

print(pvalue)
```

除前两个值外，返回的 p 值均大于 0.05。这意味着，根据 Ljung-Box 检验，我们拒绝误差概率为 5% 的零假设，因为我们将显著性边界设置为 0.05。然而，第三个值及以后的值都大于 0.05，因此我们拒绝零假设，得出残差从滞后 3 开始不相关的结论。

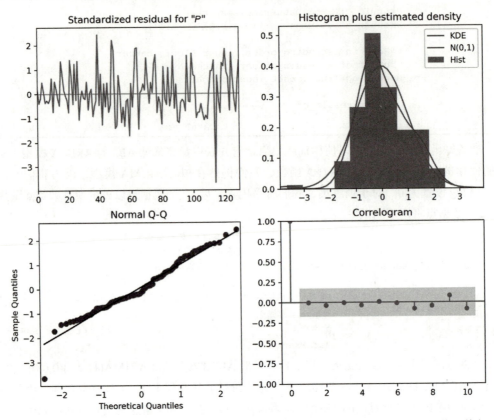

图 8.9　ARIMA(11,2,3) 模型的残差诊断在左上角的图中，残差没有随时间变化的趋势，其方差似乎相当恒定，这类似于白噪声的行为。右上角的图显示了残差的分布，尽管有不寻常的峰值，但其接近正态分布。左下角的 Q-Q 图进一步证实了这一点，该图显示了一条位于 y=x 上的相当直的线。最后，右下角的图中的相关图显示在滞后 0 之后没有显著的自相关系数，这与白噪声完全相同。根据该分析，残差类似于白噪声

　　这是一个值得分析的有趣的情况，因为残差图分析让我们得出结论，它们类似于白噪声，但是 Ljung-Box 检验指出在滞后 1 和 2 处的相关性。这意味着 ARIMA 模型并没有捕捉到数据中的所有信息。

　　在这种情况下，我们将继续使用模型，因为我们知道我们正在使用非季节性模型对季节性数据进行建模。因此，Ljung-Box 检验实际上是在告诉我们，模型并不完美，但这没关系，因为此练习的一部分是比较 ARIMA 和 SARIMA 的性能，并证明 SARIMA 是处理季节性数据的最佳方法。

如前所述，我们希望使用过去 12 个月的数据作为测试集，预测全年每月的航空乘客。基线模型是简单季节性预测，我们只需将 1959 年每个月的航空乘客数量作为 1960 年每个月的预测。

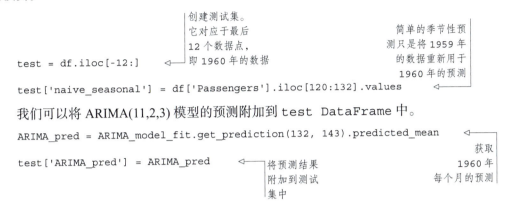

```
test = df.iloc[-12:]        ←  创建测试集。
                               它对应于最后
                               12 个数据点，
                               即 1960 年的数据

                                                  简单的季节性预
                                                  测只是将 1959 年
                                                  的数据重新用于
                                                  1960 年的预测
test['naive_seasonal'] = df['Passengers'].iloc[120:132].values ←
```

我们可以将 ARIMA(11,2,3) 模型的预测附加到 `test DataFrame` 中。

```
ARIMA_pred = ARIMA_model_fit.get_prediction(132, 143).predicted_mean ←
                                                                         获取
                                                                         1960 年
test['ARIMA_pred'] = ARIMA_pred    ←  将预测结果                           每个月的预测
                                       附加到测试
                                       集中
```

将 ARIMA 模型的预测存储在 `test` 中，我们现在将使用 SARIMA 模型，然后比较两个模型的性能，以查看在应用季节性时间序列时，SARIMA 模型是否实际表现得比 ARIMA 更好。

8.3.2 使用 SARIMA(p,d,q)(P,D,Q)ₘ 模型进行预测

在 8.3.1 节中，我们使用 ARIMA(11,2,3) 模型来预测每月的航空乘客数量。现在，我们将拟合一个 SARIMA 模型，看看它是否比 ARIMA 模型表现得更好。希望 SARIMA 模型能表现得更好，因为它可以捕捉季节性信息，并且我们知道数据集表现出明显的季节性，如图 8.10 所示。

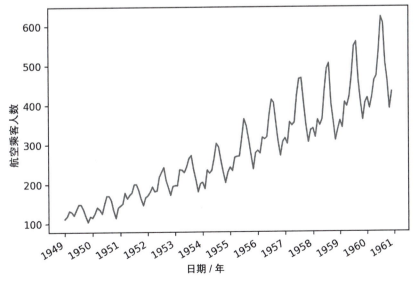

图 8.10 1949 年 1 月至 1960 年 12 月，一家航空公司每月航空乘客人数。你可以在这个序列中看到一个明显的季节性模式，高峰期出现在一年的年中

按照通用建模过程中的步骤（见图 8.11），我们将首先检查平稳性并应用所需的变换。

```
ad_fuller_result = adfuller(df['Passengers'])

print(f'ADF Statistic: {ad_fuller_result[0]}')
print(f'p-value: {ad_fuller_result[1]}')
```

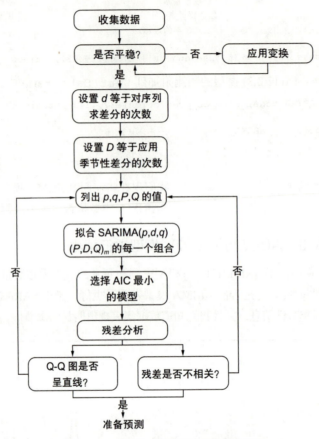

图 8.11 SARIMA 模型的通用建模过程

数据集上的 ADF 检验返回的 ADF 统计量为 0.82，p 值为 0.99。因此，我们不能拒绝零假设，而且序列不是平稳的。我们可以应用一阶差分和平稳性检验。

```
df_diff = np.diff(df['Passengers'], n=1)

ad_fuller_result = adfuller(df_diff)

print(f'ADF Statistic: {ad_fuller_result[0]}')
print(f'p-value: {ad_fuller_result[1]}')
```

返回的 ADF 统计量为 -2.83，p 值为 0.054。因为 p 值大于 0.05，所以我们不能拒绝原假设，且序列仍然是非平稳的。因此，让我们应用季节性差分并检验平稳性。

```
df_diff_seasonal_diff = np.diff(df_diff, n=12)

ad_fuller_result = adfuller(df_diff_seasonal_diff)

print(f'ADF Statistic: {ad_fuller_result[0]}')
print(f'p-value: {ad_fuller_result[1]}')
```

季节性差分。由于数据是按月收集的，所以 $m=12$，因此季节性差分就是相隔 12 个时间步长的两个值之间的差分

返回的 ADF 的统计量为 -17.63，p 值为 3.82×10^{-30}。当 ADF 统计量较大且为负值，且 p 值小于 0.05 时，我们可以拒绝零假设，并认为变换后的序列是平稳的。因此，我们执行了一次差分（表示 $d=1$）和一次季节性差分（表示 $D=1$）。

完成此步骤后，我们现在可以定义 p、q、P 和 Q 可能的取值范围。拟合每个唯一的 SARIMA$(p,d,q)(P,D,Q)_m$ 模型，并选择具有最小 AIC 的模型。

```
ps = range(0, 4, 1)
qs = range(0, 4, 1)
Ps = range(0, 4, 1)
Qs = range(0, 4, 1)

SARIMA_order_list = list(product(ps, qs, Ps, Qs))

train = df['Passengers'][:-12]

d = 1
D = 1
s = 12

SARIMA_result_df = optimize_SARIMA(train, SARIMA_order_list, d, D, s)
SARIMA_result_df
```

我们尝试将 p、q、P 和 Q 的值分别设置为 0、1、2 和 3

生成阶数的唯一组合

训练集包含所有数据，但最后 12 个数据点被用作测试集

展示结果

在训练集上拟合所有 SARIMA 模型

一旦函数完成运行，就会发现 SARIMA$(2,1,1)(1,1,2)_{12}$ 模型具有最小的 AIC，其值为 892.24。我们可以在训练集上再次拟合该模型以执行残差分析。

我们将开始绘制残差诊断，如图 8.12 所示。

```
SARIMA_model = SARIMAX(train, order=(2,1,1), seasonal_order=(1,1,2,12),
➥ simple_differencing=False)
SARIMA_model_fit = SARIMA_model.fit(disp=False)

SARIMA_model_fit.plot_diagnostics(figsize=(10,8));
```

结果表明，残差是完全随机的，这正是我们正在寻找的一个好模型。

决定我们是否可以使用这个模型来预测的最后一项检验是 Ljung-Box 检验。

```
from statsmodels.stats.diagnostic import acorr_ljungbox

residuals = SARIMA_model_fit.resid

lbvalue, pvalue = acorr_ljungbox(residuals, np.arange(1, 11, 1))

print(pvalue)
```

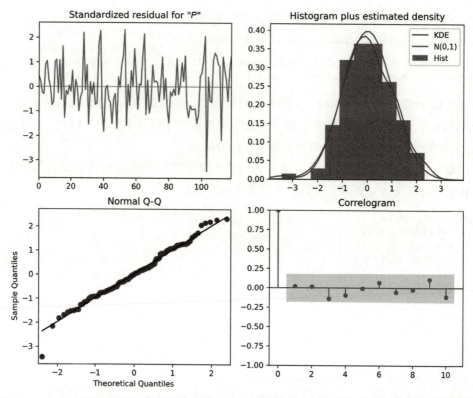

图 8.12 SARIMA(2,1,1)(1,1,2)$_{12}$ 模型的残差诊断。左上角的图显示，残差没有表现出趋势或
方差的变化。右上角的图显示残差分布非常接近正态分布。左下角的 Q-Q 图进一步
支持了这一点，它显示了一条位于 $y=x$ 上的相当直的线。最后，右下角的相关图显
示滞后 0 之后没有显著的系数。因此，一切都导致了残差类似于白噪声的结论

返回的 p 值均大于 0.05。因此，我们不拒绝零假设，结论是残差是独立的和不相关的，
就像白噪声。

模型通过了残差分析的所有检验，可以用于预测。同样，我们将预测 1960 年的每月航
空乘客数量，以便将预测值与测试集中的观测值进行比较。

```
SARIMA_pred = SARIMA_model_fit.get_prediction(132, 143).predicted_mean

test['SARIMA_pred'] = SARIMA_pred
```

预测 1960 年的每
月航空乘客人数

现在我们有了结果，我们可以比较每个模型的性能，并确定我们问题的最佳预测方法。

8.3.3 比较每种预测方法的性能

我们现在可以比较每种预测方法的表现：简单的季节性预测、ARIMA 模型和 SARIMA
模型。我们将使用绝对平均值评估每个模型的百分比误差。

我们可以首先根据测试集的观测值对预测进行可视化。

```
fig, ax = plt.subplots()

ax.plot(df['Month'], df['Passengers'])
ax.plot(test['Passengers'], 'b-', label='actual')
ax.plot(test['naive_seasonal'], 'r:', label='naive seasonal')
ax.plot(test['ARIMA_pred'], 'k--', label='ARIMA(11,2,3)')
ax.plot(test['SARIMA_pred'], 'g-.', label='SARIMA(2,1,1)(1,1,2,12)')

ax.set_xlabel('Date')
ax.set_ylabel('Number of air passengers')
ax.axvspan(132, 143, color='#808080', alpha=0.2)

ax.legend(loc=2)

plt.xticks(np.arange(0, 145, 12), np.arange(1949, 1962, 1))
ax.set_xlim(120, 143)          ◀─── 放大
                                    测试集
fig.autofmt_xdate()
plt.tight_layout()
```

如图 8.13 所示，来自 ARIMA 和 SARIMA 模型站点的行几乎在观测数据之上，这意味着预测非常接近观测数据。

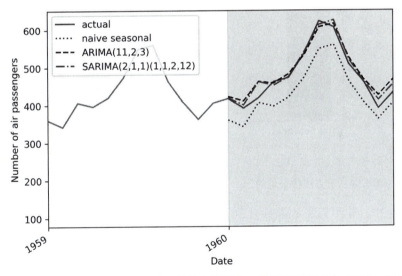

图 8.13　每月航空乘客人数预测。阴影区域指定测试集。你可以看到来自 ARIMA 和 SARIMA 模型的曲线几乎掩盖了观测数据，这表明了良好的预测

我们可以测量每个模型的 MAPE，并用直方图显示，如图 8.14 所示。

```
                              ┌── 定义一个函数                              计算每个
def mape(y_true, y_pred):  ◀──┤   来计算 MAPE                              预测方法
    return np.mean(np.abs((y_true - y_pred) / y_true)) * 100              的 MAPE

mape_naive_seasonal = mape(test['Passengers'], test['naive_seasonal'])  ◀───
```

```
mape_ARIMA = mape(test['Passengers'], test['ARIMA_pred'])
mape_SARIMA = mape(test['Passengers'], test['SARIMA_pred'])

fig, ax = plt.subplots()          ◁—— 用直方图绘制
                                       MAPE
x = ['naive seasonal', 'ARIMA(11,2,3)', 'SARIMA(2,1,1)(1,1,2,12)']
y = [mape_naive_seasonal, mape_ARIMA, mape_SARIMA]

ax.bar(x, y, width=0.4)
ax.set_xlabel('Models')
ax.set_ylabel('MAPE (%)')
ax.set_ylim(0, 15)
                                       在直方图上以文本
                                       形式显示 MAPE
for index, value in enumerate(y):  ◁——
    plt.text(x=index, y=value + 1, s=str(round(value,2)), ha='center')

plt.tight_layout()
```

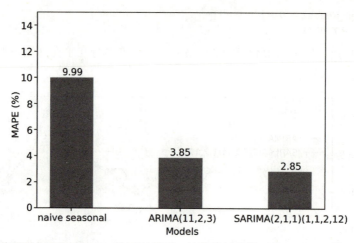

图 8.14　各种预测方法的 MAPE。你可以看到，性能最好的模型是 SARIMA 模型，因为它的
　　　　 MAPE 是所有方法中最低的

在图 8.14 中，你可以看到基线达到了 9.99% 的 MAPE。ARIMA 模型预测的 MAPE 为
3.85%，SARIMA 模型预测的 MAPE 为 2.85%。更接近 0 的 MAPE 表示更好的预测，因此
SARIMA 模型是这种情况下性能最好的方法。这是有意义的，因为数据集具有明显的季节
性，而 SARIMA 模型是为利用时间序列的季节性来进行预测而建立的。

8.4　下一步

在本章中，我们介绍了 SARIMA(p,d,q)(P,D,Q)$_m$ 模型，该模型允许我们建模非平稳季节
时间序列。

参数 p、d、Q 和 m 的增加允许我们包含模型中时间序列的季节性属性，并使用它们来

生成预测。在这里，P 是季节自回归过程的阶数，D 是季节积分的阶数，Q 是季节移动平均过程的阶数，m 是数据的频率。

我们首先研究了如何使用时间序列分解来检测季节性模式，我们调整了通用建模过程，以测试 P 和 Q 的值。

在第4章到第8章中，我们慢慢地建立了一个更通用和复杂的模型，从 MA(q) 和 AR(p) 模型开始，将它们组合成 ARMA(p,q) 模型，从而得到 ARIMA(p,d,q) 模型，最后是 SARIMA(p,d,q)(P,D,Q)$_m$ 模型，这些模型只考虑时间序列本身的值。然而，外部变量也可以预测时间序列，这是有道理的。例如，如果我们想要对一个国家随着时间推移的总支出构建模型，观察利率或债务水平可能是有预测性的，那么我们如何在模型中包含这些外部变量呢？

这就引出了 SARIMAX 模型，注意添加的 X，它代表外生变量。这个模型将综合我们迄今为止所学的所有内容，并通过添加外部变量的影响来进一步扩展它，以预测目标。这将是第9章的主题。

8.5　练习

请花些时间使用这个练习来试验 SARIMA 模型。完整的解决方案在 GitHub 上：https://github.com/marcopeix/TimeSeriesForecastingInPython/tree/master/CH08。

在强生数据集上应用 SARIMA(p,d,q)(P,D,Q)$_m$ 模型

在第7章，我们在强生数据集上应用 ARIMA(p,d,q) 模型预测一年的季度每股收益。现在在相同的数据集上使用 SARIMA(p,d,q)(P,D,Q)$_m$ 模型，并将其性能与 ARIMA 模型进行比较。

1. 使用时间序列分解来识别周期性模式的存在。
2. 使用 optimize_SARIMA 函数并选择 AIC 最低的模型。
3. 进行残差分析。
4. 预测去年的 EPS，并衡量 ARIMA 模型性能。使用 MAPE 会更好吗？

小结

- 季节性自回归移动平均模型，记为 SARIMA(p,d,q)(P,D,Q)$_m$，将季节性属性添加到 ARIMA(p,d,q) 模型中。
- P 是季节性自回归过程的阶数，D 是季节性积分的阶数，Q 是季节性移动平均过程的阶数，m 是数据的频率。
- 频率 m 对应于一个周期中的观测次数。如果每月收集数据，则 $m=12$，如果每季度收集数据，则 $m=4$。
- 时间序列分解可用于识别时间序列中的季节性模式。

向模型添加外生变量

在第 4 章到第 8 章中，我们逐渐建立了一个通用模型，它允许我们考虑时间序列中更复杂的模式。我们从自回归和移动平均过程开始，然后将它们合并到 ARMA 模型。之后，我们为非平稳时间序列模型增加了一层复杂性，从而得到 ARIMA 模型。最后，在第 8 章中，我们又为 ARIMA 添加了一层复杂性，允许我们在预测中考虑季节性模式，得到了 SARIMA 模型。

到目前为止，我们探索和用于产生预测的每个模型都只考虑了时间序列本身。换句话说，时间序列的过去值被用作未来值的预测因子。然而，外部变量也可能对时间序列产生影响，因此可以很好地预测未来值。

这让我们想到了 SARIMAX 模型。你会注意到增加了 X 项，它表示外生变量。在统计学中，术语"外生"用于描述预测因子或输入变量，而"内生"用于定义目标变量——我们试图预测的东西。有了 SARIMAX 模型，我们现在可以在预测时间序列时考虑外部变量或外生变量。

作为指导示例，我们将使用从 1959 年到 2009 年每季度收集一次的美国宏观经济学数据集来预测美国实际国内生产总值（GDP），如图 9.1 所示。

GDP 是一个国家生产的所有商品和服务的总市场价值。实际 GDP 是一种剔除通货膨胀对商品市场价值影响的通货膨胀调整措施。通货膨胀或通货紧缩可以分别增加或减少商品和服务的货币价值，从而增加或减少 GDP。通过消除通货膨胀的影响，我们可以更好地确定一个经济体是否出现了生产扩张。

在不深入研究衡量 GDP 技术细节的情况下，我们将 GDP 定义为消费 C、政府支出 G、投资 I 和净出口 NX 的总和，如式 9.1 所示：

$$GDP = C + G + I + NX \tag{9.1}$$

式 9.1 的每个元素都可能受到某些外部变量的影响。例如，消费可能会受到失业率的影响，因为如果就业人数减少，则消费可能会减少。利率也会产生影响，因为如果利率上升，就更难借到钱，支出也会因此减少。我们也可以认为货币汇率对净出口有影响。本币贬值通常会刺激出口，并使进口变得更加昂贵。因此，我们可以看到有多少外生变量可能影响美国的实际 GDP。

在本章中，我们将首先研究 SARIMAX 模型，并探讨使用该模型进行预测时的一个重要警告。然后，我们将应用该模型来预测美国的实际 GDP。

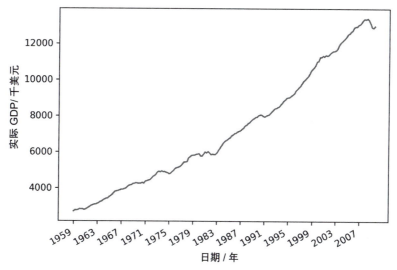

图 9.1　1959 ~ 2009 年美国实际国内生产总值，该数据每季度收集一次，以千美元为单位。请注意，多年来明显的积极趋势以及没有周期性模式，这表明季节性在该序列中不存在

9.1　研究 SARIMAX 模型

通过加入外生变量的影响，SARIMAX 模型进一步扩展了 SARIMA$(p, d, q)(P, D, Q)_m$ 模型。因此，我们可以将现值 y_t 简单地记为 SARIMA$(p, d, q)(P, D, Q)_m$ 模型，其中我们添加了任意数量的外生变量 X_t，如式 9.2 所示：

$$y_t = \text{SARIMA}(p,d,q)(P,D,Q)_m + \sum_{i=1}^{n} \beta_i X_t^i \tag{9.2}$$

SARIMA 模型是一种线性模型，因为它是序列的过去值和误差项的线性组合。在这里，我们添加了不同外生变量的另一个线性组合，从而导致 SARIMAX 也是一个线性模型。请注意，在 SARIMAX 中，你可以将分类变量作为外生变量包含在内，但请确保对它们进行编码（为它们提供数值或二进制标识），就像你对传统回归任务所做的那样。

从第 4 章开始，我们一直在使用 statsmodels 中的 SARIMAX 函数来实现不同的模型。这是因为 SARIMAX 是预测时间序列的最通用函数。你现在明白了为什么没有外生变量的 SARIMAX 模型是 SARIMA 模型。类似地，没有季节性但有外生变量的模型可以记为 ARIMAX 模型，而没有季节性和外生变量的模型则成为 ARIMA 模型。根据问题的不同，我们将使用通用 SARIMAX 模型的每个部分的不同组合。

SARIMAX 模型

SARIMAX 模型只是将外生变量的线性组合添加到 SARIMA 模型。这使我们能够模拟外部变量对时间序列未来值的影响。

我们可以将 SARIMAX 模型大致定义如下：

$$y_t = \text{SARIMA}(p,d,q)(P,D,Q)_m + \sum_{i=1}^{n} \beta_i X_t^i$$

SARIMAX 模型是预测时间序列的最通用模型。你可以看到，如果没有季节性模式，它就变成了 ARIMAX 模型。在没有外生变量的情况下，它是一个 SARIMA 模型。如果没有季节性或外生变量，则它成为一个 ARIMA 模型。

9.1.1　探讨美国宏观经济数据集的外生变量

让我们加载美国宏观经济数据集，并探讨可用于预测实际 GDP 的不同外生变量。该数据集可以通过 statsmodels 库获得，这意味着你不需要下载并读取外部文件。你可以使用 statsmodels 的 datasets 模块加载数据集。

注　本章完整源代码可以在 GitHub 上获取：https://github.com/marcopeix/TimeSeriesForecasting InPython/tree/master/CH09。

```
import statsmodels.api as sm                          加载美国
                                                       宏观经济数据集
macro_econ_data = sm.datasets.macrodata.load_pandas().data
macro_econ_data          显示
                         DataFrame
```

这显示了包含美国宏观经济数据集的整个 DataFrame。表 9.1 描述了每个变量的含义。我们有目标变量，或者叫内生变量，就是实际 GDP。然后我们有 11 个可用于预测的外生变量，如个人和联邦消费支出、利率、通货膨胀率、人口等。

表 9.1　美国宏观经济数据集中所有变量的描述

变量	描述
realgdp	实际国内生产总值（目标变量或内生变量）
realcons	实际个人消费支出
realinv	实际私人国内总投资
realgovt	实际联邦消费支出和投资

（续）

变量	描述
realdpi	实际私人可支配收入
cpi	季度末的消费者价格指数
m1	M1 名义货币存量
tbilrate	3 个月短期国库券月度平均利率
unemp	失业率
pop	季度末总人口
infl	通货膨胀率
realint	实际利率

当然，这些变量中的每个都可能是或可能不是实际 GDP 的良好预测因子。我们不必进行特征选择，因为线性模型将为外生变量赋予接近于 0 的系数，这些变量在预测目标时并不重要。

为了简单和清晰起见，我们在本章中将只使用 6 个变量：实际 GDP（这是目标），以及表 9.1 中列出的 5 个变量（从 realcons 到 cpi）作为外生变量。

我们可以想象每个变量随时间的变化，看看能否辨别出任何独特的模式。结果如图 9.2 所示。

```
fig, axes = plt.subplots(nrows=3, ncols=2, dpi=300, figsize=(11,6))

for i, ax in enumerate(axes.flatten()[:6]):          ←── 遍历 6 个变量
    data = macro_econ_data[macro_econ_data.columns[i+2]]  ←── 跳过年份和季度列。
                                                          这样，我们可以从
                                                          realgdp 开始
    ax.plot(data, color='black', linewidth=1)
    ax.set_title(macro_econ_data.columns[i+2])   ←──┐
    ax.xaxis.set_ticks_position('none')             │ 在图表顶部
    ax.yaxis.set_ticks_position('none')             │ 显示变量名称
    ax.spines['top'].set_alpha(0)
    ax.tick_params(labelsize=6)

plt.setp(axes, xticks=np.arange(0, 208, 8), xticklabels=np.arange(1959,
➡ 2010, 2))
fig.autofmt_xdate()
plt.tight_layout()
```

使用外生变量进行时间序列预测有两种方法。首先，我们可以用外生变量的各种组合来训练多个模型，看看哪个模型能产生最好的预测。其次，我们可以只包含所有外生变量，并坚持使用 AIC 进行模型选择，因为我们知道这会产生一个不会过拟合的良好拟合模型。

为什么在回归分析中忽略 p 值

statsmodels 中的 SARIMAX 使用 summary 方法实现回归分析。这将在本章后面介绍。

在该分析中，我们可以看到 p 值与 SARIMAX 模型的每个预测因子的每个系数都相

关。通常，*p* 值被误用为执行特征选择的方法。许多人错误地将 *p* 值解释为确定预测因子是否与目标变量相关的方法。

事实上，*p* 值检验系数是否与 0 显著不同。如果 *p* 值小于 0.05，则我们拒绝零假设，并得出系数与 0 显著不同的结论。这并不能确定预测因子是否对预测有用。

因此，不应该根据 *p* 值删除预测因子。通过 AIC 最小来选择模型可以完成这一步。

要了解更多信息，我建议阅读 Rob Hyndman 的 "Statistical tests for variable selection" 博客文章：https://robjhyndman.com/hyndsight/tests2/。

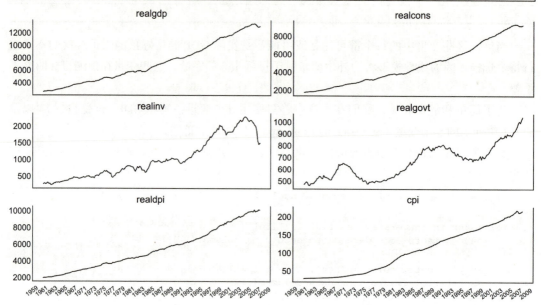

图 9.2　1959～2009 年实际 GDP 和 5 个外生变量的演变。你会注意到，realgdp、realcons、
　　　　realdpi 和 cpi 都具有相似的形状，这意味着 realcons、realdpi 和 cpi 是潜在的
　　　　良好预测因子，尽管图形分析不足以证实这一观点。另外，realgovt 的波峰和波谷不会
　　　　出现在 realgdp 中，因此我们可以假设 realgovt 是一个较弱的预测因子

9.1.2　使用 SARIMAX 的注意事项

使用 SARIMAX 模型有一个重要的警告。包含外部变量可能是有益的，因为你可能会为你的目标找到强有力的预测因子。但是，在预测未来的多个时间步长时，你可能会遇到问题。

回想一下，SARIMAX 模型使用 SARIMA$(p,d,q)(P,D,Q)_m$ 模型和外生变量的线性组合来预测未来的一个时间步长。但如果你想预测未来的两个时间步长呢？虽然这在 SARIMA 模型中是可能的，但 SARIMAX 模型还要求我们预测外生变量。

为了说明这个想法，让我们假设 realcons 是 realgdp 的预测因子（这将在本章后面进行验证）。还假设我们有一个 SARIMAX 模型，使用 realcons 作为输入特征来预测 realgdp。现在假设我们处于 2009 年底，必须预测 2010 年和 2011 年的实际 GDP。
SARIMAX 模型允许我们使用 2009 年的 realcons 来预测 2010 年的实际 GDP。然而，预测
2011 年实际 GDP 将需要我们预测 2010 年的 realcons，除非我们等待观测 2010 年底的值。

由于 realcons 变量本身是一个时间序列，因此可以使用 SARIMA 模型的一个版本进行预测。然而，我们知道预测总是有一些与之相关的误差。因此，必须预测一个外生变量来预测目标变量可能会放大目标的预测误差，这意味着当我们预测未来更多的时间步长时，预测可能会迅速下降。

避免这种情况的唯一方法是仅预测未来的一个时间步长，并在预测未来的另一个时间步长的目标之前等待观测外生变量。

另外，如果你的外生变量很容易预测，这意味着它遵循一个可以准确预测的已知函数，那么预测外生变量并使用这些预测来预测目标是没有坏处的。

最后，没有明确的建议仅预测一个时间步长。它取决于具体情况和可用的外生变量。这时就需要你作为数据科学家的专业知识和严谨的实验。如果你确定外生变量可以被准确预测，你就可以重新预测未来的多个时间步长。否则，你的建议必须是一次预测一个时间步长，并通过解释误差将随着预测的增加而累积来证明你的决定是正确的，这意味着预测将失去准确性。

既然我们已经深入探讨了 SARIMAX 模型，下面就让我们应用它来预测实际 GDP。

9.2 使用 SARIMAX 模型预测实际 GDP

我们现在准备使用 SARIMAX 模型来预测实际 GDP。在探讨了数据集的外生变量之后，我们将把它们纳入预测模型。

在开始之前，我们必须重新介绍通用建模过程。该过程没有重大的变化，唯一的修改是现在我们将拟合一个 SARIMAX 模型。其他所有步骤保持不变，如图 9.3 所示。

按照图 9.3 的建模过程，我们将首先使用 ADF 检验来检查目标变量的平稳性。

```
target = macro_econ_data['realgdp']          定义目标变量。
                                              在这种情况下，它是实际 GDP
exog = macro_econ_data[['realcons', 'realinv', 'realgovt', 'realdpi',
  ➡ 'cpi']]                                  定义外生变量。
                                              为了简单起见，我们将其限制为 5 个变量
ad_fuller_result = adfuller(target)

print(f'ADF Statistic: {ad_fuller_result[0]}')
print(f'p-value: {ad_fuller_result[1]}')
```

返回的 ADF 统计量为 1.75，p 值为 1.00。由于 ADF 统计量不是一个大的负数，并且 p 值大于 0.05，因此我们不能拒绝零假设，并能够得出该序列不平稳的结论。

因此，我们必须再次应用变换和检验平稳性。在这里，我们将对序列进行一次差分：

```
target_diff = target.diff()          对序列求差分

ad_fuller_result = adfuller(target_diff[1:])

print(f'ADF Statistic: {ad_fuller_result[0]}')
print(f'p-value: {ad_fuller_result[1]}')
```

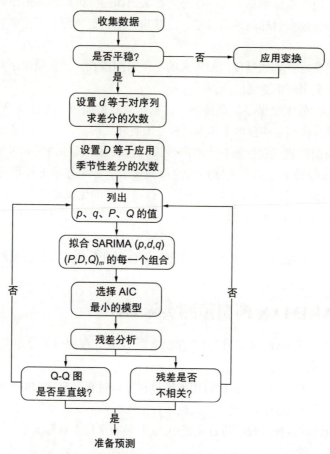

图 9.3 SARIMAX 模型的通用建模过程。该过程可以应用于任何问题，因为 SARIMAX 模型
　　　　是最通用的预测模型，可以适应我们所探索的时间序列的所有不同过程和属性。请注
　　　　意，这里唯一的变化是我们正在拟合 SARIMAX 模型，而不是第 8 章中的 SARIMA
　　　　模型。该过程的其余部分保持不变

现在返回的 ADF 统计量为 –6.31，p 值为 3.32×10^{-8}。在负 ADF 统计量较大且 p 值小于
0.05 的情况下，我们可以拒绝零假设，并得出该序列现在是平稳的结论。因此，我们知道
$d=1$。因为我们不需要采取季节性差分来使序列变得平稳，所以 $D=0$。

现在，我们将定义 optimize_SARIMAX 函数，该函数将拟合模型的所有唯一组合，并
按 AIC 的升序返回 DataFrame，如清单 9.1 所示。

清单 9.1 拟合所有唯一的 SARIMAX 模型的函数

```python
from typing import Union
from tqdm import tqdm_notebook
from statsmodels.tsa.statespace.sarimax import SARIMAX

def optimize_SARIMAX(endog: Union[pd.Series, list], exog: Union[pd.Series,
➡ list], order_list: list, d: int, D: int, s: int) -> pd.DataFrame:

    results = []

    for order in tqdm_notebook(order_list):
        try:
            model = SARIMAX(
                endog,
                exog,
                order=(order[0], d, order[1]),
                seasonal_order=(order[2], D, order[3], s),
                simple_differencing=False).fit(disp=False)
        except:
            continue

        aic = model.aic
        results.append([order, aic])

    result_df = pd.DataFrame(results)
    result_df.columns = ['(p,q,P,Q)', 'AIC']

    #Sort in ascending order, lower AIC is better
    result_df = result_df.sort_values(by='AIC',
➡ ascending=True).reset_index(drop=True)

    return result_df
```

在拟合模型时注意添加外生变量 ⟶

接下来，我们将定义 p、q、P 和 Q 阶数可能的取值范围。我们将尝试从 0 到 3 的值，但可以随意尝试不同的数值集合。此外，由于数据是按季度收集的，因此 $m=4$。

```python
p = range(0, 4, 1)
d = 1
q = range(0, 4, 1)
P = range(0, 4, 1)
D = 0
Q = range(0, 4, 1)
s = 4

parameters = product(p, q, P, Q)
parameters_list = list(parameters)
```

记住在 statsmodels 中实现 SARIMAX 的 s 等同于 m

为了训练模型，我们将使用目标变量和外生变量的前 200 个实例。然后，我们将运行 optimize_SARIMAX 函数，并选择具有最小 AIC 的模型。

```python
target_train = target[:200]
exog_train = exog[:200]
```

```
result_df = optimize_SARIMAX(target_train, exog_train, parameters_list, d,
➡ D, s)
result_df
```

一旦完成，函数就会返回结论：SARIMAX$(3,1,3)(0,0,0)_4$ 模型是具有最小 AIC 的模型。请注意，模型的季节性分量仅有 0 阶。这是有意义的，因为在实际 GDP 图中没有可见的季节性模式，如图 9.4 所示。因此，季节性分量为零，我们有一个 ARIMAX(3,1,3) 模型。

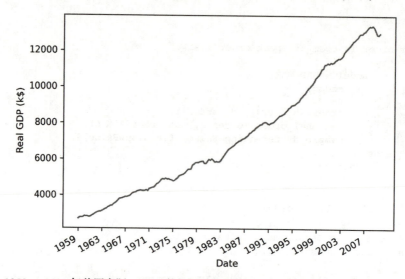

图 9.4　1959～2009 年美国实际 GDP。数据按季度收集，以千美元表示。注意到多年来明显的
积极趋势，并且没有周期性模式，这表明该序列中不存在季节性

现在，我们可以拟合所选模型并显示汇总表以查看与外生变量有关的系数。结果如图 9.5 所示。

```
best_model = SARIMAX(target_train, exog_train, order=(3,1,3),
➡ seasonal_order=(0,0,0,4), simple_differencing=False)
best_model_fit = best_model.fit(disp=False)

print(best_model_fit.summary())    ◁———┤显示模型的汇总表
```

在图 9.5 中，你会注意到所有外生变量的 p 值都小于 0.05，但 realdpi 除外，它的 p 值为 0.712。这意味着 realdpi 的系数与 0 相差不大。你还会注意到其系数为 0.0091。然而，该系数保留在模型中，因为 p 值并不能确定该预测因子在预测目标时的相关性。

继续该建模过程，我们现在将研究模型的残差，如图 9.6 所示。一切都表明残差是完全随机的，就像白噪声一样。模型通过了视觉检查。

```
best_model_fit.plot_diagnostics(figsize=(10,8));
```

现在，我们将应用 Ljung-Box 检验来确保残差不相关。因此，我们希望看到 p 值大于 0.05，因为 Ljung-Box 检验的零假设是残差独立且不相关。

```
                           SARIMAX Results
==============================================================================
Dep. Variable:                realgdp   No. Observations:            200
Model:             SARIMAX(3, 1, 3)     Log Likelihood          -859.431
Date:             Fri, 06 Aug 2021      AIC                      1742.863
Time:                     17:02:59      BIC                      1782.382
Sample:                          0      HQIC                     1758.857
                             - 200
Covariance Type:               opg
==============================================================================
                 coef    std err          z      P>|z|      [0.025      0.975]
------------------------------------------------------------------------------
realcons       0.9652      0.044     21.693      0.000       0.878       1.052
realinv        1.0142      0.033     30.944      0.000       0.950       1.078
realgovt       0.7249      0.127      5.717      0.000       0.476       0.973
realdpi        0.0091      0.025      0.369      0.712      -0.039       0.058
cpi            5.8671      1.311      4.476      0.000       3.298       8.436
ar.L1          1.0648      0.399      2.671      0.008       0.283       1.846
ar.L2          0.4895      0.701      0.698      0.485      -0.885       1.864
ar.L3         -0.6718      0.337     -1.995      0.046      -1.332      -0.012
ma.L1         -1.1035      0.430     -2.565      0.010      -1.947      -0.260
ma.L2         -0.3196      0.767     -0.417      0.677      -1.823       1.184
ma.L3          0.6457      0.403      1.601      0.109      -0.145       1.436
sigma2       328.9706     30.395     10.823      0.000     269.397     388.545
==============================================================================
Ljung-Box (L1) (Q):                0.00   Jarque-Bera (JB):            13.55
Prob(Q):                           0.95   Prob(JB):                     0.00
Heteroskedasticity (H):            3.57   Skew:                         0.32
Prob(H) (two-sided):               0.00   Kurtosis:                     4.11
==============================================================================

Warnings:
[1] Covariance matrix calculated using the outer product of gradients (complex-step).
```

图9.5 所选模型的汇总表。你可以看到我们的外生变量被分配的系数，还可以在 P>|z| 列
下看到它们的 p 值

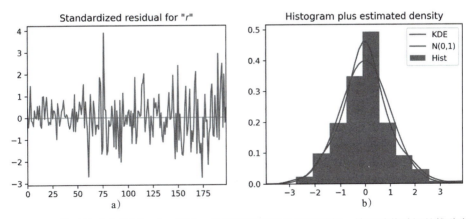

图9.6 所选模型的残差分析。在 a 图中，你可以看到残差没有趋势，并且随着时间的推移有
一个相当恒定的方差，就像白噪声一样。在 b 图中，残差的分布非常接近正态分布。
c 的 Q-Q 图进一步支持了这一点，该图显示了位于 $y=x$ 上的一条相当直的线。最后，
d 图显示在滞后 0 之后没有显著系数，就像白噪声一样。因此，根据图形分析，该模
型的残差类似于白噪声

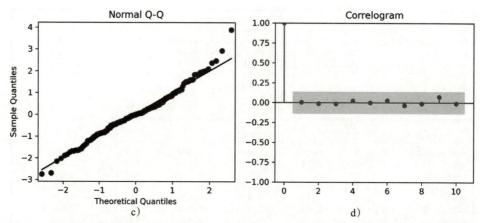

图 9.6　所选模型的残差分析。在 a 图中，你可以看到残差没有趋势，并且随着时间的推移有
　　　　一个相当恒定的方差，就像白噪声一样。在 b 图中，残差的分布非常接近正态分布。
　　　　c 的 Q-Q 图进一步支持了这一点，该图显示了位于 y=x 上的一条相当直的线。最后，
　　　　d 图显示在滞后 0 之后没有显著系数，就像白噪声一样。因此，根据图形分析，该模
　　　　型的残差类似于白噪声　（续）

```
residuals = best_model_fit.resid

lbvalue, pvalue = acorr_ljungbox(residuals, np.arange(1, 11, 1))

print(pvalue)
```

所有 p 值均大于 0.05。因此，我们不能拒绝零假设，并且我们得出结论：残差是独立和
不相关的。在通过了两个残差检验后，模型可以用于预测。

如前所述，使用 SARIMAX 模型的注意事项是，仅预测下一个时间步长是合理的，以避
免预测外生变量，而预测外生变量将导致我们在最终预测中累积预测误差。

相反，为了测试模型，我们多次预测下一个时间步长，并对每个预测的误差进行平均。
这是使用 rolling_forecast 函数完成的，我们在第 4 章～第 6 章中定义并使用了该函
数。作为基准模型，我们将使用最后已知值方法，如清单 9.2 所示。

清单 9.2　多次预测下一个时间步长的函数

```
def rolling_forecast(endog: Union[pd.Series, list], exog:
➥  Union[pd.Series, list], train_len: int, horizon: int, window: int,
➥  method: str) -> list:

    total_len = train_len + horizon

    if method == 'last':
        pred_last_value = []

        for i in range(train_len, total_len, window):
            last_value = endog[:i].iloc[-1]
```

```
            pred_last_value.extend(last_value for _ in range(window))

        return pred_last_value

    elif method == 'SARIMAX':
        pred_SARIMAX = []

        for i in range(train_len, total_len, window):
            model = SARIMAX(endog[:i], exog[:i], order=(3,1,3),
➡ seasonal_order=(0,0,0,4), simple_differencing=False)
            res = model.fit(disp=False)
            predictions = res.get_prediction(exog=exog)
            oos_pred = predictions.predicted_mean.iloc[-window:]
            pred_SARIMAX.extend(oos_pred)

        return pred_SARIMAX
```

recursive_forecast 函数允许我们预测特定时间段内的下一个时间步长。具体来说，我们将使用它来预测从 2008 年～ 2009 年第三季度的下一个时间步长。

```
target_train = target[:196]        ◁── 我们在 1959 年～ 2007 年底的
target_test = target[196:]         ◁──   数据上拟合模型

pred_df = pd.DataFrame({'actual': target_test})    测试集包含 2008 年～ 2009 年
                                                   第三季度的值。总共有 7 个值
TRAIN_LEN = len(target_train)                      需要预测
HORIZON = len(target_test)
WINDOW = 1        ◁── 这指定我们只预测
                     下一个时间步长
pred_last_value = recursive_forecast(target, exog, TRAIN_LEN, HORIZON,
➡ WINDOW, 'last')
pred_SARIMAX = recursive_forecast(target, exog, TRAIN_LEN, HORIZON, WINDOW,
➡ 'SARIMAX')

pred_df['pred_last_value'] = pred_last_value
pred_df['pred_SARIMAX'] = pred_SARIMAX

pred_df
```

随着预测的完成，我们可以看到哪个模型具有最小的平均绝对百分比误差。结果如图 9.7 所示。

```
def mape(y_true, y_pred):
    return np.mean(np.abs((y_true - y_pred) / y_true)) * 100

mape_last = mape(pred_df.actual, pred_df.pred_last_value)
mape_SARIMAX = mape(pred_df.actual, pred_df.pred_SARIMAX)

fig, ax = plt.subplots()

x = ['naive last value', 'SARIMAX']
y = [mape_last, mape_SARIMAX]

ax.bar(x, y, width=0.4)
```

```
ax.set_xlabel('Models')
ax.set_ylabel('MAPE (%)')
ax.set_ylim(0, 1)

for index, value in enumerate(y):
    plt.text(x=index, y=value + 0.05, s=str(round(value,2)), ha='center')

plt.tight_layout()
```

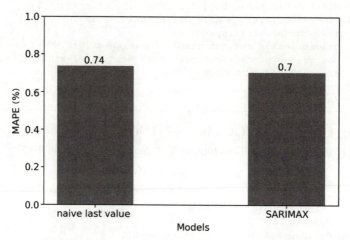

图 9.7 每种方法预测的平均绝对百分比误差。你可以看到，SARIMAX 模型仅具有比基线略
小的 MAPE。这突出了使用基线的重要性，因为 0.70% 的 MAPE 是非常好的，但简单
的预测达到 0.74% 的 MAPE，这意味着 SARIMAX 模型只有很小的优势

在图 9.7 中，你将看到 SARIMAX 模型仅以 0.04% 的优势胜出。在这里，你将意识到基
线的重要性，因为这两种方法都实现了极小的 MAPE，这表明 SARIMAX 模型仅略优于简单
地预测最后一个值。这就是业务环境发挥作用的地方。在我们的例子中，由于我们预测的是
美国的实际 GDP，0.04% 代表着数千美元的差异。这一差异可能与这一特定背景有关，证明
了使用 SARIMAX 模型的合理性，尽管它只是略好于基线。

9.3 下一步

在本章中，我们介绍了 SARIMAX 模型，它可以让我们在预测目标时间序列时考虑外部
变量的影响。

外生变量的增加伴随着一个警告：如果我们需要预测未来的多个时间步长，那么我们还
必须预测外生变量，因为外生变量可能会放大目标的预测误差。为了避免这种情况，我们只
能预测下一个时间步长。

在考虑预测实际 GDP 的外生变量时，我们也可以假设实际 GDP 能预测其他变量。例
如，变量 cpi 是 realgdp 的预测因子，但我们也可以证明 realgdp 可以预测 cpi。

在我们希望证明两个随时间变化的变量可以相互影响的情况下，我们必须使用向量自回归（VAR）模型。该模型可用于多变量时间序列预测，而不像 SARIMAX 模型那样只能用于单变量时间序列预测。在第 10 章中，我们将详细探讨 VAR 模型，你将看到它还可以扩展为 VARMA 模型和 VARMAX 模型。

9.4 练习

花点时间用这个练习来检验你学到的知识。完整的解决方案在 GitHub 上：https://github.com/marcopeix/TimeSeriesForecastingInPython/tree/master/CH09。

在 SARIMAX 模型中用所有外生变量来预测实际 GDP

在本章中，我们在预测实际 GDP 时限制了外生变量的数量。这个练习将使用所有外生变量拟合 SARIMAX 模型，并验证你能否实现更好的性能。

1. 在 SARIMAX 模型中使用所有外生变量。

2. 进行残差分析。

3. 对数据集中最后 7 个时间步长生成预测。

4. 测量 MAPE，它是更好、更坏，还是与有限数量的外生变量所取得的结果相同？

小结

❑ SARIMAX 模型允许包含外部变量（也称为外生变量）来预测目标。

❑ 变换只用于目标变量，而不用于外生变量。

❑ 如果你希望预测未来的多个时间步长，则还必须预测外生变量。这可能会放大最终预测的误差。为了避免这种情况，你只需预测下一个时间步长。

Chapter 10 | 第 10 章

预测多变量时间序列

在第 9 章中，你看到了如何使用 SARIMAX 模型来包含外生变量对时间序列的影响。在 SARIMAX 模型中，这种关系是单向的：我们假设外生变量只对目标有影响。

然而，两个时间序列可能具有双向关系，这意味着时间序列 t1 是时间序列 t2 的预测因子，并且时间序列 t2 也是时间序列 t1 的预测因子。在这种情况下，如果有一个模型能够考虑这种双向关系，并同时输出两个时间序列的预测，那么该模型将是非常有用的。

这就引出了向量自回归模型。这个特殊的模型允许我们捕捉多个时间序列之间的关系，因为它们随着时间的推移而变化。这反过来又使我们能够同时对许多时间序列进行预测，从而执行多变量预测。

在本章中，我们将使用与第 9 章相同的美国宏观经济学数据集。这一次，我们将探讨实际可支配收入和实际消费之间的关系，如图 10.1 所示。

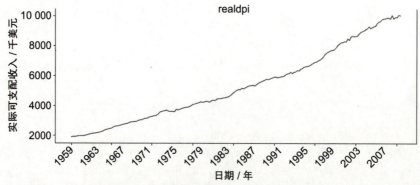

图 10.1　1959 ～ 2009 年美国实际可支配收入（realdpi）和实际消费（realcons）。数据按
季度收集，以千美元为单位。随着时间的推移，这两个序列具有相似的形状和趋势

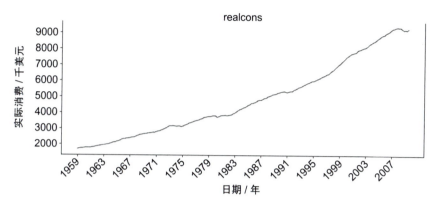

图 10.1　1959 ~ 2009 年美国实际可支配收入（realdpi）和实际消费（realcons）。数据按季
　　　　度收集，以千美元为单位。随着时间的推移，这两个序列具有相似的形状和趋势　（续）

实际消费表达的是人们花了多少钱，而实际可支配收入代表的是有多少钱可以花。因此，一个合理的假设是，更高的可支配收入可能意味着更高的消费。反之亦然，更高的消费意味着更多的收入可用于消费。这种双向关系可以通过 VAR 模型来捕捉。

在本章中，我们将首先详细探讨 VAR 模型。然后，我们将介绍 Granger 因果关系检验，它将帮助我们验证两个时间序列相互影响的假设。最后，我们将应用 VAR 模型对实际消费和实际可支配收入进行预测。

10.1　研究 VAR 模型

向量自回归模型捕捉多个序列之间随时间变化的关系。在这个模型中，每个序列都对另一个序列有影响，这与 SARIMAX 模型不同，在 SARIMAX 模型中，外生变量对目标有影响，而反过来则不是。回顾第 9 章，我们使用变量 realcons、realinv、realgovt、realdpi、cpi、m1 和 tbilrate 作为 realgdp 的预测因子，但我们没有考虑 realgdp 如何影响这些变量。这就是我们在那种情况下使用 SARIMAX 模型的原因。

你可能已经注意到了自回归的归来，这让我们回到了第 5 章的 AR(p) 模型。这是一个很好的直觉，因为 VAR 模型可以看作 AR(p) 模型的推广，以允许对多个时间序列进行预测。因此，我们也可以将 VAR 模型记为 VAR(p)，其中 p 是阶数，并且具有与 AR(p) 模型中相同的含义。

回想一下，AR(p) 将时间序列的值记为常数 C、当前误差项 ϵ_t（也是白噪声）和序列过去值 y_{t-p} 的线性组合。过去值对当前值的影响大小记为 ϕ_p，它表示 AR(p) 模型的系数，如式 10.1 所示：

$$y_t = C + \phi_1 y_{t-1} + \phi_2 y_{t-2} + \cdots + \phi_p y_{t-p} + \epsilon_t \qquad (10.1)$$

我们可以简单地扩展式 10.1，以允许对多个时间序列建模，其中每个时间序列对其他时间序列都有影响。

为简单起见，让我们考虑一个具有两个时间序列的系统，记为 $y_{1,t}$ 和 $y_{2,t}$，阶数为 1，记为 $p=1$。然后，使用矩阵符号，VAR(1) 模型可以记为式 10.2：

$$\begin{bmatrix} y_{1,t} \\ y_{2,t} \end{bmatrix} = \begin{bmatrix} C_1 \\ C_2 \end{bmatrix} + \begin{bmatrix} \phi_{1,1} & \phi_{1,2} \\ \phi_{2,1} & \phi_{2,2} \end{bmatrix} \begin{bmatrix} y_{1,t-1} \\ y_{2,t-1} \end{bmatrix} + \begin{bmatrix} \epsilon_{1,t} \\ \epsilon_{2,t} \end{bmatrix} \tag{10.2}$$

执行矩阵乘法，$y_{1,t}$ 的数学表达式如式 10.3 所示，$y_{2,t}$ 的数学表达式如式 10.4 所示。

$$y_{1,t} = C_1 + \phi_{1,1} y_{1,t-1} + \phi_{1,2} y_{2,t-1} + \epsilon_{1,t} \tag{10.3}$$
$$y_{2,t} = C_2 + \phi_{2,1} y_{1,t-1} + \phi_{2,2} y_{2,t-1} + \epsilon_{2,t} \tag{10.4}$$

在式 10.3 中，你会注意到 $y_{1,t}$ 的表达式包含了 $y_{2,t}$ 过去的值。类似地，在式 10.4 中，$y_{2,t}$ 的表达式包含 $y_{1,t}$ 的过去值。因此，你可以看到 VAR 模型如何捕捉每个序列对其他序列的影响。

我们可以扩展式 10.3 来表示考虑 p 滞后值的通用 VAR(p) 模型，得到式 10.5。请注意，上标不表示指数，而是用于索引。为简单起见，我们将再次只考虑两个时间序列。

$$\begin{bmatrix} y_{1,t} \\ y_{2,t} \end{bmatrix} = \begin{bmatrix} C_1 \\ C_2 \end{bmatrix} + \begin{bmatrix} \phi_{1,1}^1 & \phi_{1,2}^1 \\ \phi_{2,1}^1 & \phi_{2,2}^1 \end{bmatrix} \begin{bmatrix} y_{1,t-1} \\ y_{2,t-1} \end{bmatrix} + \begin{bmatrix} \phi_{1,1}^2 & \phi_{1,2}^2 \\ \phi_{2,1}^2 & \phi_{2,2}^2 \end{bmatrix} \begin{bmatrix} y_{1,t-2} \\ y_{2,t-2} \end{bmatrix} + \cdots +$$
$$\begin{bmatrix} \phi_{1,1}^p & \phi_{1,2}^p \\ \phi_{2,1}^p & \phi_{2,2}^p \end{bmatrix} \begin{bmatrix} y_{1,t-p} \\ y_{2,t-p} \end{bmatrix} + \begin{bmatrix} \epsilon_{1,t} \\ \epsilon_{2,t} \end{bmatrix} \tag{10.5}$$

就像 AR(p) 模型一样，VAR(p) 模型要求每个时间序列都是平稳的。

向量自回归模型

向量自回归模型 VAR(p) 对两个或多个时间序列的关系进行建模。在这个模型中，每个时间序列都会对其他时间序列产生影响。这意味着一个时间序列的过去值会影响其他时间序列，反之亦然。

VAR(p) 模型可以看作 AR(p) 模型的推广，它允许多个时间序列。就像在 AR(p) 模型中一样，VAR(p) 模型的阶数 p 决定了多少滞后值会影响序列的现值。然而，在该模型中，我们还包含其他时间序列的滞后值。

对于两个时间序列，VAR(p) 模型的通用等式是常数向量、两个时间序列的过去值和误差项向量的线性组合：

$$\begin{bmatrix} y_{1,t} \\ y_{2,t} \end{bmatrix} = \begin{bmatrix} C_1 \\ C_2 \end{bmatrix} + \begin{bmatrix} \phi_{1,1}^1 & \phi_{1,2}^1 \\ \phi_{2,1}^1 & \phi_{2,2}^1 \end{bmatrix} \begin{bmatrix} y_{1,t-1} \\ y_{2,t-1} \end{bmatrix} + \begin{bmatrix} \phi_{1,1}^2 & \phi_{1,2}^2 \\ \phi_{2,1}^2 & \phi_{2,2}^2 \end{bmatrix} \begin{bmatrix} y_{1,t-2} \\ y_{2,t-2} \end{bmatrix} + \cdots +$$
$$\begin{bmatrix} \phi_{1,1}^p & \phi_{1,2}^p \\ \phi_{2,1}^p & \phi_{2,2}^p \end{bmatrix} \begin{bmatrix} y_{1,t-p} \\ y_{2,t-p} \end{bmatrix} + \begin{bmatrix} \epsilon_{1,t} \\ \epsilon_{2,t} \end{bmatrix}$$

请注意，要应用 VAR 模型，时间序列必须是平稳的。

你已经看到了 VAR(p) 模型是如何用数学表达的，它们的滞后值包含在每个表达式中，如式 10.3 和式 10.4 所示。这将使你了解每个序列对其他序列的影响。VAR(p) 模型只有当两

个序列在预测彼此都有用时才有效。随着时间的推移，观察序列的通用形状不足以支持这一假设。相反，我们必须应用 Granger 因果关系检验，这是一种统计假设检验，以确定一个时间序列是否可以预测另一个时间序列。只有在这个检验成功的情况下，我们才能应用 VAR 模型进行预测。当使用 VAR 模型时，这是我们建模过程中的一个重要步骤。

10.2　设计 VAR(*p*) 建模过程

VAR(*p*) 模型需要对我们一直使用的建模过程稍作修改。最值得注意的修改是增加了 Granger 因果关系检验，因为 VAR 模型假设两个时间序列的过去值对其他时间序列具有显著的预测性。

VAR(*p*) 模型的完整建模过程如图 10.2 所示。正如你所看到的，VAR(*p*) 模型的建模过程与我们自引入 ARMA(*p, q*) 模型以来一直使用的建模过程非常相似。

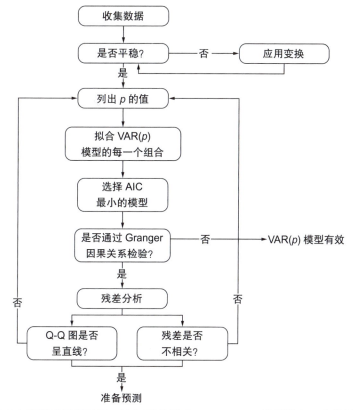

图 10.2　VAR(*p*) 模型的建模过程。这与我们引入 ARMA(*p, q*) 模型以来一直使用的建模过程
　　　　非常相似，但这次我们拟合不同的 VAR(*p*) 模型并选择具有最小 AIC 的模型。然后我
　　　　们进行 Granger 因果关系检验。如果它失败了，则 VAR(*p*) 模型是无效的，我们将不
　　　　会继续进行这个过程。另一方面，如果检验通过，那么我们进行残差分析。如果残
　　　　差与白噪声相似，则可以使用 VAR(*p*) 模型进行预测

这里的主要区别在于，我们只列出 p 阶的值，因为我们在数据上拟合不同的 VAR(p) 模型。然后，一旦选择了具有最低 AIC 的模型，我们就进行 Granger 因果关系检验。该检验确定一个时间序列的过去值在预测另一个时间序列时是否具有统计显著性。检验这种关系很重要，因为 VAR(p) 模型使用一个时间序列的预测值来预测另一个时间序列。

如果 Granger 因果关系检验失败，我们就不能说一个时间序列的过去值可以预测另一个时间序列。在这种情况下，VAR(p) 模型变得无效，我们必须恢复使用 SARIMAX 模型的变体来预测时间序列。另一方面，如果 Granger 因果关系检验通过，我们可以通过残差分析来恢复程序。和以前一样，如果残差接近白噪声，我们可以使用选定的 VAR(p) 模型进行预测。

在继续应用这个建模过程之前，我们花一些时间更详细地探讨 Granger 因果关系检验。

探讨 Granger 因果关系检验

如 10.1 节所示，VAR(p) 模型假设每个时间序列对另一个时间序列都有影响。因此，检验这种关系是否确实存在是很重要的。否则，我们将假设一个不存在的关系，这将在模型中引入误差，并使预测无效和不可靠。

因此，我们使用 Granger 因果关系检验。这是一个统计检验，帮助我们确定时间序列 $y_{2,t}$ 的过去值是否可以帮助预测时间序列 $y_{1,t}$。如果是这样的话，那么我们说 $y_{2,t}$ 是 $y_{1,t}$ 的 Granger 因。

请注意，Granger 因果关系检验仅限于预测因果关系，因为我们只是确定一个时间序列的过去值在预测另一个时间序列时是否具有统计显著性。此外，为了使结果有效，检验要求两个时间序列都是平稳的。此外，Granger 因果关系检验只在一个方向上检验因果关系；为了使 VAR 模型有效，我们必须重复检验以验证 $y_{1,t}$ 是 $y_{2,t}$ 的 Granger 因，否则，我们必须求助于 SARIMAX 模型并分别预测每个时间序列。

这个检验的零假设表明 $y_{2,t}$ 与 $y_{1,t}$ 不具有 Granger 因果关系。同样，我们将使用 p 值为 0.05 的临界值来确定我们是否拒绝零假设。在 Granger 因果关系检验返回 p 值小于 0.05 的情况下，我们可以拒绝零假设，并说 $y_{2,t}$ 是 $y_{1,t}$ 的 Granger 因。

你看到 Granger 因果关系检验是在选择了 VAR(p) 模型之后进行的。这是因为检验要求我们指定检验中包含的滞后数量，这相当于模型的阶数。例如，如果选定的 VAR(p) 模型阶数为 3，则 Granger 因果检验将确定过去的三个时间序列值是否在预测其他时间序列方面具有统计显著性。

statsmodels 库中包含 Granger 因果关系检验，在 10.3 节中，我们将在预测实际消费和实际可支配收入时方便地应用它。

10.3　预测实际可支配收入和实际消费

在检验了 VAR(p) 模型并为其设计了建模过程之后，我们现在准备将其应用于预测美国的实际可支配收入和实际消费。我们将使用与第 9 章相同的数据集，其中包含 1959 ～ 2009 年间的宏观经济数据。

注　本章的源代码可在 GitHub 上获得：https://github.com/marcopeix/TimeSeriesForecasting

InPython/tree/master/CH10。

```
macro_econ_data = sm.datasets.macrodata.load_pandas().data
macro_econ_data
```

我们现在可以绘制我们感兴趣的两个变量，即实际可支配收入（在数据集中记为 realdpi）和实际消费（记为 realcons）。结果如图 10.3 所示。

```
fig, (ax1, ax2) = plt.subplots(nrows=2, ncols=1, figsize=(10,8))

ax1.plot(macro_econ_data['realdpi'])
ax1.set_xlabel('Date')
ax1.set_ylabel('Real disposable income (k$)')
ax1.set_title('realdpi')
ax1.spines['top'].set_alpha(0)

ax2.plot(macro_econ_data['realcons'])
ax2.set_xlabel('Date')
ax2.set_ylabel('Real consumption (k$)')
ax2.set_title('realcons')
ax2.spines['top'].set_alpha(0)

plt.xticks(np.arange(0, 208, 16), np.arange(1959, 2010, 4))

fig.autofmt_xdate()
plt.tight_layout()
```

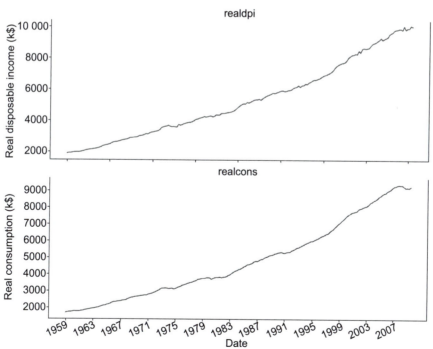

图 10.3　1959 ～ 2009 年美国的实际可支配收入和实际消费。数据按季度收集，以千美元为单位。你可以看到两条曲线随时间都有一个相似的形状

在图 10.3 中，你可以看到两条曲线在时间上的形状非常相似，这直观地使它们成为 VAR(p) 模型的良好候选者。有理由认为，可支配收入越高，消费就可能越高，正如消费越高可能是可支配收入越高的标志一样。当然，这一假设必须在稍后的建模过程中使用 Granger 因果关系检验进行检验。

我们已经收集了数据，所以现在我们必须确定时间序列是否平稳。在图 10.3 中，它们都表现出随时间的正趋势，这意味着它们是非平稳的。然而，我们将应用 ADF 检验来确保。

```
ad_fuller_result_1 = adfuller(macro_econ_data['realdpi'])
print('realdpi')                                         ◁── 对 realdpi 列
print(f'ADF Statistic: {ad_fuller_result_1[0]}')              进行 ADF 检验
print(f'p-value: {ad_fuller_result_1[1]}')

print('\n--------------------\n')

ad_fuller_result_2 = adfuller(macro_econ_data['realcons'])

print('realcons')                                        ◁── 对 realcons 列进行 ADF 检验。
print(f'ADF Statistic: {ad_fuller_result_2[0]}')              注意，在 VAR($p$) 模型中使用这两个
print(f'p-value: {ad_fuller_result_2[1]}')                    时间序列之前，它们必须是平稳的
```

对于这两个变量，ADF 检验输出的 p 值均为 1.0。因此，我们不能拒绝零假设，并且我们得出结论，正如预期的那样，两个时间序列都不是平稳的。

我们将应用一个转换来使它们平稳。具体来说，我们将对两个序列进行差分，并再次检验平稳性。

```
ad_fuller_result_1 = adfuller(macro_econ_data['realdpi'].diff()[1:])   ◁──

print('realdpi')                                         对 realdpi 列
print(f'ADF Statistic: {ad_fuller_result_1[0]}')          进行一阶差分
print(f'p-value: {ad_fuller_result_1[1]}')

print('\n--------------------\n')

ad_fuller_result_2 = adfuller(macro_econ_data['realcons'].diff()[1:])  ◁──

print('realcons')                                        对 realcons 列
print(f'ADF Statistic: {ad_fuller_result_2[0]}')          进行一阶差分
print(f'p-value: {ad_fuller_result_2[1]}')
```

realdpi 的 ADF 检验返回的 p 值为 1.45×10^{-14}，而 realcons 的 ADF 检验返回的 p 值为 0.0006。在这两种情况下，p 值都小于 0.05。因此，我们拒绝零假设，并得出两个时间序列都是平稳的结论。如前所述，VAR(p) 模型要求时间序列是平稳的，因此我们可以使用变换后的序列进行建模，并且我们需要对预测进行整合，使其恢复到原始尺度。

我们现在正在拟合许多 VAR(p) 模型，以选择具有最小 AIC 的模型。我们将编写一个函数 optimize_VAR，以拟合许多 VAR(p) 模型，同时改变阶数 p。该函数将按 AIC 的升序返回有序 DataFrame。该函数如清单 10.1 所示。

清单 10.1　拟合多个 VAR(p) 模型的函数，并选择具有最小 AIC 的模型

```
from typing import Union
from tqdm import tqdm_notebook
from statsmodels.tsa.statespace.varmax import VARMAX

def optimize_VAR(endog: Union[pd.Series, list]) -> pd.DataFrame:

    results = []
                                            将 p 的阶数
    for i in tqdm_notebook(range(15)):      从 0 到 14 进行变化
        try:
            model = VARMAX(endog, order=(i, 0)).fit(dips=False)
        except:
            continue

        aic = model.aic
        results.append([i, aic])

    result_df = pd.DataFrame(results)
    result_df.columns = ['p', 'AIC']

    result_df = result_df.sort_values(by='AIC',
    ascending=True).reset_index(drop=True)

    return result_df
```

现在，我们可以使用此函数来选择使 AIC 最小的阶数 p。

首先，我们必须定义训练集和测试集。在本例中，我们将 80% 的数据用于训练，20% 用于测试。这意味着最后 40 个数据点将用于测试，其余的用于训练。请记住，VAR(p) 模型要求两个序列都是平稳的。因此，我们将对差分数据集进行拆分，并将差分训练集提供给 optimize_VAR 函数。

运行该函数将返回一个 DataFrame，其中，我们可以看到 p=3 具有最小的 AIC 值。因此，选择的模型是 VAR(3) 模型，这意味着可以用每个时间序列的过去三个值预测其他时间序列。

```
只选择 realdpi 和 realcons 这两个变量，
因为它们是本例中唯一关注的两个变量                         对两个序列进行差分，
                                                      因为 ADF 检验表明
    endog = macro_econ_data[['realdpi', 'realcons']]   一阶差分可以使它们平稳

    endog_diff = macro_econ_data[['realdpi', 'realcons']].diff()[1:]

    train = endog_diff[:162]        前 162 个数据点用于训练，
    test = endog_diff[162:]         这是大约 80% 的数据集

    result_df = optimize_VAR(train)
    result_df                       使用存储在 train 中的差分数据运行
                                    optimize_VAR 函数，这是 VAR(p)
最后的 40 个数据点用于测试集，         模型所必需的
这是大约 20% 的数据集
```

在建模过程之后，我们现在必须使用 Granger 因果关系检验，回顾 VAR 模型假设 realcons

的过去值在预测 realdpi 时有用，并且 realdpi 的过去值在预测 realcons 时有用。这种关系必须得到检验。如果 Granger 因果关系检验返回的 p 值大于 0.05，那么我们就不能拒绝零假设，这意味着变量之间不是 Granger 因果关系，模型是无效的。另外，p 值小于 0.05 将允许我们拒绝零假设，从而验证 VAR(3) 模型，这意味着我们可以继续建模过程。

我们将使用 statsmodels 库中的 grangercausalitytests 函数对这两个变量进行 Granger 因果关系检验。请记住，对于 Granger 因果关系检验，序列必须是平稳的，这就是在传递给函数时它们是不同的原因。此外，由于模型选择步骤返回 $p=3$，因此我们指定检验的滞后数量为 3。

该函数检验第二个变量是不是第一个变量的 Granger 因。因此，我们检验 realcons 是不是 realdpi 的 Granger 因。然后我们传递一个列表的滞后数，在我们的例子中是 3。请注意，这些序列被差分以变得平稳

```
print('realcons Granger-causes realdpi?\n')
print('------------------')
granger_1 = grangercausalitytests(macro_econ_data[['realdpi',
    'realcons']].diff()[1:], [3])

print('\nrealdpi Granger-causes realcons?\n')
print('------------------')
granger_2 = grangercausalitytests(macro_econ_data[['realcons',
    'realdpi']].diff()[1:], [3])
```

这里我们检验 realdpi 是不是 realcons 的 Granger 因

对两个变量进行 Granger 因果关系检验，在两种情况下返回的 p 值都小于 0.05。因此，我们可以拒绝零假设，并得出结论：realdpi 是 realcons 的 Granger 因，而且 realcons 是 realdpi 的 Granger 因。因此，VAR(3) 模型是有效的。如果一个变量不是另一个变量的 Granger 因，则 VAR(p) 模型就会失效，不能使用。在这种情况下，我们必须使用 SARIMAX 模型并单独预测每个时间序列。

我们现在可以继续进行残差分析。对于这一步，我们首先在训练集上拟合 VAR(3) 模型。

```
best_model = VARMAX(train, order=(3,0))
best_model_fit = best_model.fit(disp=False)
```

然后，我们可以使用 plot_diagnostics 函数来绘制残差的直方图、Q-Q 图和相关图。然而，我们必须在这里研究两个变量的残差，我们同时对 realdpi 和 realcons 建模。

让我们首先关注 realdpi 的残差。

传递 variable=0 指定我们想要绘制 realdpi 的残差图，因为它是传递给 VAR 模型的第一个变量

```
best_model_fit.plot_diagnostics(figsize=(10,8), variable=0);
```

图 10.4 中的输出显示残差接近白噪声。

现在，我们可以继续分析 realcons 的残差。

传递 variable=1 指定我们想要绘制 realcons 的残差图，因为它是在模型中传递的第二个变量

```
best_model_fit.plot_diagnostics(figsize=(10,8), variable=1);
```

图 10.5 中的输出显示 realcons 的残差与白噪声非常相似。

定性分析完成后，我们可以使用 Ljung-Box 检验进行定量分析。回想一下，Ljung-Box 检验的零假设表明残差是独立且不相关的。因此，为了使残差表现得像白噪声，检验必须返回大于 0.05 的 p 值，在这种情况下，我们不拒绝零假设。

该检验必须同时应用于 realdpi 和 realcons：

```
realgdp_residuals = best_model_fit.resid['realdpi']

lbvalue, pvalue = acorr_ljungbox(realgdp_residuals, np.arange(1, 11, 1))

print(pvalue)
```

对 realdpi 的残差进行 Ljung-Box 检验，返回的 p 值都大于 0.05。因此，我们不拒绝零假设，这意味着残差是不相关和独立的，就像白噪声一样。

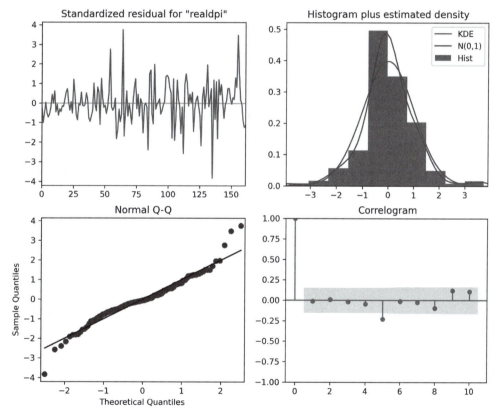

图 10.4　realdpi 的残差分析。标准化残差似乎没有趋势，方差不变，符合白噪声。直方图也非常类似于正态分布的形状。Q-Q 图进一步支持了这一点，它显示了一条位于 $y=x$ 上的相当直的线，尽管我们可以在末端看到一些曲率。最后，相关图显示，除滞后 5 外，没有显著系数。然而，这可能是偶然的，因为前面没有显著系数。因此，我们可以得出结论，残差接近于白噪声

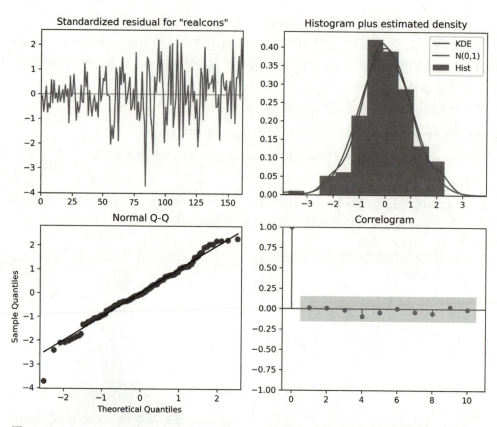

图 10.5 `realcons` 的残差分析。左上角的图显示了随时间变化的残差，可以看到没有趋势，方差不变，这符合白噪声的行为。在右上角，分布非常接近正态分布。左下角的 Q-Q 图进一步支持了这一点，它显示了一条位于 *y=x* 上的相当直的线。最后，右下角的相关图显示，滞后 0 之后没有显著的自相关系数。因此，残差接近白噪声

```
realcons_residuals = best_model_fit.resid['realcons']

lbvalue, pvalue = acorr_ljungbox(realcons_residuals, np.arange(1, 11, 1))

print(pvalue)
```

接下来，我们将对 `realcons` 进行残差检验。该检验返回的所有 *p* 值都大于 0.05。同样，我们不拒绝零假设，这意味着残差是不相关和独立的，就像白噪声一样。

由于该模型通过了残差分析的定性和定量方面，我们可以继续使用 VAR(3) 模型预测 `realcons` 和 `realdpi`。我们将 VAR(3) 模型与简单预测最后观测值的基线进行比较。我们将预测未来的四个步骤，这相当于预测一整年，因为数据是按季度采样的。因此，我们将在测试集的整个长度上执行未来四个步骤的滚动预测。

为此，我们将使用在前几章中多次定义的 `rolling_forecast` 函数。这一次，我们将应用一些细微的修改来拟合 VAR(3) 模型。它需要为 `realdpi` 和 `realcons` 输出预测，因

此我们必须返回两个包含预测的列表。清单 10.2 显示了 `rolling_forecast` 函数的代码。

清单 10.2 在测试集上滚动预测的函数

```
def rolling_forecast(df: pd.DataFrame, train_len: int, horizon: int,
➡ window: int, method: str) -> list:

    total_len = train_len + horizon
    end_idx = train_len

    if method == 'VAR':
```
初始化两个空列表来保存 realdpi 和 realcons 的预测值
```
        realdpi_pred_VAR = []
        realcons_pred_VAR = []

        for i in range(train_len, total_len, window):
            model = VARMAX(df[:i], order=(3,0))
            res = model.fit(disp=False)
            predictions = res.get_prediction(0, i + window - 1)

            oos_pred_realdpi = predictions.predicted_mean.iloc[-
➡ window:]['realdpi']
            oos_pred_realcons = predictions.predicted_mean.iloc[-
➡ window:]['realcons']
```
提取 realdpi 的预测值

提取 realcons 的预测值

用每个变量的新预测值扩展列表
```
            realdpi_pred_VAR.extend(oos_pred_realdpi)
            realcons_pred_VAR.extend(oos_pred_realcons)

        return realdpi_pred_VAR, realcons_pred_VAR
```
返回 realdpi 和 realcons 两个预测值列表

对于基线，我们还将使用两个列表来保存每个变量的预测值，并在最后返回它们
```
elif method == 'last':
    realdpi_pred_last = []
    realcons_pred_last = []

    for i in range(train_len, total_len, window):

        realdpi_last = df[:i].iloc[-1]['realdpi']
        realcons_last = df[:i].iloc[-1]['realcons']

        realdpi_pred_last.extend(realdpi_last for _ in range(window))
        realcons_pred_last.extend(realcons_last for _ in range(window))

    return realdpi_pred_last, realcons_pred_last
```

现在，我们可以使用此函数，使用 VAR(3) 模型生成 realdpi 和 realcons 的预测。

```
TRAIN_LEN = len(train)
HORIZON = len(test)
WINDOW = 4
```
窗口大小为 4，因为我们想要一次预测未来四个时间步长，这相当于一年

```
realdpi_pred_VAR, realcons_pred_VAR = rolling_forecast(endog_diff,
➡ TRAIN_LEN, HORIZON, WINDOW, 'VAR')
```

回想一下，VAR(3) 模型要求序列是平稳的，这意味着我们已经转换了预测。然后，我们

必须使用累积和对它们进行整合，以使它们回到数据的原始尺度。

```
test = endog[163:]

test['realdpi_pred_VAR'] = pd.Series()
test['realdpi_pred_VAR'] = endog.iloc[162]['realdpi'] +
➥ np.cumsum(realdpi_pred_VAR)

test['realcons_pred_VAR'] = pd.Series()
test['realcons_pred_VAR'] = endog.iloc[162]['realcons'] +
➥ np.cumsum(realcons_pred_VAR)

test
```

使用累积和对预测
进行整合

显示 test 的
DataFrame

此时，test 包含测试集的实际值和 VAR(3) 模型的预测值。我们现在可以从基线方法中
添加预测，它是预测下四个时间步长的最后已知值。

```
realdpi_pred_last, realcons_pred_last = rolling_forecast(endog,
➥ TRAIN_LEN, HORIZON, WINDOW, 'last')

test['realdpi_pred_last'] = realdpi_pred_last
test['realcons_pred_last'] = realcons_pred_last

test
```

使用 rolling_forecast 函数，
通过最后已知值方法获取基线预测

显示 test 的
DataFrame

现在，test 持有测试集的实际值、VAR(3) 模型的预测值和基线方法的预测值。一切都
已准备就绪，我们可以使用平均绝对百分比误差来可视化预测和评估预测方法。预测如图 10.6
所示。

在图 10.6 中，虚线表示 VAR(3) 模型的预测，点线表示最后已知值法的预测。你可以看
到，这两条线都非常接近测试集的实际值，这使得我们很难直观地确定哪种方法更好。

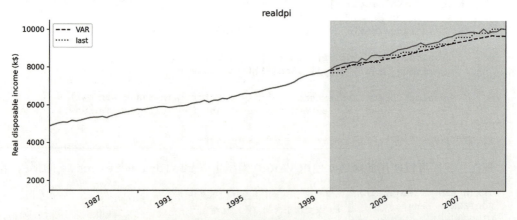

图 10.6　realdpi 和 realcons 的预测。你可以看到，VAR(3) 模型的预测（如虚线所示）与
　　　　测试集的实际值非常接近。你还会注意到，基线方法的点线显示了小步长，这是有
　　　　意义的，因为我们在四个时间步长预测的是常数值

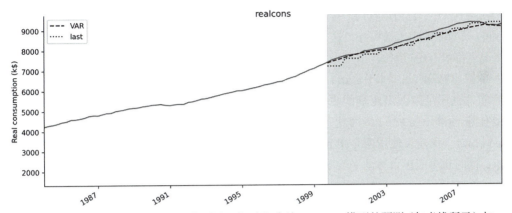

图 10.6 realdpi 和 realcons 的预测。你可以看到，VAR(3) 模型的预测（如虚线所示）与
测试集的实际值非常接近。你还会注意到，基线方法的点线显示了小步长，这是有
意义的，因为我们在四个时间步长预测的是常数值 （续）

我们现在将计算 MAPE。结果如图 10.7 所示。

```
def mape(y_true, y_pred):
    return np.mean(np.abs((y_true - y_pred) / y_true)) * 100

mape_realdpi_VAR = mape(test['realdpi'], test['realdpi_pred_VAR'])
mape_realdpi_last = mape(test['realdpi'], test['realdpi_pred_last'])

mape_realcons_VAR = mape(test['realcons'], test['realcons_pred_VAR'])
mape_realcons_last = mape(test['realcons'], test['realcons_pred_last'])
```

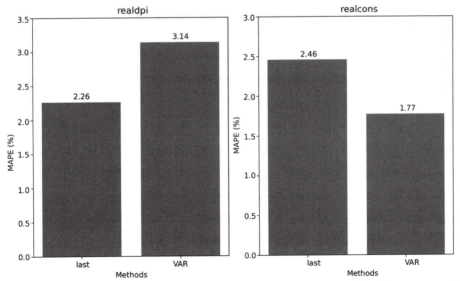

图 10.7 realdpi 和 realcons 预测的 MAPE。你可以看到 VAR(3) 模型在 realdpi 的情
况下，性能比基线差。然而，VAR(3) 模型的表现优于 realcons 的基线

在图 10.7 中, 你可以看到, 对于 realdpi, VAR(3) 模型的性能比基线差, 而对于 realcons, VAR(3) 模型的性能比基线好。这是一个模棱两可的情况。没有明确的结果, 因为该模型在两种情况下都没有超过基线。

我们可以假设, 对于 realdpi, 即使通过了 Granger 因果关系检验, realcons 的预测能力也不足以做出比基线更准确的预测。因此, 我们应该求助于使用 SARIMAX 模型的变体来预测 realdpi。因此, 我的结论是, VAR(3) 模型不足以准确预测 realdpi 和 realcons。我建议使用两个单独的模型, 其中可以包含 realdpi 和 realcons 作为外部变量, 同时也可能包含移动平均项。

10.4 下一步

在本章中, 我们介绍了 VAR(p) 模型, 它允许我们一次预测多个时间序列。

VAR(p) 模型代表向量自回归, 它假设某些时间序列的过去值可以预测其他时间序列的未来值。使用 Granger 因果关系检验来检验这种双向关系。如果检验失败, 即返回的 p 值大于 0.05, 则 VAR(p) 模型无效, 不能使用。

恭喜你走到这一步——我们已经介绍了预测时间序列的各种统计方法! 这些统计方法非常适用于低维的小数据集。然而, 当数据集开始变得很大时, 从 10 000 个数据点或更多开始, 并且它们有许多特性, 深度学习可以成为获得准确预测和利用所有可用数据的一个好工具。

在第 11 章中, 我们将通过一个顶点项目来巩固我们对统计方法的知识。然后, 我们将开始一个新的部分, 并在大型数据集上应用深度学习预测模型。

10.5 练习

通过这些练习, 你可以超越 VAR (p) 模型。完整的解决方案可以在 GitHub 上获得: https://github.com/marcopeix/TimeSeriesForecastingInPython/tree/master/CH10。

10.5.1 使用 VARMA 模型预测 realdpi 和 realcons

在本章中, 我们使用了 VAR(p) 模型。然而, 我们使用了 statsmodels 中的 VARMAX 函数, 这意味着我们可以很容易地将 VAR(p) 模型扩展为 VARMA(p, q) 模型。在本练习中, 使用 VARMA(p, q) 模型预测 realdpi 和 realcons。

1. 使用与本章相同的训练集和测试集。

2. 生成一个唯一 (p, q) 组合列表。

3. 重命名 optimize_VAR 函数为 optimize_VARMA, 并使其循环遍历所有唯一的 (p, q) 组合。

4. 选择 AIC 值最小的模型, 并进行 Granger 因果关系检验, 传入 (p, q) 中最大的阶数。

VARMA(p, q) 模型是否有效？

5. 进行残差分析。

6. 对测试集的四步窗口进行预测。使用最后已知值方法作为基线。

7. 计算 MAPE，它比 VAR(3) 模型的小还是大？

10.5.2 使用 VARMAX 模型预测 realdpi 和 realcons

同样，由于使用了 statsmodels 中的 VARMAX 函数，我们还可以将外生变量添加到模型中，就像在 SARIMAX 中一样。在本练习中，使用 VARMAX 模型预测 realdpi 和 realcons。

1. 使用与本章相同的训练集和测试集。

2. 生成一个唯一 (p, q) 组合列表。

3. 将 optimize_VAR 函数重命名为 optimize_VARMAX，并使其循环遍历所有唯一的 (p, q) 组合和外生变量。

4. 选择 AIC 值最小的模型，并进行 Granger 因果关系检验。传入 (p, q) 中最大的阶数。VARMAX(p, q) 模型是否有效？

5. 进行残差分析。

6. 对测试集的一步窗口进行预测，使用最后已知值方法作为基线。

7. 计算 MAPE，这个模型比基线执行得更好吗？

小结

❑ 向量自回归模型 VAR(p) 捕捉了随着时间变化的多个序列之间的关系。在这个模型中，每个序列都会对其他序列产生影响。

❑ 一个 VAR(p) 模型只有在每个时间序列都是其他时间序列的 Granger 因时才有效。这是通过 Granger 因果关系检验确定的。

❑ Granger 因果关系检验的零假设表明，一个时间序列不是另一个时间序列的 Granger 因。如果 p 值小于 0.05，我们拒绝原假设，认为第一个时间序列是另一个时间序列的 Granger 因。

顶点项目：预测澳大利亚
抗糖尿病药物处方的数量

我们已经介绍了许多用于时间序列预测的统计模型。在第 4 章和第 5 章中，你学习了如何对移动平均过程和自回归过程建模。然后，我们将这些模型组合起来形成 ARMA 模型，并添加一个参数来预测非平稳时间序列，从而得到 ARIMA 模型。之后，我们在 SARIMA 模型中添加了一个季节分量，在 SARIMAX 模型中加入了外生变量的影响。最后，我们讨论了使用 VAR 模型的多变量时间序列预测。因此，你现在可以访问许多统计模型，这些模型允许你预测从简单到更复杂的各种时间序列。现在是时候巩固所学知识了，通过顶点项目将你的知识付诸实践。

本章项目的目标是预测 1991 ～ 2008 年澳大利亚抗糖尿病药物处方的数量。在专业环境中，解决这个问题将使我们能够衡量抗糖尿病药物的产量，如生产足够的产品以满足需求，也能避免生产过剩。我们将使用由澳大利亚健康保险委员会记录的数据，我们可以在图 11.1 中看到这个时间序列。

在图 11.1 中，随着处方数量的增加，你可以在时间序列中看到一个明显的趋势。此外，你会观测到很强的季节性，因为每年似乎都以一个低值开始，并以一个高值结束。到目前为止，你应该直观地知道哪个模型可能最适合解决此问题。

要解决此问题，请参考以下步骤：

1. 目的是预测 12 个月的抗糖尿病药物处方数量，使用过去 36 个月的数据集作为测试集，以便进行滚动预测。

2. 可视化时间序列。

3. 使用时间序列分解来提取趋势和季节性分量。

4. 根据你的探讨，确定最适合的模型。

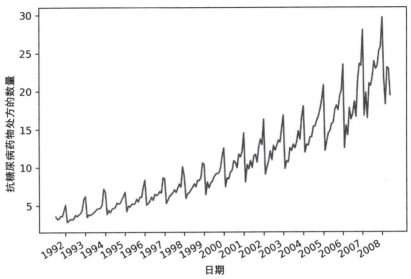

图 11.1 1991 ～ 2008 年澳大利亚每月的抗糖尿病药物处方的数量

5. 用通常的步骤对序列进行建模：

　　a. 通过变换使它平稳。

　　b. 设置 d 和 D 的值，设置 m 的值。

　　c. 求最优 $(p,d,q)(P,D,Q)_m$ 参数。

　　d. 进行残差分析来验证你的模型。

6. 在测试集上执行 12 个月的滚动预测。

7. 将你的预测可视化。

8. 将模型的性能与基线进行比较。选择一个适当的基线和误差度量。

9. 总结该模型是否应该使用。

　　为了充分利用这个顶点项目，强烈建议你参考前面的步骤自行完成它。这将有助于评估你在建模过程中的自主性和你的理解能力。

　　如果你感到困惑，或者想验证自己的推理，那么本章其余的部分将指导你完成这个项目。此外，如果你想直接参考代码，则可以在 GitHub 上获得完整的解决方案：https://github.com/marcopeix/TimeSeriesForecastingInPython/tree/master/CH11。

　　祝你在这个项目上好运！

11.1　导入所需的库并加载数据

　　第一步自然是导入完成项目所需的库，然后，我们可以加载数据并将其存储在 DataFrame 中，以便在整个项目中使用。

因此，我们将导入以下库，并指定魔法函数 `%matplotlib inline` 来在 Notebook 中显示绘图：

```
from sklearn.metrics import mean_squared_error, mean_absolute_error
from statsmodels.graphics.tsaplots import plot_acf, plot_pacf
from statsmodels.tsa.seasonal import seasonal_decompose, STL
from statsmodels.stats.diagnostic import acorr_ljungbox
from statsmodels.tsa.statespace.sarimax import SARIMAX
from statsmodels.tsa.arima_process import ArmaProcess
from statsmodels.graphics.gofplots import qqplot
from statsmodels.tsa.stattools import adfuller
from tqdm import tqdm_notebook
from itertools import product
from typing import Union

import matplotlib.pyplot as plt
import statsmodels.api as sm
import pandas as pd
import numpy as np

import warnings
warnings.filterwarnings('ignore')

%matplotlib inline
```

导入库后，我们就可以读取数据并将其存储在 DataFrame 中。我们还可以显示 DataFrame 的形状来确定数据点的数量。

```
df = pd.read_csv('data/AusAnti-diabeticDrug.csv')
print(df.shape)          ◁——— 显示 DataFrame 的形状。
                               第一个值是行数，
                               第二个值是列数
```

这些数据现在已经可以在整个项目中使用了。

11.2 可视化序列及其分量

加载数据后，我们现在可以轻松地将序列可视化。这实际上重新创建了图 11.1。

```
fig, ax = plt.subplots()

ax.plot(df.y)
ax.set_xlabel('Date')
ax.set_ylabel('Number of anti-diabetic drug prescriptions')

plt.xticks(np.arange(6, 203, 12), np.arange(1992, 2009, 1))

fig.autofmt_xdate()
plt.tight_layout()
```

接下来，我们可以进行分解来可视化时间序列的不同分量。请记住，时间序列分解允许我们可视化趋势分量、季节性分量和残差分量。

```
decomposition = STL(df.y, period=12).fit()

fig, (ax1, ax2, ax3, ax4) = plt.subplots(nrows=4, ncols=1, sharex=True,
➡ figsize=(10,8))

ax1.plot(decomposition.observed)
ax1.set_ylabel('Observed')

ax2.plot(decomposition.trend)
ax2.set_ylabel('Trend')

ax3.plot(decomposition.seasonal)
ax3.set_ylabel('Seasonal')

ax4.plot(decomposition.resid)
ax4.set_ylabel('Residuals')

plt.xticks(np.arange(6, 203, 12), np.arange(1992, 2009, 1))

fig.autofmt_xdate()
plt.tight_layout()
```

y 列包含每月抗糖尿病药物处方的数量。
此外，由于我们有月度数据，
因此将 period 设置为 12

结果如图 11.2 所示。一切似乎都表明，SARIMA$(p,d,q)(P,D,Q)_m$ 模型将是预测该时间序列的最佳解决方案。我们有趋势，也有明显的季节性。另外，我们没有任何外生变量，因此不能应用 SARIMAX 模型。最后，我们希望仅预测一个目标，这意味着 VAR 模型在这种情况下也不相关。

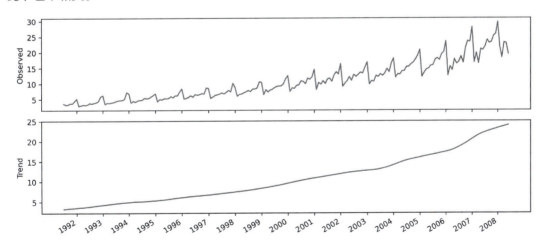

图 11.2　抗糖尿病药物处方数据集的时间序列分解。第一个图显示了观测到的数据。第二个图显示了趋势分量，它告诉我们抗糖尿病药物的处方数量随着时间的推移而增加。第三个图显示了季节性分量，我们可以看到随着时间的推移，一个重复的模式，表明季节性的存在。最后一个图显示了残差分量，这是一种无法用季节性分量趋势解释的变化

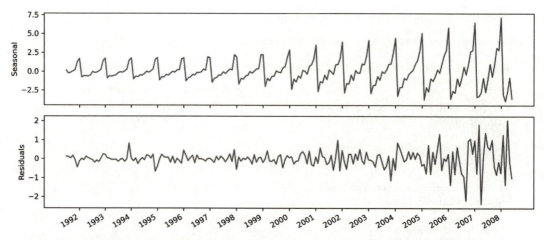

图 11.2 抗糖尿病药物处方数据集的时间序列分解。第一个图显示了观测到的数据。第二个
图显示了趋势分量，它告诉我们抗糖尿病药物的处方数量随着时间的推移而增加。
第三个图显示了季节性分量，我们可以看到随着时间的推移，一个重复的模式，表
明季节性的存在。最后一个图显示了残差分量，这是一种无法用季节性分量趋势解
释的变化 （续）

11.3 对数据进行建模

我们认为 SARIMA$(p,d,q)(P,D,Q)_m$ 模型最适合对该时间序列进行建模和预测。因此，我
们将遵循 SARIMAX 模型的通用建模过程，因为 SARIMA 模型是 SARIMAX 模型的特例。
建模过程如图 11.3 所示。

按照图 11.3 所示的建模过程，我们首先使用 ADF 检验来确定序列是否平稳。

```
ad_fuller_result = adfuller(df.y)

print(f'ADF Statistic: {ad_fuller_result[0]}')
print(f'p-value: {ad_fuller_result[1]}')
```

返回的 p 值为 1.0，这意味着我们不能拒绝零假设，并且我们总结出该序列不是平稳的。因
此，我们必须应用变换使其平稳。

我们将首先对数据进行一阶差分，并再次检验其平稳性。

```
y_diff = np.diff(df.y, n=1)

ad_fuller_result = adfuller(y_diff)

print(f'ADF Statistic: {ad_fuller_result[0]}')
print(f'p-value: {ad_fuller_result[1]}')
```

返回的 p 值为 0.12，同样，p 值大于 0.05，这意味着该序列不是平稳的。让我们尝试应用季
节性差分，因为我们注意到数据中有很强的季节性模式。回想一下，我们有月度数据，这

意味着 $m = 12$。因此，季节性差分减去 12 个时间步长的值。

```
y_diff_seasonal_diff = np.diff(y_diff, n=12)          我们有月度数据，
                                                        所以 n=12
ad_fuller_result = adfuller(y_diff_seasonal_diff)

print(f'ADF Statistic: {ad_fuller_result[0]}')
print(f'p-value: {ad_fuller_result[1]}')
```

返回的 p 值是 0.0。因此，我们可以拒绝零假设并得出结论：时间序列是平稳的。

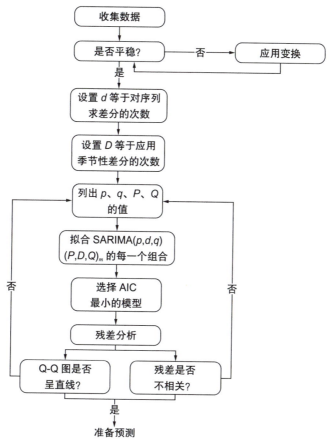

图 11.3 SARIMA 建模过程。该过程是最通用的建模过程，它可用于 SARIMA、ARIMA 或 ARMA 模型，因为它们都是 SARIMAX 模型的特例

由于我们对序列进行了一次差分，并采用了一个季节性差分，因此 $d = 1$ 和 $D = 1$。此外，由于我们有月度数据，因此我们知道 $m = 12$。因此，我们最终模型将是 SARIMA$(p,1,q)(P,1,Q)_{12}$ 模型。

11.3.1 进行模型选择

我们已经确定模型将是 SARIMA$(p,1,q)(P,1,Q)_{12}$ 模型。现在我们需要找到 p、q、P 和 Q 的最优值。这是模型选择步骤，我们在其中选择使 AIC 最小的参数。

为此，我们首先将数据分为训练集和测试集。正如在本章中指定的，测试集将由最近 36 个月的数据组成。

```
train = df.y[:168]
test = df.y[168:]

print(len(test))
```
输出测试集的长度以确保它
包含最后的 36 个月

拆分完成后，我们现在可以使用 optimize_SARIMAX 函数来找到使 AIC 最小的 p、q、P 和 Q 的值。注意，这里可以使用 optimize_SARIMAX，因为 SARIMA 是更通用的 SARIMAX 模型的特例。这个函数如清单 11.1 所示。

清单 11.1 寻找使 AIC 最小的 p、q、P 和 Q 值的函数

```
from typing import Union
from tqdm import tqdm_notebook
from statsmodels.tsa.statespace.sarimax import SARIMAX

def optimize_SARIMAX(endog: Union[pd.Series, list], exog: Union[pd.Series,
➥ list], order_list: list, d: int, D: int, s: int) -> pd.DataFrame:

    results = []

    for order in tqdm_notebook(order_list):
        try:
            model = SARIMAX(
                endog,
                exog,
                order=(order[0], d, order[1]),
                seasonal_order=(order[2], D, order[3], s),
                simple_differencing=False).fit(disp=False)
        except:
            continue

        aic = model.aic
        results.append([order, model.aic])

    result_df = pd.DataFrame(results)
    result_df.columns = ['(p,q,P,Q)', 'AIC']

    #Sort in ascending order, lower AIC is better
    result_df = result_df.sort_values(by='AIC',
➥ ascending=True).reset_index(drop=True)

    return result_df
```

定义了函数后，我们现在可以尝试 p、q、P 和 Q 值的范围，然后我们将生成参数的唯一组合列表。你可以随意测试与这里使用的值不同的值范围。只需注意，范围越大，运行 optimize_SARIMAX 函数所需的时间就越长。

```
ps = range(0, 5, 1)
qs = range(0, 5, 1)
```

```
Ps = range(0, 5, 1)
Qs = range(0, 5, 1)

order_list = list(product(ps, qs, Ps, Qs))

d = 1
D = 1
s = 12
```

现在可以运行 optimize_SARIMAX 函数。在这个例子中，测试了 625 个唯一的组合，因为 4 个参数有 5 个可能的值。

```
SARIMA_result_df = optimize_SARIMAX(train, None, order_list, d, D, s)
SARIMA_result_df
```

一旦函数运行结束，结果就会表明，在 $p = 2$、$q = 3$、$P = 1$ 且 $Q = 3$ 时，AIC 最小。因此，最优模型为 SARIMA$(2,1,3)(1,1,3)_{12}$ 模型。

11.3.2　进行残差分析

现在我们有了最优模型，我们必须分析它的残差来确定模型是否可以使用。这将取决于残差，它应该表现为白噪声。如果是这样的话，那么该模型可以用于预测。

我们可以拟合模型，并使用 plot_diagnostics 方法来定性分析其残差。

```
SARIMA_model = SARIMAX(train, order=(2,1,3),
➡ seasonal_order=(1,1,3,12), simple_differencing=False)
SARIMA_model_fit = SARIMA_model.fit(disp=False)

SARIMA_model_fit.plot_diagnostics(figsize=(10,8));
```

结果如图 11.4 所示，我们可以从这个定性分析中得出结论，残差与白噪声非常相似。

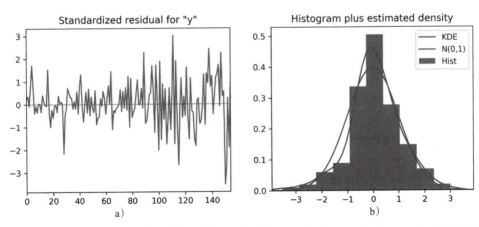

图 11.4　残差可视化诊断。在 a 图中，残差没有随时间变化的趋势，方差似乎是恒定的。在 b 图中，残差的分布非常接近正态分布。c 的 Q-Q 图进一步支持了这一点，它显示了一条位于 $y = x$ 上的相当直线。最后，d 图显示，在滞后 0 之后没有显著系数，就像白噪声一样

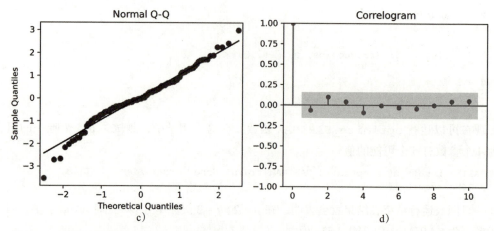

图 11.4 残差可视化诊断。在 a 图中，残差没有随时间变化的趋势，方差似乎是恒定的。在
b 图中，残差的分布非常接近正态分布。c 的 Q-Q 图进一步支持了这一点，它显示了
一条位于 y = x 上的相当直线。最后，d 图显示，在滞后 0 之后没有显著系数，就像
白噪声一样 （续）

下一步是执行 Ljung-Box 检验，以确定残差是否独立且不相关。Ljung-Box 检验的零假
设表明残差是不相关的，就像白噪声一样。因此，我们希望检验返回的 p 值大于 0.05。在这
种情况下，我们不能拒绝零假设，并得出残差是独立的结论，因此表现为白噪声。

```
residuals = SARIMA_model_fit.resid

lbvalue, pvalue = acorr_ljungbox(residuals, np.arange(1, 11, 1))

print(pvalue)
```

在这种情况下，所有的 p 值都在 0.05 以上，因此我们不拒绝原假设，并得出残差是独立
的和不相关的结论。结果表明，该模型可以用于预测。

11.4 预测和评估模型的性能

我们有一个可用于预测的模型，所以现在我们将在 36 个月的测试集上执行 12 个月的滚
动预测。这样我们就可以更好地评估模型的性能，因为在较少的数据点上进行测试可能会导
致结果偏斜。我们将使用简单的季节性预测作为基线，它简单地将过去 12 个月的数据用作
未来 12 个月的预测。

我们首先定义 rolling_forecast 函数来生成整个测试集的预测，其窗口期为 12 个
月。函数如清单 11.2 所示。

清单 11.2 在一定范围内执行滚动预测的函数

```
def rolling_forecast(df: pd.DataFrame, train_len: int, horizon: int,
➥ window: int, method: str) -> list:
```

```
    total_len = train_len + horizon
    end_idx = train_len

    if method == 'last_season':
        pred_last_season = []

        for i in range(train_len, total_len, window):
            last_season = df['y'][i-window:i].values
            pred_last_season.extend(last_season)

        return pred_last_season

    elif method == 'SARIMA':
        pred_SARIMA = []

        for i in range(train_len, total_len, window):
            model = SARIMAX(df['y'][:i], order=(2,1,3),
➡ seasonal_order=(1,1,3,12), simple_differencing=False)
            res = model.fit(disp=False)
            predictions = res.get_prediction(0, i + window - 1)
            oos_pred = predictions.predicted_mean.iloc[-window:]
            pred_SARIMA.extend(oos_pred)

        return pred_SARIMA
```

接下来，我们将创建一个 DataFrame 来保存预测和实际值，这只是测试集的一个副本。

```
pred_df = df[168:]
```

现在，我们可以定义用于 rolling_forecast 函数的参数。数据集包含 204 行，测试集包含 36 个数据点，这意味着训练集的长度为 204–36=168。范围为 36，因为测试集包含 36 个月的数据。最后，窗口是 12 个月，因为我们一次预测 12 个月。

有了这些值，我们可以记录来自基线的预测，这是一个简单的季节性预测。它简单地将过去 12 个月的观测数据用作未来 12 个月的预测。

```
TRAIN_LEN = 168
HORIZON = 36
WINDOW = 12

pred_df['last_season'] = rolling_forecast(df, TRAIN_LEN, HORIZON, WINDOW,
➡ 'last_season')
```

接下来，我们将计算 SARIMA 模型的预测。

```
pred_df['SARIMA'] = rolling_forecast(df, TRAIN_LEN, HORIZON, WINDOW,
➡ 'SARIMA')
```

在这一点上，pred_df 包含实际值、来自简单的季节性方法的预测和来自 SARIMA 模型的预测。我们可以使用它来根据实际值可视化预测。为清楚起见，我们将限制 x 轴为放大的测试周期，结果如图 11.5 所示。

```
fig, ax = plt.subplots()

ax.plot(df.y)
ax.plot(pred_df.y, 'b-', label='actual')
```

```
ax.plot(pred_df.last_season, 'r:', label='naive seasonal')
ax.plot(pred_df.SARIMA, 'k--', label='SARIMA')
ax.set_xlabel('Date')
ax.set_ylabel('Number of anti-diabetic drug prescriptions')
ax.axvspan(168, 204, color='#808080', alpha=0.2)

ax.legend(loc=2)

plt.xticks(np.arange(6, 203, 12), np.arange(1992, 2009, 1))
plt.xlim(120, 204)

fig.autofmt_xdate()
plt.tight_layout()
```

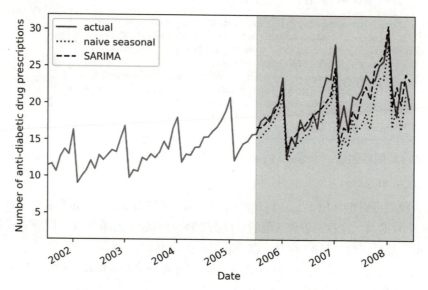

图 11.5　澳大利亚抗糖尿病药物处方数量预测。来自基线的预测用点线表示，而来自
　　　　SARIMA 模型的预测用虚线表示

在图 11.5 中，你可以看到 SARIMA 模型的预测（虚线）比简单的季节性预测（点线）更
接近实际值。因此，我们可以直观地预期 SARIMA 模型比基线方法表现更好。

为了定量评估性能，我们将使用 MAPE。MAPE 很容易理解，因为它返回一个百分比
误差。

```
def mape(y_true, y_pred):
    return np.mean(np.abs((y_true - y_pred) / y_true)) * 100

mape_naive_seasonal = mape(pred_df.y, pred_df.last_season)
mape_SARIMA = mape(pred_df.y, pred_df.SARIMA)

print(mape_naive_seasonal, mape_SARIMA)
```

基线模型的 MAPE 为 12.69%，SARIMA 模型的 MAPE 为 7.90%。我们可以选择用直方
图绘制每个模型的 MAPE，以实现很好的可视化，如图 11.6 所示。

```
fig, ax = plt.subplots()

x = ['naive seasonal', 'SARIMA(2,1,3)(1,1,3,12)']
y = [mape_naive_seasonal, mape_SARIMA]

ax.bar(x, y, width=0.4)
ax.set_xlabel('Models')
ax.set_ylabel('MAPE (%)')
ax.set_ylim(0, 15)

for index, value in enumerate(y):
    plt.text(x=index, y=value + 1, s=str(round(value,2)), ha='center')

plt.tight_layout()
```

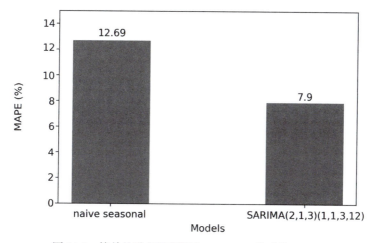

图 11.6　简单的季节性预测和 SARIMA 模型的 MAPE

　　由于 SARIMA 模型实现了最低的 MAPE，因此我们可以得出结论，SARIMA(2,1,3)(1,1,3)$_{12}$ 模型应该可用于预测澳大利亚抗糖尿病药物处方每月的数量。

11.5　下一步

　　祝贺你完成了这个顶点项目！我希望你能够自己完成它，并且你现在应该对自己使用统计模型进行时间序列预测的技能和知识充满信心。

　　当然，熟能生巧，所以我强烈建议你去寻找其他时间序列数据集，并练习建模和预测它们。这将帮助你建立你的直觉和磨练你的技能。

　　在第 12 章中，我们将开始一个新的部分，我们将使用深度学习模型来建模和预测高维的复杂时间序列。

第三部分 *Part 3*

使用深度学习进行
大规模预测

- 第12章　将深度学习引入时间序列预测
- 第13章　数据窗口和创建深度学习基线
- 第14章　初步研究深度学习
- 第15章　使用LSTM记住过去
- 第16章　使用CNN过滤时间序列
- 第17章　使用预测做出更多预测
- 第18章　顶点项目：预测一个家庭的用电量

统计模型有其局限性，特别是当数据集很大、有许多特征和非线性关系时。在这种情况下，深度学习是时间序列预测的完美工具。在本书的这一部分中，我们将使用大型数据集，并应用不同的深度学习架构[如长短期记忆（LSTM）、卷积神经网络（CNN）和自回归深度神经网络]来预测我们序列的未来。同样，我们将以一个顶点项目来测试你的技能，来结束这一部分。

　　深度学习是机器学习的一个子集，因此还有可能使用更传统的机器学习算法进行时间序列预测，如梯度提升树。尽管使用机器学习来预测时间序列需要数据窗口，并且我们将多次应用这个概念，但为了保持本部分的合理性，我们将不再专门讨论那些技术。

将深度学习引入时间序列预测

在第 11 章中，我们结束了本书使用统计模型进行时间序列预测的部分。当数据集较小（通常少于 10 000 个数据点），并且季节性周期为每月、每季度或每年时，这些模型尤其有效。在每天都有季节性变化或数据集非常大（超过 10 000 个数据点）的情况下，这些统计模型会变得非常慢，并且性能会下降。

因此，我们转向深度学习。深度学习是机器学习的一个子集，专注于在神经网络架构上构建模型。深度学习的优点是，随着可用数据的增加，它往往表现得更好，这使它成为预测高维时间序列的一个很好的选择。

在本书的这一部分，我们将探索各种模型架构，因此你将有一套工具几乎可以解决任何时间序列预测问题。请注意，我假设你对深度学习有一定的熟悉，因此应该了解激活函数、损失函数、批次、层和轮等主题。本书的这一部分不是介绍深度学习，而是侧重于将深度学习应用于时间序列预测。当然，每个模型架构都将被彻底解释，并且你将获得一种直觉，即为什么特定的架构在特定的情况下可能比另一种更好地工作。在这些章节中，我们将使用 TensorFlow（或者更具体地说是 Keras）来构建不同的深度学习模型。

在本章中，我们将特别明确使用深度学习的条件，并探讨可以构建的不同类型的模型，如单步、多步和多输出模型。我们将以初始配置来结束本章，这将使我们为接下来的章节中的应用深度学习模型做好准备。最后，我们将探索数据，进行特征工程，并将数据分为训练集、验证集和测试集。

12.1 何时使用深度学习进行时间序列预测

当我们拥有大型复杂数据集时，深度学习就会大放异彩。在这些情况下，深度学习可以利用所有可用的数据来推断每个特征之间的关系和目标，通常会产生良好的预测。

在时间序列的上下文中，当数据集包含超过 10 000 个数据点时，就被认为是大数据集。当然，这只是一个近似，而不是一个严格的数值限制，所以如果你有 8000 个数据点，那么深度学习也可能是一个可行的选择。当数据集规模较大时，SARIMAX 模型的任何衰落都需要很长时间来拟合，这对于模型的选择并不理想，因为我们通常在这一步骤中拟合很多模型。

如果你的数据有多个季节性周期，则不能使用 SARIMAX 模型。例如，假设你必须预测每小时的温度。我们可以合理地假设，气温会有每日的季节性，因为夜间的温度往往较低，白天的温度较高，但也有每年的季节性，因为气温在冬季较低，在夏季较高。在这种情况下，深度学习可以利用两个季节性周期的信息进行预测。事实上，根据经验，在这种情况下拟合 SARIMA 模型通常会得到非正态分布但仍然相关的残差，这意味着模型根本不能使用。

最终，当统计模型需要太多时间来拟合，或者当它们产生的相关残差不接近白噪声时，就会使用深度学习。这可能是由于在模型中存在另外一个不能考虑的季节性周期，或者仅仅是因为特征和目标之间存在非线性关系。在这些情况下，深度学习模型可以用来捕捉这种非线性关系，而且它们还有一个额外的优势，那就是训练速度非常快。

12.2 探索不同类型的深度学习模型

我们可以为时间序列预测构建三种主要形式的深度学习模型：单步模型、多步模型和多输出模型。

单步模型是三种模型中最简单的一种。它的输出是一个单值，表示对未来一步的一个变量的预测。因此，模型只返回一个标量，如图 12.1 所示。

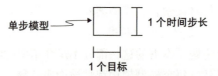

图 12.1 单步模型将一个目标的值按一个时间步长向未来输出。因此输出是一个标量

> **单步模型**
>
> 单步模型输出单个值，表示对下一个时间步长的预测。输入可以是任何长度，但输出仍然是对下一个时间步长的单一预测。

接下来，我们可以有一个多步模型，这意味着我们输出一个目标值，但是输出未来的许多时间步长的值。例如，给定每小时的数据，我们可能希望预测未来 24h 的情况。在这种情况下，我们有一个多步模型，因为我们预测未来的 24 个时间步长。输出是一个 24 × 1 的矩阵，如图 12.2 所示。

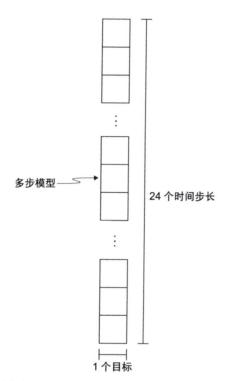

图 12.2 多步模型输出对未来 1 个变量多个时间步长的预测。这个例子预测了 24 个时间步
长，结果是 24 × 1 的输出矩阵

多步模型

在多步模型中，模型的输出是一系列值，表示对未来许多时间步长的预测。例如，如果模型预测了接下来的 6h、24h 或 12 个月，那么它就是一个多步模型。

最后，多输出模型产生多个目标预测。例如，如果我们要预测温度和湿度，那么我们将使用一个多输出模型。该模型可以根据需要输出任意多的时间步长。图 12.3 显示了一个多输出模型，返回对未来 24 个时间步长的 2 个目标的预测。在这种情况下，输出是一个 24 × 2 的矩阵。

多输出模型

多输出模型为多个目标生成预测。例如，如果我们预测温度和风速，则它是一个多输出模型。

每个模型都可以具有不同的架构。例如，卷积神经网络可以用作单步模型、多步模型或多输出模型。在接下来的章节中，我们将实现不同的模型架构，并将它们应用于所有三种模型类型。

这将把我们带到这样一个阶段，我们将为接下来的五章中实现的不同深度学习模型进行初始配置。

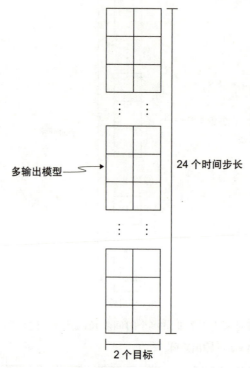

图 12.3 多输出模型对未来一个或多个时间步长的多个目标进行预测。在这里，模型输出对未来 24 个时间步长的 2 个目标的预测

12.3 准备应用深度学习进行预测

从本章到第 17 章，我们将使用 UCI 机器学习仓库中可用的州际交通流量数据集。原始数据集记录了 2012～2018 年在明尼苏达州明尼阿波利斯和圣保罗之间的 I-94 公路每小时向西行驶的交通流量。为了学习如何将深度学习应用于时间序列预测，该数据集已被缩减和清理，以消除缺失值。虽然本章没有介绍清理步骤，但你仍然可以参考本章 GitHub 库中的预处理代码。我们的主要目标是预测每小时的交通流量。在多输出模型的情况下，我们还将预测每小时的温度。在接下来几章的初始设置中，我们将加载数据、进行特征工程，并将数据分为训练集、验证集和测试集。

在本书的这一部分，我们将使用 TensorFlow，或者更确切地说是 Keras。在撰写本书时，TensorFlow 的最新稳定版本是 2.6.0，我们在本章和后面的章节中将使用该版本。

　　注　本章的完整源代码可以在 GitHub 上获取：https://github.com/marcopeix/TimeSeriesForecasting InPython/tree/master/CH12。

12.3.1　进行数据探索

我们将首先使用 pandas 加载数据。

```
df =
➡ pd.read_csv('../data/metro_interstate_traffic_volume_preprocessed.csv')
df.head()
```

如前所述，该数据集是 UCI 机器学习仓库上可用的原始数据集的缩减和清理版本。在本例中，数据集从 2016 年 9 月 29 日下午 5 点开始，到 2018 年 9 月 30 日晚上 11 点结束。使用 df.shape，我们可以看到总共有 6 个特征和 17 551 行。

这些特征包括日期和时间、温度、降雨量和降雪量、云覆盖率以及交通流量。表 12.1 更详细地描述了每一列。

表 12.1　州际交通流量数据集中的变量

特征	描述
date_time	采用 CST 时区记录的数据日期和时间，格式为 YYYY-MM-DD HH:MM:SS
temp	每小时记录的平均温度，以开尔文为单位
rain_1h	每小时发生的降雨量，以毫米为单位
snow_1h	每小时发生的降雪量，以毫米为单位
clouds_all	每小时云覆盖率百分比
traffic_volume	每小时报告的 I-94 西行交通流量

现在，让我们想象一下随着时间的推移交通流量的变化。由于我们的数据集非常广泛，有超过 17 000 个记录，因此我们将只绘制前 400 个数据点，这大致相当于两周的数据。结果如图 12.4 所示。

```
fig, ax = plt.subplots()

ax.plot(df['traffic_volume'])
ax.set_xlabel('Time')
ax.set_ylabel('Traffic volume')

plt.xticks(np.arange(7, 400, 24), ['Friday', 'Saturday', 'Sunday',
➡ 'Monday', 'Tuesday', 'Wednesday', 'Thursday', 'Friday', 'Saturday',
➡ 'Sunday', 'Monday', 'Tuesday', 'Wednesday', 'Thursday', 'Friday',
➡ 'Saturday', 'Sunday'])
plt.xlim(0, 400)

fig.autofmt_xdate()
plt.tight_layout()
```

在图 12.4 中，你将注意到明显的每天的季节性，因为交通流量在每天的开始和结束时较低。在周末，你也会看到较小的交通流量。至于趋势，两周的数据可能不足以得出合理的结论，但在图中，随着时间的推移，交通流量似乎既没有增加也没有减少。

我们还可以绘制每小时的温度，因为它将是多输出模型的目标。在这里，我们希望看到每年和每天的季节性。每年的季节性应该是由于一年中的季节变化，而每天的季节性则是由于夜间温度往往较低，而白天温度往往较高。

让我们首先在整个数据集上可视化每小时的温度，看看我们是否可以识别任何年度季节性。结果如图 12.5 所示。

```
fig, ax = plt.subplots()

ax.plot(df['temp'])
ax.set_xlabel('Time')
ax.set_ylabel('Temperature (K)')

plt.xticks([2239, 10999], [2017, 2018])

fig.autofmt_xdate()
plt.tight_layout()
```

在图 12.5 中，你将看到每小时温度的年度季节性模式，因为温度在年底和年初（明尼苏达州的冬季）较低，而在年中（夏季）较高。因此，正如预期的那样，温度具有每年的季节性。

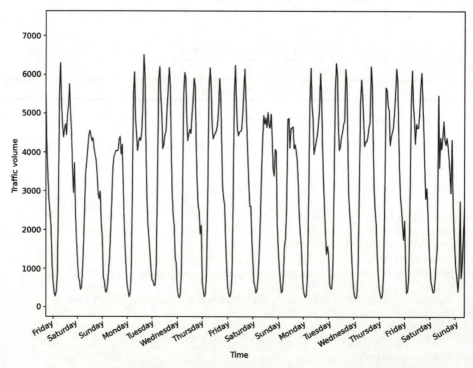

图 12.4　明尼苏达州明尼阿波利斯和圣保罗之间的 I-94 州际公路西行交通流量，从 2016 年 9 月
29 日下午 5 点开始，你会注意到明显的每天的季节性，每天开始和结束时交通流量较低

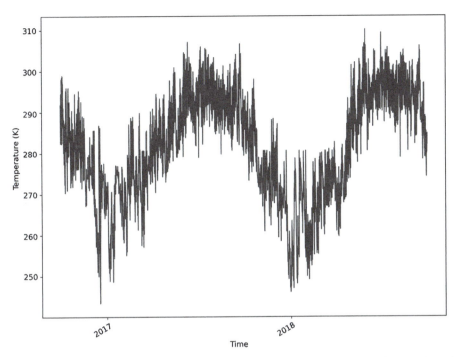

图 12.5 从 2016 年 9 月 29 日至 2018 年 9 月 30 日的每小时温度（单位：开尔文，K）。虽然有噪声，但我们可以看到每年的季节性模式

现在让我们来验证我们是否可以观测到温度每天的季节性，结果如图 12.6 所示。

```
fig, ax = plt.subplots()

ax.plot(df['temp'])
ax.set_xlabel('Time')
ax.set_ylabel('Temperature (K)')

plt.xticks(np.arange(7, 400, 24), ['Friday', 'Saturday', 'Sunday',
➡ 'Monday', 'Tuesday', 'Wednesday', 'Thursday', 'Friday', 'Saturday',
➡ 'Sunday', 'Monday', 'Tuesday', 'Wednesday', 'Thursday', 'Friday',
➡ 'Saturday', 'Sunday'])
plt.xlim(0, 400)

fig.autofmt_xdate()
plt.tight_layout()
```

在图 12.6 中，你会注意到开始和结束时的温度确实较低，并在每天的中间达到峰值。这表明每天的季节性，正如我们在图 12.4 中观测到的交通流量。

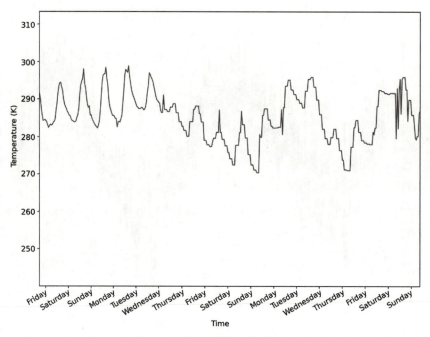

图 12.6　从 2016 年 9 月 29 日下午 5 点（美国中部标准时间）开始的每小时温度。虽然有噪
　　　　声，但我们可以看到，每天开始和结束时的温度确实较低，中午的温度最高，这表
　　　　明每天都有季节性

12.3.2　特征工程和数据拆分

数据探索完成后，我们将继续进行特征工程和数据拆分。在本节中，我们将研究每个特征，并创建新的特征，以帮助模型预测交通流量和每小时温度。最后，我们将拆分数据并将每个集合保存为 CSV 文件以供以后使用。

研究数据集特征的一个很好的方法是使用来自 pandas 的 describe 方法。该方法返回每个特征的记录数量，允许我们快速识别每个特征的缺失值、平均值、标准差、四分位数以及最大值和最小值。

```
df.describe().transpose()    ←──── 转置方法将每个特征放在自己的行上
```

从输出中，你会注意到 rain_1h 在整个数据集中大部分为 0，因为它的第三个四分位数仍然为 0。由于 rain_1h 的值中至少有 75% 为 0，因此它不太可能是交通流量的有力预测因子。因此，该特征将被删除。

查看 snow_1h，你会注意到这个变量在整个数据集中都是 0。这很容易观测到，因为它的最小值和最大值都是 0。因此，这不能预测交通流量随时间的变化。此特征也将从数据集中删除。

```
cols_to_drop = ['rain_1h', 'snow_1h']
df = df.drop(cols_to_drop, axis=1)
```

现在我们遇到了一个有趣的问题，即将编码时间作为深度学习模型的一个可用特征。现在，date_time 特征在模型中是不可用的，因为它是一个 datetime 字符串。因此，我们将把它转换为数值。

一种简单的方法是将日期表示为秒数。这是通过使用 datetime 库中的 timestamp 方法实现的。

```
timestamp_s =
➡ pd.to_datetime(df['date_time']).map(datetime.datetime.timestamp)
```

不幸的是，我们还没有完成，因为这只是用秒数来表示每个日期，如图 12.7 所示。这导致我们失去了时间的周期性，因为秒数只是随时间线性增加。

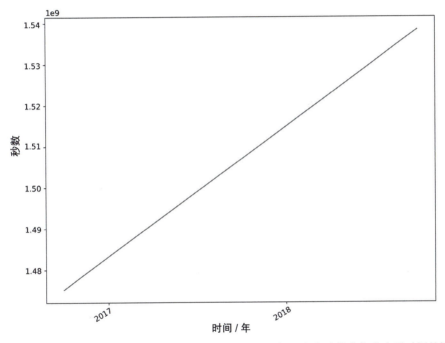

图 12.7 表示数据集中每个日期的秒数。秒数随时间线性增加，这意味着我们失去了时间的周期性

因此，我们必须应用一个变换来恢复时间的周期性行为。一个简单的方法就是应用正弦变换。我们知道正弦函数是循环的，边界在 −1 和 1 之间。这将帮助我们重新获得时间的部分周期性属性。

时间戳以秒为单位，因此我们必须计算
一天中的秒数，然后应用正弦变换

正弦变换的应用。
注意我们在正弦
函数中使用了弧度

```
day = 24 * 60 * 60
df['day_sin'] = (np.sin(timestamp_s * (2*np.pi/day))).values
```

通过一个正弦变换，我们可以重新获得一些转换为秒数时丢失的周期性属性。但是，在这一点上，中午 12 点相当于半夜 12 点，早上 5 点相当于下午 5 点。这不是我们想要的，因为我们想要区分上午和下午。因此，我们将应用一个余弦变换。我们知道 cos 和 sin 是异相的。这使得我们能够区分早上 5 点和下午 5 点，表达了一天中时间的周期性。此时，我们可以从 DataFrame 中删除 date_time 列。

```
df['day_cos'] = (np.cos(timestamp_s * (2*np.pi/day))).values     ◀──
df = df.drop(['date_time'], axis=1)
```
    删除 date_time 列　　　　　　　　　　　　　　　　　　　将时间戳（以秒为单位）
　　　　　　　　　　　　　　　　　　　　　　　　　　　　　　应用余弦变换

通过绘制 day_sin 和 day_cos 的示例，我们可以很快地说服自己这些转换是有效的。结果如图 12.8 所示。

```
df.sample(50).plot.scatter('day_sin','day_cos').set_aspect('equal');
```

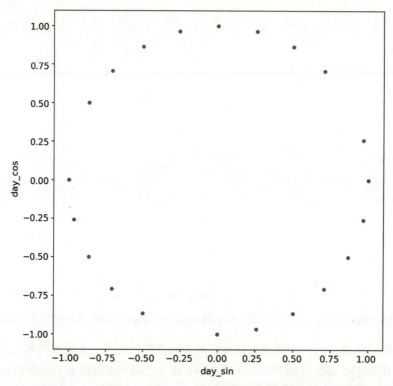

图 12.8　day_sin 和 day_cos 编码示例图。我们成功地将时间编码为数值，同时保持了每天的循环

在图 12.8 中，你会注意到这些点形成了一个圆，就像时钟一样。因此，我们已经成功地将每个时间戳表示为时钟上的一个点，这意味着我们现在的数值保留了一天中时间的周期性，这可以用于深度学习模型。这将是有用的，因为我们观测了温度和交通流量的每天的季节性。

完成特征工程后，我们现在可以拆分数据训练集、验证集和测试集。训练集是用于拟合模型的数据样本。验证集有点像测试集，在模型训练期间，模型可以通过查看以调整其超参数并提高性能。测试集与模型的训练过程完全分离，用于对模型的性能进行无偏评估。

在这里，我们将对训练集、验证集和测试集使用简单的 70:20:10 分割。虽然 10% 的数据对于测试集来说似乎只是很小的一部分，但是请记住，我们有超过 17 000 条记录，这意味着我们将在超过 1000 个数据点上评估模型，这已经足够了。

```
n = len(df)

# Split 70:20:10 (train:validation:test)
train_df = df[0:int(n*0.7)]
val_df = df[int(n*0.7):int(n*0.9)]
test_df = df[int(n*0.9):]
```

前面 70% 用于
训练集

接下来 20%
用于验证集

剩余 10% 用于
测试集

在保存数据之前，我们必须对其进行缩放，使所有值都在 0 和 1 之间。这减少了训练深度学习模型所需的时间，并提高了性能。我们将使用 sklearn 的 MinMaxScaler 来缩放数据。

注意，我们将在训练集上拟合 scaler，以避免数据泄漏。通过这种方式，我们模拟了这样一个事实：我们只有在使用模型时才有可用的训练数据，而模型不知道未来的信息。该模型的评价仍然是无偏的。

```
from sklearn.preprocessing import MinMaxScaler

scaler = MinMaxScaler()
scaler.fit(train_df)
```

仅在训练集上
进行拟合

```
train_df[train_df.columns] = scaler.transform(train_df[train_df.columns])
val_df[val_df.columns] = scaler.transform(val_df[val_df.columns])
test_df[test_df.columns] = scaler.transform(test_df[test_df.columns])
```

值得一提的是为什么数据是扩展而不是标准化的。对于数据科学家来说，缩放和标准化可能是令人困惑的术语，因为它们经常互换使用。简而言之，扩展数据只影响其规模，而不影响其分布。因此，它只是将值强制设置在某个范围内。在本例中，我们强制将值设置在 0 和 1 之间。

另外，将数据标准化会影响数据的分布和规模。因此，标准化数据将迫使数据具有正态分布或高斯分布。原来的范围也会改变，绘制每个值的频率将生成一个经典的钟形曲线。

只有当我们使用的模型要求数据正常时，数据的标准化才有用。例如，线性判别分析（LDA）是从正态分布的假设中推导出来的，因此在使用 LDA 之前最好对数据进行标准化。然而，在深度学习的情况下，不需要做任何假设，因此不需要标准化。

最后，我们将每个集合保存为 CSV 文件，以便在后面的章节中使用。

```
train_df.to_csv('../data/train.csv')
val_df.to_csv('../data/val.csv')
test_df.to_csv('../data/test.csv')
```

12.4 下一步

在本章中,我们研究了深度学习在预测中的应用,并介绍了三种主要形式的深度学习模型,然后,我们探索了将要使用的数据,并进行了特征工程,以便在第 13 章中使用这些数据。在第 13 章中,我们将应用深度学习模型来预测交通流量。

在第 13 章中,我们将从实现基线模型开始,这些模型将作为更复杂的深度学习架构的基准。我们还将实现线性模型,这是可以构建的最简单的模型,其次是深度神经网络,它至少有一个隐藏层。基线、线性模型和深度神经网络将实现为单步模型、多步模型和多输出模型。在第 13 章你应该感到兴奋,因为我们将开始使用深度学习建模和预测。

12.5 练习

作为练习,我们将准备一些数据用于第 12 章~第 18 章的深度学习练习。该数据将用于开发一个深度学习模型,以预测北京奥体中心站的空气质量。

具体来说,对于单变量建模,我们最终将预测二氧化氮(NO_2)的浓度。对于多元问题,我们将预测二氧化氮的浓度和温度。

注 预测空气污染物的浓度是一个重要的问题,因为它们会对人们的健康产生负面影响,如咳嗽、气喘、炎症和肺功能减弱。温度也扮演着重要的角色,因为热空气倾向于上升,产生对流效应,将污染物从地面移动到更高的海拔。有了准确的模型,我们可以更好地管理空气污染,并更好地告知人们采取正确的预防措施。

原始数据集可在 UCI 机器学习仓库中获得:https://archive.ics.uci.edu/ml/datasets/Beijing+Multi-Site+Air-Quality+Data。数据集已经被预处理和清理,以处理丢失的数据,并使其易于使用(预处理步骤可在 GitHub 上获得)。你可以在 GitHub 上的一个 CSV 文件中找到该数据:https://github.com/marcopeix/TimeSeriesForecastingInPython/tree/master/CH12。

这个练习的目的是为深度学习准备数据。遵循以下步骤:

1. 读取数据。
2. 绘制目标。
3. 删除不必要的列。
4. 确定是否有每天的季节性,并相应地编码时间。
5. 将数据分成训练集、验证集和测试集。
6. 使用 `MinMaxScaler` 缩放数据。
7. 保存训练集、验证集和测试集以备以后使用。

小结

❑ 在以下情况使用深度学习进行预测:
  • 数据集很大(超过 10 000 个数据点)。

- SARIMAX 模型的倾斜度拟合时间较长。
- 统计模型的残差仍具有一定的相关性。
- 季节性周期不止一个。

☐ 有三种类型的预测模型：
- 单步模型：预测一个变量未来一步的值。
- 多步模型：预测一个变量未来多步的值。
- 多输出模型：预测多个变量未来一步或多步的值。

数据窗口和创建深度学习基线

在第 12 章中，我介绍了用于预测的深度学习，概括了深度学习最理想的情况，并阐述了三种主要形式的深度学习模型：单步模型、多步模型和多输出模型。然后，我们继续进行数据探索和特征工程，以删除无用的特征，并创建将帮助我们预测交通流量的新特征。设置完成后，我们现在准备实现深度学习来预测目标变量，即交通流量。

在本章中，我们将构建一个可重用的类，它将创建数据窗口。这一步可能是本书关于深度学习的这一部分中最复杂也是最有用的主题。将深度学习应用于预测依赖于创建适当的时间窗口以及指定输入和标签。一旦完成了这些，你就会看到实现不同的模型变得非常容易，而且这个框架可以针对不同的情况和数据集重用。

一旦你知道了如何创建数据窗口，我们就可以继续实现基线模型、线性模型和深度神经网络。这将让我们度量这些模型的性能，然后我们可以在接下来的章节中继续讨论更复杂的架构。

13.1 创建数据窗口

我们将从创建 DataWindow 类开始，它将允许我们对数据进行适当的格式化，以提供给深度学习模型。我们还将向这个类添加一个绘图方法，以便能够可视化预测和实际值。

然而，在深入研究代码并构建 DataWindow 类之前，理解我们为什么必须为深度学习执行数据窗口是很重要的，深度学习模型有一种特殊的数据拟合方式，我们将在 13.1.1 节中探讨。然后我们将继续实现 DataWindow 类。

13.1.1　探索如何训练深度学习模型用于时间序列预测

在本书的前半部分，我们在训练集上拟合统计模型（如 SARIMAX）并进行预测。实际上，我们正在拟合一组预先定义的函数 $(p,d,q)(P,D,Q)_m$，并找出哪个阶数有最佳拟合。

对于深度学习模型，我们没有一组函数可以尝试。相反，我们让神经网络推导出它自己的函数，这样当它接收输入时，它就能产生最好的预测。为了实现这一点，我们执行所谓的数据窗口。在这个过程中，我们在时间序列上定义一系列数据点，并定义哪些是输入，哪些是标签。这样，深度学习模型就可以拟合输入，生成预测，将其与标签进行比较，并重复这个过程，直到无法提高预测的准确率。

让我们看一个数据窗口的例子。数据窗口将使用 24h 的数据来预测接下来的 24h。你可能想知道为什么我们只用 24h 的数据来做出预测。毕竟，深度学习是数据饥渴型的，用于大型数据集。关键在于数据窗口。单个窗口有 24 个时间步长作为输入，以生成 24 个时间步长的输出。然而，整个训练集被分成多个窗口，这意味着我们有许多带有输入和标签的窗口，如图 13.1 所示。

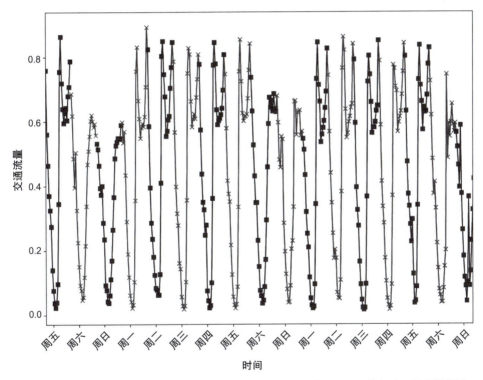

图 13.1　可视化训练集中的数据窗口。输入用正方形表示，标签用叉形表示。每个数据窗口由 24 个时间步长（正方形）和 24 个标签（叉形）组成

在图 13.1 中，你可以看到交通流量训练集的前 400 个时间步长。每个数据窗口由 24 个输入时间步长和 24 个标签时间步长组成（如图 13.2 所示），总长度为 48 个时间步长。我们

可以用训练集生成许多数据窗口，所以我们实际上利用了大量的数据。

图 13.2 数据窗口示例。我们的数据窗口有 24 个时间步长作为输入，24 个时间步长作为输出。
然后，该模型将使用 24h 的输入生成 24h 的预测。数据窗口的总长度是输入和标签
的长度总和。在本例中，总长度为 48 个时间步长

如图 13.2 所示，数据窗口的总长度是每个序列的长度总和。在本例中，由于我们有 24
个时间步长作为输入和 24 个标签，因此数据窗口的总长度为 48 个时间步长。

你可能会认为我们浪费了很多训练数据，因为在图 13.2 中，时间步长 24 到 47 是标签。
这些永远不会用作输入吗？它们会用作输入。我们将在 13.1.2 节中实现的 DataWindow 类
生成从 $t = 0$ 开始的输入数据窗口。接着它将创建另一组数据窗口，但这一次从 $t = 1$ 开始，
然后从 $t = 2$ 开始。这种情况一直持续下去，直到它不能在训练集中拥有 24 个连续标签的序
列，如图 13.3 所示。

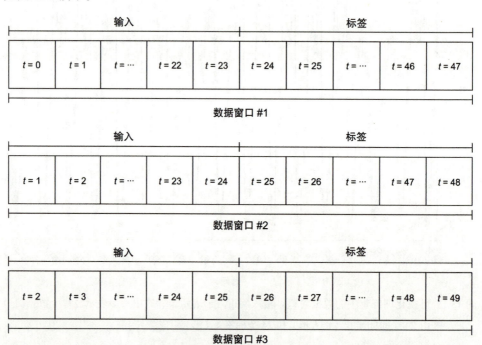

图 13.3 可视化 DataWindow 类生成的不同数据窗口。你可以看到，通过重复移动一个时间
步长的起点，我们使用尽可能多的训练数据来拟合我们的深度学习模型

为了提高计算效率，深度学习模型采用批量训练。批次只是一个数据窗口的集合，这些窗口被提供给模型进行训练，如图 13.4 所示。

图 13.4 显示了一个批次大小为 32 的批量训练示例。这意味着 32 个数据窗口被分组在一起，用于训练模型。当然，这只是一个批次——DataWindow 类使用给定的训练集生成尽可能多的批次。在我们的例子中，我们有一个 12 285 行的训练集。如果每个批次有 32 个数据窗口，这意味着我们将有 12 285/32 = 384 个批次。

对所有 384 批次进行一次训练称为一轮。一轮往往不能产生一个精确的模型，因此模型将尽可能进行多轮训练，直到它不能提高其预测的准确性。

用于深度学习的数据窗口的最后一个重要概念是打乱数据。在本书的第 1 章，我就提到时间序列数据是不能被打乱的。时间序列数据有一个顺序，而且必须保持这个顺序，那么我们为什么要在这里打乱数据呢？

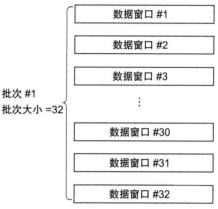

图 13.4 批次只是用于训练深度学习模型的数据窗口的集合

在这个上下文中，打乱发生在批次级别，而不是在数据窗口内部——时间序列本身的顺序在每个数据窗口中维护。每个数据窗口都独立于所有其他数据窗口。因此，在批次中，我们可以打乱数据窗口，但仍然保持时间序列的顺序，如图 13.5 所示。打乱数据不是必需的，但我们建议这样做，因为它倾向于创建更健壮的模型。

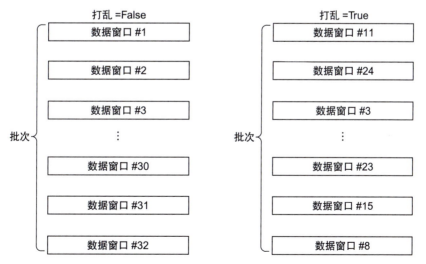

图 13.5 在批次中打乱数据窗口。每个数据窗口都独立于所有其他数据窗口，因此在批次中打乱数据窗口是安全的。注意，时间序列的顺序是在每个数据窗口中维护的

既然你已理解了数据窗口的内部工作原理以及如何使用它来训练深度学习模型，下面就让我们实现 DataWindow 类。

13.1.2 实现数据窗口类

现在我们已经准备好实现 DataWindow 类了。该类具有灵活的优点，这意味着你可以在各种各样的场景中使用它来应用深度学习。完整的代码可以在 GitHub 上获取：https://github.com/marcopeix/TimeSeriesForecastingInPython/tree/master/CH13%26CH14。

该类基于输入的宽度、标签的宽度和位移。输入的宽度就是输入到模型中进行预测的时间步长数。例如，假设数据集中有每小时的数据，如果我们向模型提供 24h 的数据来进行预测，那么输入宽度为 24。如果我们只输入 12h 的数据，则输入宽度为 12。

标签宽度相当于预测中的时间步长数。如果我们仅预测一个时间步长，则标签宽度为 1。如果我们预测一整天的数据（使用每小时的数据），则标签宽度为 24。

最后，位移是分离输入和预测的时间步长数。如果我们预测下一个时间步长，则位移为 1。如果我们预测接下来的 24h（使用每小时的数据），则位移为 24。

让我们可视化一些数据窗口，以便更好地理解这些参数。图 13.6 显示了一个数据窗口，其中模型预测了给定单个数据点的下一个数据点。

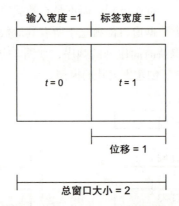

图 13.6 给定单个数据点，模型预测未来一个时间步长的数据窗口。输入宽度为 1，因为模型仅将 1 个数据点作为输入。标签宽度也仅为 1，因为模型仅输出 1 个时间步长的预测。由于模型预测下一个时间步长，因此位移也是 1。最后，总窗口大小是位移和输入宽度之和，等于 2

现在让我们考虑这样一种情况：我们向模型输入 24h 的数据，以便预测接下来的 24h。这种情况下的数据窗口如图 13.7 所示。现在你已经理解了输入宽度、标签宽度和位移的概念，我们可以创建 DataWindow 类，并在清单 13.1 中定义它的初始化函数。该功能还将包含训练集、验证集和测试集，因为数据窗口将来自数据集。最后，我们将允许指定目标列。

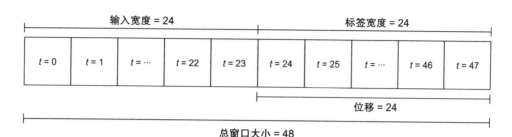

图 13.7 数据窗口，模型使用过去 24h 的数据预测未来 24h 的情况。输入宽度为 24，标签宽度也为 24。由于输入和预测之间有 24 个时间步长，所以位移也是 24。这给出了 48 个时间步长的总窗口大小

清单 13.1 定义 DataWindow 的初始化函数

```
创建一个字典，包含标签列的名称和索引，
这将用于绘图

class DataWindow():
    def __init__(self, input_width, label_width, shift,
                 train_df=train_df, val_df=val_df, test_df=test_df,
                 label_columns=None):

        self.train_df = train_df
        self.val_df = val_df
        self.test_df = test_df

        self.label_columns = label_columns            ◀── 我们希望预测的列名
        if label_columns is not None:
            self.label_columns_indices = {name: i for i, name in
    ➥  enumerate(label_columns)}
        self.column_indices = {name: i for i, name in
    ➥  enumerate(train_df.columns)}    ◀──  创建一个字典，包含每一列
                                              的名称和索引，这将用于将
                                              特征与目标变量分开
        self.input_width = input_width
        self.label_width = label_width
        self.shift = shift

        self.total_window_size = input_width + shift          切片函数返回一个切片
                                                              对象，指定如何切片
        self.input_slice = slice(0, input_width)    ◀──      一个序列。在这种情
        self.input_indices =                                 况下，它表示输入切片
    ➥  np.arange(self.total_window_size)[self.input_slice]   从 0 开始，当我们到达
                                                             input_width 时结束
        self.label_start = self.total_window_size - self.label_width
        self.labels_slice = slice(self.label_start, None)
        self.label_indices =
    ➥  np.arange(self.total_window_size)[self.labels_slice]

    获取标签开始处的索引。在本例中，          应用于标签的步长与应用
    它是总窗口大小减去标签宽度             于输入的步长相同
```

为输入分配索引。这些对于绘图很有用

在清单 13.1 中，你可以看到初始化函数基本上分配变量并管理输入和标签的索引。下一步我们将窗口划分为输入和标签，这样模型就可以根据输入做出预测，并根据标签测量误差指标。以下 split_to_ inputs_labels 函数是在 DataWindow 类中定义的。

使用在 __init__ 中定义的 labels_slice
切片窗口以获取标签

使用在 __init__ 中定义的 input_slice 切片窗口以获取输入

```
def split_to_inputs_labels(self, features):
    inputs = features[:, self.input_slice, :]
    labels = features[:, self.labels_slice, :]
    if self.label_columns is not None:
        labels = tf.stack(
            [labels[:,:,self.column_indices[name]] for name in
    self.label_columns],
            axis=-1
        )
    inputs.set_shape([None, self.input_width, None])
    labels.set_shape([None, self.label_width, None])

    return inputs, labels
```

如果我们有多个目标，则我们可以将标签堆叠起来

形状将是 [batch, time, features]。此时，我们只需指定时间维度，并允许在以后定义批次和特征维度

split_to_inputs_labels 函数将大数据窗口分为两个窗口，一个用于输入，另一个用于标签，如图 13.8 所示。

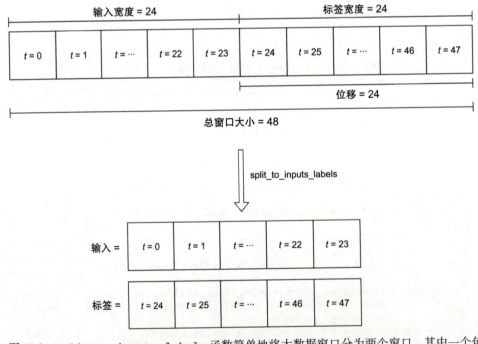

图 13.8 split_to_inputs_labels 函数简单地将大数据窗口分为两个窗口，其中一个包含输入，另一个包含标签

接下来，我们将定义一个函数来绘制输入数据、预测值和实际值（清单 13.2）。由于我们将使用多个时间窗口，因此我们将只显示三个时间窗口的图，但此参数可以轻松更改。此

外，默认标签将是交通流量，但我们可以通过指定我们选择的任何列来更改它。同样，此函数应包含在 DataWindow 类中。

清单 13.2　绘制数据窗口示例的方法

```python
def plot(self, model=None, plot_col='traffic_volume', max_subplots=3):
    inputs, labels = self.sample_batch

    plt.figure(figsize=(12, 8))
    plot_col_index = self.column_indices[plot_col]
    max_n = min(max_subplots, len(inputs))

    for n in range(max_n):
        plt.subplot(3, 1, n+1)
        plt.ylabel(f'{plot_col} [scaled]')
        plt.plot(self.input_indices, inputs[n, :, plot_col_index],
                 label='Inputs', marker='.', zorder=-10)      ◄── 绘制输入。
                                                                    它们将显示为
                                                                    连续的带点蓝线

        if self.label_columns:
            label_col_index = self.label_columns_indices.get(plot_col,
  None)
        else:
            label_col_index = plot_col_index

        if label_col_index is None:
            continue

        plt.scatter(self.label_indices, labels[n, :, label_col_index],
                    edgecolors='k', marker='s', label='Labels',
  c='green', s=64)                                    ◄── 绘制标签或实际值。
        if model is not None:                                它们将显示为绿色正方形
            predictions = model(inputs)
            plt.scatter(self.label_indices, predictions[n, :,
  label_col_index],
                        marker='X', edgecolors='k', label='Predictions',
                        c='red', s=64)        ◄── 绘制预测图。
                                                   它们会显示为红色的叉形
        if n == 0:
            plt.legend()

    plt.xlabel('Time (h)')
```

我们几乎完成了 DataWindow 类的构建。最后一个主要的逻辑将把数据集格式化为张量，这样它们就可以输入到深度学习模型中。TensorFlow 附带了一个非常方便的函数 `timeseries_dataset_from_array`，它在给定数组的情况下创建一个滑动窗口的数据集。

传入数据。这对应于我们的训练集、　　　　　　　　　目标设置为 None，因为它们由
验证集或测试集　　　　　　　　　　　　　　　　　split_to_input_labels
　　　　　　　　　　　　　　　　　　　　　　　　　　　函数处理

```python
    def make_dataset(self, data):
        data = np.array(data, dtype=np.float32)
        ds = tf.keras.preprocessing.timeseries_dataset_from_array(
            data=data,
            targets=None,
```

```
                   sequence_length=self.total_window_size,
                   sequence_stride=1,
                   shuffle=True,
                   batch_size=32
                 )

               ds = ds.map(self.split_to_inputs_labels)
               return ds
```

定义数组的总长度，
等于总窗口长度

定义每个序列之间的时间步长。在
这种情况下，我们希望序列是连续
的，因此 sequence_stride=1

定义单个批次中的序列数

打乱序列。请记住，数据仍然是按时间顺序
排列的。我们只是打乱了序列的顺序，这使
模型更加健壮

　　记住，我们是在批次中打乱序列。这意味着在每个序列中，数据是按时间顺序排列的。然而，在一批 32 个序列中，我们可以也应该打乱它们，使模型更健壮，更不容易过拟合。

　　我们将通过定义一些属性来结束 DataWindow 类，在训练集、验证集和测试集上应用 make_dataset 函数。我们还将创建一个批次示例，我们将在类中缓存以用于绘图目的。

```
@property
def train(self):
    return self.make_dataset(self.train_df)

@property
def val(self):
    return self.make_dataset(self.val_df)

@property
def test(self):
    return self.make_dataset(self.test_df)

@property
def sample_batch(self):
    result = getattr(self, '_sample_batch', None)
    if result is None:
        result = next(iter(self.train))
        self._sample_batch = result
    return result
```

获取一批用于绘图的数据样本批次。
如果样本批次不存在，我们将检索
样本批次并缓存它

　　我们现在完成了 DataWindow 类。包含所有方法和属性的完整类如清单 13.3 所示。

清单 13.3　完整的 DataWindow 类

```
class DataWindow():
    def __init__(self, input_width, label_width, shift,
                 train_df=train_df, val_df=val_df, test_df=test_df,
                 label_columns=None):

        self.train_df = train_df
        self.val_df = val_df
        self.test_df = test_df

        self.label_columns = label_columns
```

```
        if label_columns is not None:
            self.label_columns_indices = {name: i for i, name in
    enumerate(label_columns)}
        self.column_indices = {name: i for i, name in
    enumerate(train_df.columns)}

        self.input_width = input_width
        self.label_width = label_width
        self.shift = shift

        self.total_window_size = input_width + shift

        self.input_slice = slice(0, input_width)
        self.input_indices =
    np.arange(self.total_window_size)[self.input_slice]

        self.label_start = self.total_window_size - self.label_width
        self.labels_slice = slice(self.label_start, None)
        self.label_indices =
    np.arange(self.total_window_size)[self.labels_slice]

    def split_to_inputs_labels(self, features):
        inputs = features[:, self.input_slice, :]
        labels = features[:, self.labels_slice, :]
        if self.label_columns is not None:
            labels = tf.stack(
                [labels[:,:,self.column_indices[name]] for name in
    self.label_columns],
                axis=-1
            )
        inputs.set_shape([None, self.input_width, None])
        labels.set_shape([None, self.label_width, None])

        return inputs, labels

    def plot(self, model=None, plot_col='traffic_volume', max_subplots=3):
        inputs, labels = self.sample_batch
        plt.figure(figsize=(12, 8))
        plot_col_index = self.column_indices[plot_col]
        max_n = min(max_subplots, len(inputs))

        for n in range(max_n):
            plt.subplot(3, 1, n+1)
            plt.ylabel(f'{plot_col} [scaled]')
            plt.plot(self.input_indices, inputs[n, :, plot_col_index],
                    label='Inputs', marker='.', zorder=-10)

            if self.label_columns:
                label_col_index = self.label_columns_indices.get(plot_col,
    None)
            else:
                label_col_index = plot_col_index

            if label_col_index is None:
```

```
                    continue

            plt.scatter(self.label_indices, labels[n, :, label_col_index],
                        edgecolors='k', marker='s', label='Labels',
➟  c='green', s=64)
            if model is not None:
              predictions = model(inputs)
              plt.scatter(self.label_indices, predictions[n, :,
➟  label_col_index],
                          marker='X', edgecolors='k', label='Predictions',
                          c='red', s=64)

            if n == 0:
              plt.legend()

        plt.xlabel('Time (h)')

    def make_dataset(self, data):
        data = np.array(data, dtype=np.float32)
        ds = tf.keras.preprocessing.timeseries_dataset_from_array(
            data=data,
            targets=None,
            sequence_length=self.total_window_size,
            sequence_stride=1,
            shuffle=True,
            batch_size=32
        )

        ds = ds.map(self.split_to_inputs_labels)
        return ds

    @property
    def train(self):
        return self.make_dataset(self.train_df)

    @property
    def val(self):
        return self.make_dataset(self.val_df)
    @property
    def test(self):
        return self.make_dataset(self.test_df)

    @property
    def sample_batch(self):
        result = getattr(self, '_sample_batch', None)
        if result is None:
            result = next(iter(self.train))
            self._sample_batch = result
        return result
```

目前，DataWindow 类看起来可能有点抽象，但我们很快将使用它来应用基线模型。我们将在本书深度学习部分的所有章节中使用这个类，因此你将逐渐驯服这些代码，并体会测试不同的深度学习架构是多么容易。

13.2 应用基线模型

完成 DataWindow 类之后，我们就准备使用它了。我们将应用基线模型作为单步、多步和多输出模型。当我们有正确的数据窗口时，你将看到它们的实现是相似的，而且非常简单。

回想一下，基线被用作评估更复杂模型的基准。如果一个模型优于另一个模型，那么它就是高性能的，因此构建基线是建模中的一个重要步骤。

13.2.1 单步基线模型

我们将首先实现一个单步模型作为基线。在单步模型中，输入是一个时间步长，输出是对下一个时间步长的预测。

第一步是生成一个数据窗口。由于我们定义的是单步模型，因此输入宽度为 1，标签宽度为 1，位移也为 1，因为模型预测了下一个时间步长。目标变量是交通流量。

```
single_step_window = DataWindow(input_width=1, label_width=1, shift=1,
    label_columns=['traffic_volume'])
```

考虑到绘图，我们还将定义一个更宽的窗口，以便我们可视化模型的许多预测，否则，我们只能可视化一个输入数据点和一个输出的预测，这不是很有趣。

```
wide_window = DataWindow(input_width=24, label_width=24, shift=1,
    label_columns=['traffic_volume'])
```

在这种情况下，我们能做出的最简单的预测是最后观测到的值。基本上，预测只是输入数据点。这是由 Baseline 类实现的。正如你将在清单 13.4 中所看到的，Baseline 类也可以用于多输出模型。现在，我们只关注单步模型。

清单 13.4 类返回输入数据作为预测

```
class Baseline(Model):
    def __init__(self, label_index=None):
        super().__init__()
        self.label_index = label_index

    def call(self, inputs):
        if self.label_index is None:          ◁── 如果没有指定目标，则我们返回所有列。
            return inputs                         这对于需要预测所有列的多输出模型很有用

        elif isinstance(self.label_index, list):  ◁── 如果我们指定了一个目标列表，
            tensors = []                             它将只返回指定的列。这同样
            for index in self.label_index:           适用于多输出模型
                result = inputs[:, :, index]
                result = result[:, :, tf.newaxis]
                tensors.append(result)
        return tf.concat(tensors, axis=-1)

        result = inputs[:, :, self.label_index]   ◁── 返回给定目标变量的输入
        return result[:,:,tf.newaxis]
```

定义了类之后，我们现在可以初始化模型并编译它以生成预测。为此，我们将找到目标列 traffic_volume 的索引，并将其传递给 Baseline。注意，TensorFlow 要求我们提供一个损失函数和一个评估指标。在这种情况下，以及在整个深度学习章节中，我们将使用均方误差作为损失函数——它惩罚了较大的误差，而且它通常产生良好拟合的模型。对于评估指标，为了便于解释，我们将使用平均绝对值误差。

生成一个训练集中每列
名称和索引的字典

```
column_indices = {name: i for i, name in enumerate(train_df.columns)}

baseline_last = Baseline(label_index=column_indices['traffic_volume'])

baseline_last.compile(loss=MeanSquaredError(),
➥ metrics=[MeanAbsoluteError()])
```

给 Baseline 类
传递目标列的索引

编译模型以生成预测结果

现在，我们将在验证集和测试集上评估基线的性能。用 TensorFlow 构建的模型很方便地附带了 evaluate 方法，这允许我们将预测值与实际值进行比较，并计算误差指标。

创建一个字典来保存模型
在验证集上的 MAE

创建一个字典来保存模型
在测试集上的 MAE

```
val_performance = {}
performance = {}

val_performance['Baseline - Last'] =
➥ baseline_last.evaluate(single_step_window.val)

performance['Baseline - Last'] =
➥ baseline_last.evaluate(single_step_window.test, verbose=0)
```

将基线模型在验证集
上的 MAE 存储起来

将基线模型在训练集上的
MAE 存储起来

太棒了，我们已经成功地构建了一个预测最后已知值的基线并对其进行评估。我们可以使用 DataWindow 类的 plot 方法将预测可视化。记住要使用 wide_window 查看两个以上的数据点。

```
wide_window.plot(baseline_last)
```

在图 13.9 中，标签为正方形，预测为叉形。每个时间步长上的叉形只是最后的已知值，这意味着我们有一个按预期运行的基线。你的绘图可能与图 13.9 不同，因为每次初始化数据窗口时，缓存的样例批次都会发生变化。

我们可以选择在测试集中输出基线的 MAE。

```
print(performance['Baseline - Last'][1])
```

返回的 MAE 为 0.081。更复杂的模型应该比基线表现得更好，从而得到更小的 MAE。

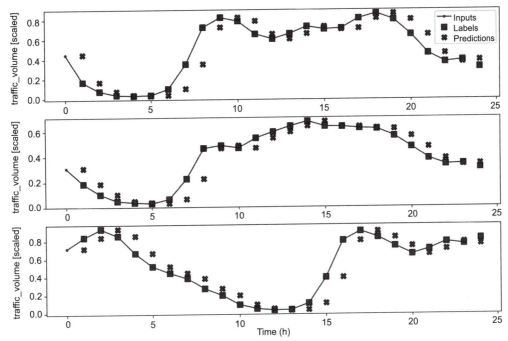

图 13.9 我们的基线单步模型对样本批次中的三个序列的预测。每个时间步长上的预测是最
后一个已知值，这意味着我们的基线按照预期工作

13.2.2 多步基线模型

在 13.2.1 节中，我们构建了一个单步基线模型，该模型仅预测了最后一个已知值。对于多步模型，我们将预测未来不止一个时间步长。在本例中，我们将根据 24h 的输入预测未来 24h 交通流量的数据。

同样，第一步是生成适当的数据窗口。因为我们希望用 24h 的输入来预测未来的 24 个时间步长，所以输入宽度是 24，标签宽度是 24，位移也是 24。

```
multi_window = DataWindow(input_width=24, label_width=24, shift=24,
➡ label_columns=['traffic_volume'])
```

生成了数据窗口后，我们现在可以专注于实现基线模型。在这种情况下，有两个合理的基线：

❑ 预测接下来的 24 个时间步长的最后已知值。
❑ 预测接下来的 24 个时间步长的最后 24 个时间步长。

记住这一点，让我们实现第一个基线，我们将在接下来的 24 个时间步长中简单地重复最后一个已知值。

预测最后一个已知值

为了预测最后一个已知值，我们将定义一个 `MultiStepLastBaseline` 类，它只接收输入并在 24 个时间步长内重复输入序列的最后一个值。这充当模型的预测。

```
class MultiStepLastBaseline(Model):
    def __init__(self, label_index=None):
        super().__init__()
        self.label_index = label_index

    def call(self, inputs):
        if self.label_index is None:
            return tf.tile(inputs[:, -1:, :], [1, 24, 1])
        return tf.tile(inputs[:, -1:, self.label_index:], [1, 24, 1])
```

返回目标列在接下来的 24 个时间步长
中的最后一个已知值

如果没有指定目标，则返回
接下来的 24 个时间步长中
所有列的最后一个已知值

接下来，我们将初始化类并指定目标列。然后，我们将重复与 13.2.1 节相同的步骤，编译模型并在验证集和测试集上对其进行评估。

```
ms_baseline_last =
➥ MultiStepLastBaseline(label_index=column_indices['traffic_volume'])

ms_baseline_last.compile(loss=MeanSquaredError(),
➥ metrics=[MeanAbsoluteError()])

ms_val_performance = {}
ms_performance = {}

ms_val_performance['Baseline - Last'] =
➥ ms_baseline_last.evaluate(multi_window.val)
ms_performance['Baseline - Last'] =
➥ ms_baseline_last.evaluate(multi_window.test, verbose=0)
```

我们现在可以使用 DataWindow 的 plot 方法将预测可视化。结果如图 13.10 所示。

```
multi_window.plot(ms_baseline_last)
```

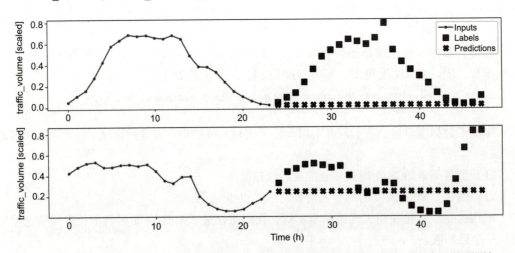

图 13.10　预测未来 24 个时间步长的最后一个已知值。我们可以看到，以叉形表示的预测与
　　　　输入序列的最后一个值相对应，因此我们的基线行为与预期一致

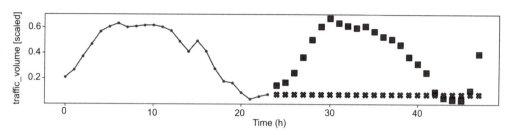

图 13.10 预测未来 24 个时间步长的最后一个已知值。我们可以看到，以叉形表示的预测与
输入序列的最后一个值相对应，因此我们的基线行为与预期一致 （续）

同样，我们也可以选择输出基线的 MAE。从图 13.10 中，我们可以预期它会相当高，因
为在标签和预测之间有很大的差异。

```
print(ms_performance['Baseline - Last'][1])
```

由此得出的 MAE 为 0.347。现在让我们看看是否可以通过简单地重复输入序列来构建更好
的基线。

重复输入序列

让我们为多步模型实现第二个基线，它只返回输入序列。这意味着对未来 24h 的预测将
仅仅是 24h 的最后已知数据。这是通过 RepeatBaseline 类实现的。

```
class RepeatBaseline(Model):
    def __init__(self, label_index=None):
        super().__init__()
        self.label_index = label_index

    def call(self, inputs):
        return inputs[:, :, self.label_index:]
```

返回给定目标列的
输入序列

现在我们可以初始化基线模型并生成预测。注意，损失函数和评估指标保持不变。

```
ms_baseline_repeat =
➥ RepeatBaseline(label_index=column_indices['traffic_volume'])

ms_baseline_repeat.compile(loss=MeanSquaredError(),
➥ metrics=[MeanAbsoluteError()])

ms_val_performance['Baseline - Repeat'] =
➥ ms_baseline_repeat.evaluate(multi_window.val)
ms_performance['Baseline - Repeat'] =
➥ ms_baseline_repeat.evaluate(multi_window.test, verbose=0)
```

接下来我们可以将预测可视化，结果如图 13.11 所示。

这个基线表现得很好。这在意料之中，因为我们在第 12 章中已经确定了每天的季节性，
这个基线相当于预测最后一个已知季节。

同样，我们可以在测试集中输出 MAE，以验证我们确实有一个比简单预测最后已知值
更好的基线。

```
print(ms_performance['Baseline - Repeat'][1])
```

由此得出的 MAE 为 0.341，低于通过预测最后一个已知值得到的 MAE。因此，我们成功地构建了一个更好的基线。

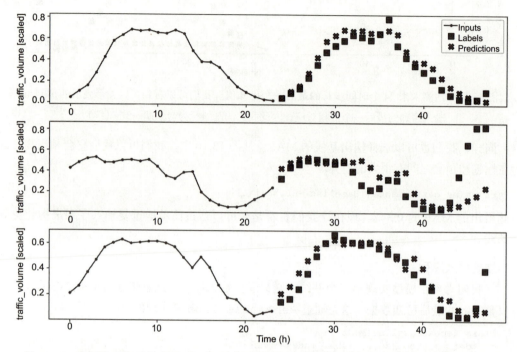

图 13.11　重复输入序列作为预测。你将看到预测（表示为叉形）与输入序列完全匹配。你还会注意到许多预测与标签重叠，这表明该基线执行得相当好

13.2.3　多输出基线模型

我们要介绍的最后一种模型是多输出模型。在这种情况下，我们希望使用单个输入数据点来预测下一个时间步长的交通流量和温度。本质上，我们将单步模型应用到交通流量和温度上，使其成为一个多输出模型。

同样，我们将从定义数据窗口开始，但这里我们将定义两个窗口：一个用于训练，另一个用于可视化。由于模型接收一个数据并输出一个预测，因此我们希望初始化一个大的数据窗口，以便在许多时间步长中可视化许多预测。

```
mo_single_step_window = DataWindow(input_width=1, label_width=1, shift=1,
    label_columns=['temp','traffic_volume'])
mo_wide_window = DataWindow(input_width=24, label_width=24, shift=1,
    label_columns=['temp','traffic_volume'])
```

注意，我们传入了 temp 和 traffic_volume，
因为这是多输出模型的两个目标

然后我们将使用为单步骤模型定义的 Baseline 类。回想一下，该类可以输出目标列表的最后一个已知值，如清单 13.5 所示。

清单 13.5 类返回输入数据作为预测

```
class Baseline(Model):
    def __init__(self, label_index=None):
        super().__init__()
        self.label_index = label_index

    def call(self, inputs):
        if self.label_index is None:
            return inputs

        elif isinstance(self.label_index, list):
            tensors = []
            for index in self.label_index:
                result = inputs[:, :, index]
                result = result[:, :, tf.newaxis]
                tensors.append(result)
            return tf.concat(tensors, axis=-1)

        result = inputs[:, :, self.label_index]
        return result[:,:,tf.newaxis]
```

如果没有指定目标，则返回所有列。
这对于需要预测所有列的多输出模型很有用

如果我们指定了一个目标列表，
则它将只返回这些指定的列。
这同样适用于多输出模型

返回给定目标
变量的输入

在多输出模型的情况下，我们必须简单地传递 temp 和 traffic_volume 列的索引，以输出各自变量的最后一个已知值作为预测。

```
print(column_indices['traffic_volume'])     输出 2
print(column_indices['temp'])               输出 0

mo_baseline_last = Baseline(label_index=[0, 2])
```

用两个目标变量初始化基线之后，我们现在可以编译模型并对其进行评估。

```
mo_val_performance = {}
mo_performance = {}

mo_val_performance['Baseline - Last'] =
    mo_baseline_last.evaluate(mo_wide_window.val)
mo_performance['Baseline - Last'] =
    mo_baseline_last.evaluate(mo_wide_window.test, verbose=0)
```

最后，我们可以将预测与实际值相比较。默认情况下，plot 方法将在 y 轴上显示交通流量，允许我们快速显示一个目标，如图 13.12 所示。

```
mo_wide_window.plot(mo_baseline_last)
```

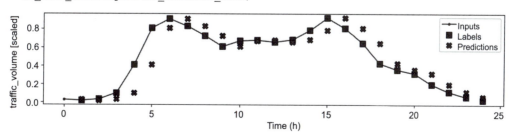

图 13.12 预测交通流量的最后已知值

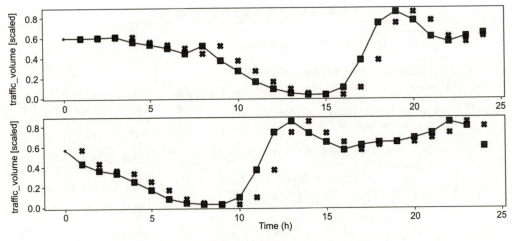

图 13.12　预测交通流量的最后已知值（续）

　　图 13.12 没有显示任何令人惊讶的东西，因为我们在构建单步基线模型时已经看到了这些结果。多输出模型的特殊性在于，我们也可以对温度进行预测。当然，我们也可以通过在 plot 方法中指定目标来可视化对温度的预测。结果如图 13.13 所示。

```
mo_wide_window.plot(model=mo_baseline_last, plot_col='temp')
```

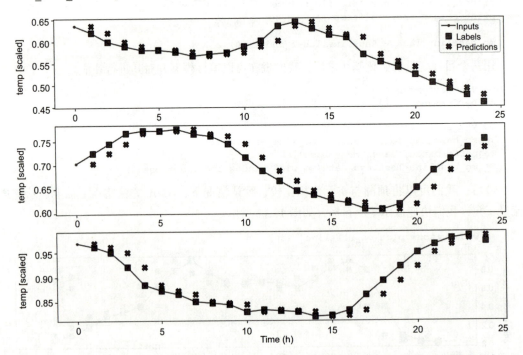

图 13.13　温度的最后一个已知值预测（叉形）等于之前的数据点，因此我们的基线模型的行为与预期一致

同样，我们可以输出基线模型的 MAE。

```
print(mo_performance['Baseline - Last'])
```

我们在测试集上得到的 MAE 为 0.047。在第 14 章中，我们将开始构建更复杂的模型，它们应该会导致更低的 MAE，因为它们将被训练来拟合数据。

13.3 下一步

在本章中，我们介绍了创建数据窗口的关键步骤，这将允许我们快速构建任何类型的模型。然后，我们继续为每种类型的模型构建基线模型，这样当我们在后面的章节中构建更复杂的模型时，我们就有了可以进行比较的基准。

当然，构建基线模型还不是深度学习的应用。在第 14 章中，我们将实现线性模型和深度神经网络，并看看这些模型是否已经比简单的基线性能更好。

13.4 练习

在第 12 章中，作为练习，我们为深度学习建模准备了空气污染数据集。现在我们将使用训练集、验证集和测试集来构建基线模型并对其进行评估。

对于每种类型的模型，请遵循概述的步骤。回想一下，单步和多步模型的目标是 NO_2 浓度，多输出模型的目标是 NO_2 浓度和温度。完整的解决方案可以在 GitHub 上获取：https://github.com/marcopeix/TimeSeriesForecastingInPython/tree/master/CH13%26CH14。

1. 对于单步模型：

   a. 构建一个预测最后一个已知值的基线模型。

   b. 把它绘制出来。

   c. 使用 MAE 评估其性能，并将其存储在字典中进行比较。

2. 对于多步模型：

   a. 构建一个基线，预测 24h 内的最后一个已知值。

   b. 构建一个重复过去 24h 的基线模型。

   c. 绘制两个模型的预测图。

   d. 使用 MAE 评估两个模型并存储它们的性能。

3. 对于多输出模型：

   a. 构建一个预测最后一个已知值的基线模型。

   b. 把它绘制出来。

   c. 使用 MAE 评估其性能，并将其存储在字典中进行比较。

小结

- ☐ 在深度学习中将数据格式化为模型的输入和标签时，数据窗口是必不可少的。
- ☐ DataWindow 类可以在任何情况下轻松使用，并且可以根据你的喜好进行扩展。在你自己的项目中使用它。
- ☐ 深度学习模型需要一个损失函数和一个评估指标。在我们的例子中，我们选择 MSE 作为损失函数，因为它惩罚较大的误差，并倾向于产生更好的拟合模型。评估指标为 MAE，因为它更易于理解。

第 14 章　Chapter 14

初步研究深度学习

在第 13 章中，我们实现了 DataWindow 类，它允许我们快速创建数据窗口，以构建单步模型、多步模型和多输出模型。有了这个关键的组件，然后我们开发了基线模型，这些模型将作为更复杂的模型的基准，我们将在本章中开始构建这些模型。

具体来说，我们将实现线性模型和深度神经网络。线性模型是神经网络的一种特殊情况，它不存在隐藏层。该模型简单地计算每个输入变量的权重，以便输出对目标的预测。相比之下，深度神经网络至少有一个隐藏层，允许我们开始建模特征和目标之间的非线性关系，通常会产生更好的预测。

在本章中，我们将继续从第 13 章开始的工作。我建议你继续使用第 13 章的 NoteBook 或 Python 脚本进行编码，这样你就可以将这些线性模型和深度神经网络的性能与第 13 章的基线模型进行比较。我们还将一如既往地使用相同的数据集，我们的目标变量将保持单步模型和多步模型的交通流量。对于多输出模型，我们将温度和交通流量作为我们的目标。

14.1　实现线性模型

线性模型是我们在深度学习中可以实现的最简单的架构。事实上，我们可能会认为这根本不是深度学习，因为模型没有隐藏层。每个输入特征都被简单地赋予一个权重，它们被组合起来输出对目标的预测，就像在传统线性回归中一样。

让我们以单步模型为例。回想一下，我们的数据集中有以下特征：温度、云量、交通流量以及 day_sin 和 day_cos，它们将一天中的时间编码为数值。线性模型只是获取所有的特征，计算每个特征的权重，并将它们相加以输出对下一个时间步长的预测。这个过程如图 14.1 所示。

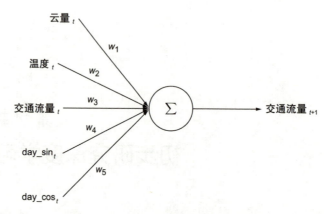

图 14.1 线性模型作为单步模型的一个例子。给 t 时刻的每个特征分配一个权重（w_1 到 w_5）。
然后将它们相加，以计算下一个时间步长 $t+1$ 的交通流量的输出。这类似于线性回归

图 14.1 中的模型可以用数学表示为式 14.1，其中 x_1 为云量，x_2 为温度，x_3 为交通流量，x_4 为 day_sin，x_5 为 day_cos。

$$交通流量_{t+1} = w_1 x_{1,t} + w_2 x_{2,t} + w_3 x_{3,t} + w_4 x_{4,t} + w_5 x_{5,t} \qquad (14.1)$$

我们可以很容易地将式 14.1 识别为一个简单的多元线性回归。在训练过程中，模型尝试 $w_1 \sim w_5$ 的多个值，以使下一个时间步长交通流量的预测值与实际值之间的 MSE 最小。

现在你已经理解了深度学习中线性模型的概念，下面让我们将其实现为单步模型、多步模型和多输出模型。

14.1.1 实现单步线性模型

单步线性模型是实现起来最简单的模型之一，正如图 14.1 和式 14.1 所示。我们只需获取所有的输入，给每个输入赋一个权重，求和，然后生成一个预测。记住，我们使用流量作为目标。

假设使用与第 13 章相同的 NoteBook 或 Python 脚本，你应该可以访问 single_step_window 进行训练，并访问 wide_window 进行绘图，而且记得基线的性能存储在 val_performance 和 performance 中。

与基线模型不同，线性模型实际上需要训练。因此，我们将定义一个 compile_and_fit 函数，它为训练配置模型，然后在数据上拟合模型，如清单 14.1 所示。

注 你可以在 GitHub 上查阅本章的源代码：https://github.com/marcopeix/TimeSeriesForecasting InPython/tree/master/CH13%26CH14。

这段代码将在整个深度学习章节中重复使用，因此理解发生了什么非常重要。compile_and_fit 函数包含一个深度学习模型、DataWindow 类的一个数据窗口、patience 参数和 max_epochs 参数。patience 参数在 early_stopping 函数中使用，它允许我们在验证损失没有改善的情况下停止模型训练，如 monitor 参数所指定的那样。这样，我们避免了无用

的训练时间和过拟合。

清单 14.1　配置深度学习模型并将其与数据拟合的函数

该函数接受一个模型和一个来自 DataWindow 类
的数据窗口。patience 是模型在训练期间验证
损失没有改善而停止训练的轮数；max_epochs
设置了训练模型的最大轮数

跟踪验证损失以确定
是否应该应用早停

使用
MSE
作为
损失
函数

模型在
训练
集上
进行
拟合

```
    def compile_and_fit(model, window, patience=3, max_epochs=50):
        early_stopping = EarlyStopping(monitor='val_loss',
                                       patience=patience,
                                       mode='min')

    model.compile(loss=MeanSquaredError(),
                  optimizer=Adam(),
                  metrics=[MeanAbsoluteError()])

    history = model.fit(window.train,
                        epochs=max_epochs,
                        validation_data=window.val,
                        callbacks=[early_stopping])

        return history
```

如果连续 3 轮
没有降低验证
损失，则发生
早停，这是由
patience 参
数设置的

MAE 被用作误差指
标，这是我们比较
模型性能的方法。
较小的 MAE 意味
着更好的模型

模型最多可以训练 50 轮，
这是由 max_epochs 参
数设置的

early_stopping 作为回调函数
被传递。如果在连续 3 轮后验证
损失没有降低，则模型停止训练。
这可以避免过拟合

我们使用验证集
计算验证损失

　　然后对模型进行编译。在 Keras 中，这只是配置模型，以指定要使用的损失函数、优化器和评估指标。在我们的例子中，我们将使用 MSE 作为损失函数，因为误差是平方的，这意味着模型会因为预测值和实际值之间的巨大差异而受到严重的惩罚。我们将使用 Adam 优化器，因为它是一个快速和高效的优化器。最后，我们将使用 MAE 作为评估指标来比较模型的性能，因为我们在第 13 章中使用它来评估基线模型，而且它很容易解释。

　　之后，根据 max_epochs 参数的设置，该模型拟合训练数据，最多可达 50 轮。验证是在验证集上执行的，我们将 early_stopping 作为回调传入。这样，如果 Keras 在连续 3 轮后发现验证损失没有减少，那么它将应用早停。

　　有了 compile_and_fit，我们就可以继续实际构建线性模型了。我们将使用 Keras 的 Sequential 模型，因为它允许我们堆叠不同的层。由于我们在这里构建的是一个线性模型，因此我们只有一个层——Dense 层，这是深度学习中最基本的层。我们将单元数指定为 1，因为模型必须只输出一个值：下一个时间步长的交通流量预测。

```
linear = Sequential([
    Dense(units=1)
])
```

显然，Keras 使构建模型变得非常容易。这个步骤完成后，我们就可以使用 compile_and_fit 训练模型，并存储性能，以便稍后将其与基线进行比较。

```
history = compile_and_fit(linear, single_step_window)
```

```
val_performance['Linear'] = linear.evaluate(single_step_window.val)
performance['Linear'] = linear.evaluate(single_step_window.test, verbose=0)
```

另外，我们还可以使用 wide_window 的 plot 方法可视化线性模型的预测。结果如图 14.2 所示。

wide_window.plot(linear)

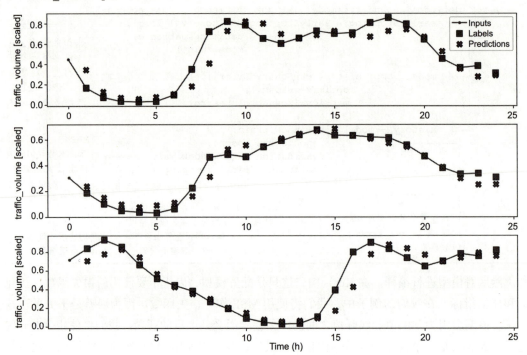

图 14.2 采用线性模型作为单步模型预测交通流量。预测结果（以叉形表示）相当准确，有些预测结果与实际值（以正方形表示）重叠

模型做出了相当好的预测，因为我们可以观察到预测和实际值之间有一些重叠。我们将等到本章的最后比较模型与基线的性能。现在，让我们继续实现多步线性模型和多输出线性模型。

14.1.2 实现多步线性模型

我们构建了单步线性模型，现在我们可以将其扩展为多步线性模型。回想一下，在多步情况下，我们希望使用 24h 数据的输入窗口来预测未来 24h 的数据。目标仍然是交通流量。

这个模型与单步线性模型非常相似，但这一次我们将使用 24h 的输入和 24h 的输出预测。多步线性模型如图 14.3 所示。正如你所看到的，该模型采用了 24h 的每个特征，将它们组合在一个单层中，并输出一个包含未来 24h 预测的张量。

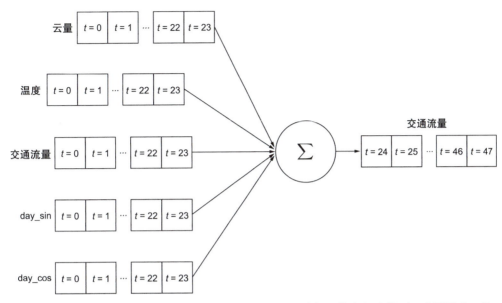

图 14.3 多步线性模型。我们将对每个特征进行 24h 的分析，将它们合并到一个图层中，并立即输出对未来 24h 的预测

实现这个模型很容易，因为我们的模型只包含一个 Dense 层。我们可以选择将权重初始化为 0，这使得训练过程稍微快一些。然后我们编译并拟合模型，再将其评估指标存储在 `ms_val_performance` 和 `ms_performance` 中。

```
ms_linear = Sequential([
    Dense(1, kernel_initializer=tf.initializers.zeros)     ◁── 将权重初始化
])                                                              为 0 可 以 使
                                                               训练速度稍微
history = compile_and_fit(ms_linear, multi_window)             变快

ms_val_performance['Linear'] = ms_linear.evaluate(multi_window.val)
ms_performance['Linear'] = ms_linear.evaluate(multi_window.test, verbose=0)
```

我们刚刚构建了一个多步线性模型。你可能会感到乏味，因为代码几乎与单步线性模型相同。这是因为我们构建了 DataWindow 类，并正确地打开了数据窗口。在完成这个步骤之后，构建模型就变得非常容易了。

接下来我们将实现一个多输出线性模型。

14.1.3 实现多输出线性模型

多输出线性模型将返回对交通流量和温度的预测。输入是当前时间步长，预测是下一个时间步长。

模型的架构如图 14.4 所示。在这里，你可以看到多输出线性模型将取 t=0 时的所有特征，将它们合并到一个单层中，并输出下一个时间步长的温度和交通流量。

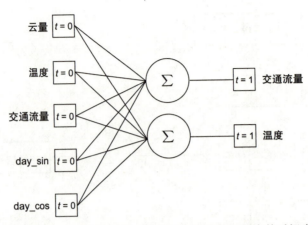

图 14.4 多输出线性模型。在这种情况下，模型采用所有特征的当前时间步长，并对下一个
时间步长的温度和交通流量进行预测

到目前为止，我们仅预测了交通流量，这意味着我们只有一个目标，所以我们使用
Dense(units=1)。在这种情况下，因为我们必须输出两个目标的预测，所以我们的层将
是 Dense(units=2)。和前面一样，我们将训练模型并存储它的性能，以便稍后与基线和
深度神经网络进行比较。

```
mo_linear = Sequential([          我们将输出层的单元数
    Dense(units=2)          ◁———  设置为预测的目标数量
])

history = compile_and_fit(mo_linear, mo_single_step_window)

mo_val_performance['Linear'] =
➥ mo_linear.evaluate(mo_single_step_window.val)
mo_performance['Linear'] = mo_linear.evaluate(mo_single_step_window.test,
➥ verbose=0)
```

你可以再次看到在 Keras 中构建深度学习模型是多么容易，特别是在我们拥有适当的数
据窗口作为输入时。

完成单步、多步和多输出线性模型后，现在我们可以继续实现更复杂的架构：深度神经
网络。

14.2 实现深度神经网络

在实现了三种线性模型之后，是时候转向深度神经网络了。经验表明，在神经网络中添
加隐藏层有助于获得更好的结果。此外，我们将引入一个非线性激活函数来捕获数据中的非
线性关系。

线性模型没有隐藏层，只有一个输入层和一个输出层。在深度神经网络中，我们将在输

入层和输出层之间添加更多的层，称为隐藏层。这种架构上的差异突出显示在了图 14.5 中。

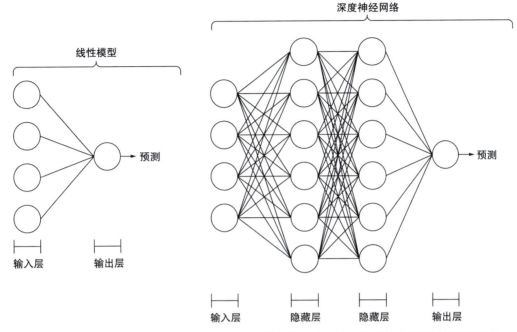

图 14.5　线性模型与深度神经网络的比较。在线性模型中，输入层直接连接到返回预测的输
出层。因此，只推导出线性关系。深度神经网络包含隐藏层。这些层使它能够对输
入和预测之间的非线性关系进行建模，通常会产生更好的模型

向网络添加层背后的想法是，它给模型更多的学习机会，这通常会导致模型更好地泛化
不可见的数据，从而提高其性能。当然，有了添加的层，模型必须训练更长的时间，因此应
该学习得更好。

隐藏层中的每个圆代表一个神经元，每个神经元都有一个激活函数。在 Keras 中，神经
元的数量等于传递给 Dense 层的 units 数。通常我们将单元或神经元的数量设置为 2 的幂
次方，因为它在 CPU 中的计算效率更高，GPU 的批大小也是 2 的幂次方。

在实现 DNN 之前，我们需要处理隐藏层的每个神经元中的激活函数。激活函数根据输
入定义每个神经元的输出。因此，如果我们希望对非线性关系建模，则需要使用非线性激活
函数。

> **激活函数**
> 激活函数位于神经网络的每个神经元中，负责从所述输入数据生成输出。
> 如果使用线性激活函数，则该模型将仅对线性关系建模。因此，为了对数据中的
> 非线性关系建模，我们必须使用非线性激活函数。非线性激活函数的示例有 ReLU、
> softmax 或 tanh。

在本例中，我们将使用整流线性单元（ReLU）激活函数。该非线性激活函数基本上返回其输入的正部分或 0，如式 14.2 所定义：

$$f(x)=x^+=\max(0,x) \qquad (14.2)$$

该激活函数有许多优点，例如更好的梯度传播、更高效的计算和尺度不变性。出于所有这些原因，它现在是深度学习中使用最广泛的激活函数，当我们有一个 Dense 层（即隐藏层）时，我们将使用它。

我们现在准备用 Keras 实现深度神经网络。

14.2.1 实现单步深度神经网络模型

我们现在回到单步模型，但这次我们将实现一个深度神经网络。DNN 获取当前时间步长的特征，以输出下一时间步长的交通流量预测。

该模型仍然使用 Sequential 模型，因为我们将堆叠 Dense 层以构建深度神经网络。在这种情况下，我们将使用两个隐藏层，每个隐藏层有 64 个神经元。如前所述，我们将激活函数指定为 ReLU。最后一层是输出层，在这种情况下，它只返回一个表示交通流量预测的值。

```
dense = Sequential([
    Dense(units=64, activation='relu'),      第一个具有 64 个神经元的隐藏层。
    Dense(units=64, activation='relu'),      指定激活函数为 ReLU
    Dense(units=1)
])                            由于我们只输出一个值，因此输出层
                             只有一个神经元
```

在定义了模型后，我们现在可以编译它、训练它，并记录它的性能，以便将其与基线模型和线性模型进行比较。

```
history = compile_and_fit(dense, single_step_window)

val_performance['Dense'] = dense.evaluate(single_step_window.val)
performance['Dense'] = dense.evaluate(single_step_window.test, verbose=0)
```

当然，我们也可以使用 plot 方法来查看模型的预测结果，如图 14.6 所示。我们的深度神经网络似乎做出了相当准确的预测。

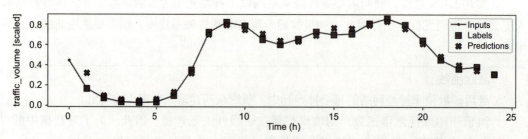

图 14.6　使用深度神经网络作为单步模型预测交通流量。在这里，甚至有更多的预测（显示为叉形）与实际值（显示为正方形）重叠，这表明模型做出了非常准确的预测

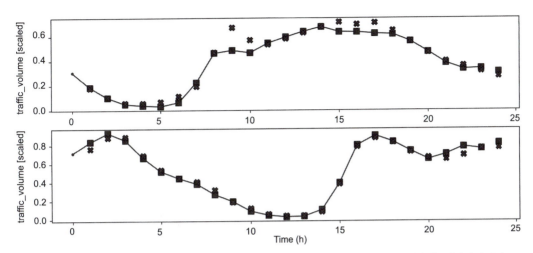

图 14.6 　使用深度神经网络作为单步模型预测交通流量。在这里，甚至有更多的预测（显示为叉形）与实际值（显示为正方形）重叠，这表明模型做出了非常准确的预测（续）

让我们将 DNN 的 MAE 与我们在第 13 章中构建的线性模型和基线进行比较。计算结果如图 14.7 所示。

```
mae_val = [v[1] for v in val_performance.values()]
mae_test = [v[1] for v in performance.values()]

x = np.arange(len(performance))

fig, ax = plt.subplots()
ax.bar(x - 0.15, mae_val, width=0.25, color='black', edgecolor='black',
➥ label='Validation')
ax.bar(x + 0.15, mae_test, width=0.25, color='white', edgecolor='black',
➥ hatch='/', label='Test')
ax.set_ylabel('Mean absolute error')
ax.set_xlabel('Models')
for index, value in enumerate(mae_val):
    plt.text(x=index - 0.15, y=value+0.0025, s=str(round(value, 3)),
➥ ha='center')

for index, value in enumerate(mae_test):
    plt.text(x=index + 0.15, y=value+0.0025, s=str(round(value, 3)),
➥ ha='center')

plt.ylim(0, 0.1)
plt.xticks(ticks=x, labels=performance.keys())
plt.legend(loc='best')
plt.tight_layout()
```

在图 14.7 中，基线模型的 MAE 最大。MAE 随着线性模型而减小，随着深度神经网络而再次减小。因此，两个模型的表现都优于基线模型，其中深度神经网络的表现最好。

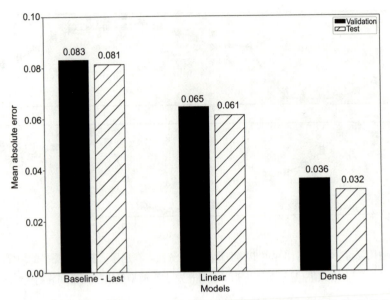

图 14.7 到目前为止，所有单步模型的 MAE。线性模型比仅预测最后已知值的基线模型表现
要好。Dense 模型的性能优于这两种模型，因为它的 MAE 最小

14.2.2 实现多步深度神经网络模型

现在，让我们将深度神经网络实现为多步模型。在这种情况下，我们希望根据过去 24h 记录的数据来预测未来 24h 的交通流量。

同样，我们将使用两个隐藏层，每个隐藏层有 64 个神经元，并且我们将使用 ReLU 激活函数。由于我们有一个 24h 输入的数据窗口，因此模型也将输出 24h 的预测。输出层只有一个神经元，因为我们仅预测交通流量。

```
ms_dense = Sequential([
    Dense(64, activation='relu'),
    Dense(64, activation='relu'),
    Dense(1, kernel_initializer=tf.initializers.zeros),
])
```

然后，我们将编译、训练模型，并保存其性能，以与线性模型和基线模型进行比较。

```
history = compile_and_fit(ms_dense, multi_window)

ms_val_performance['Dense'] = ms_dense.evaluate(multi_window.val)
ms_performance['Dense'] = ms_dense.evaluate(multi_window.test, verbose=0)
```

就这样，我们构建了一个多步深度神经网络模型。让我们看看哪个模型在多步任务中表现最好。结果如图 14.8 所示。

```
ms_mae_val = [v[1] for v in ms_val_performance.values()]
ms_mae_test = [v[1] for v in ms_performance.values()]
```

```
x = np.arange(len(ms_performance))

fig, ax = plt.subplots()
ax.bar(x - 0.15, ms_mae_val, width=0.25, color='black', edgecolor='black',
➥ label='Validation')
ax.bar(x + 0.15, ms_mae_test, width=0.25, color='white', edgecolor='black',
➥ hatch='/', label='Test')
ax.set_ylabel('Mean absolute error')
ax.set_xlabel('Models')

for index, value in enumerate(ms_mae_val):
    plt.text(x=index - 0.15, y=value+0.0025, s=str(round(value, 3)),
➥ ha='center')

for index, value in enumerate(ms_mae_test):
    plt.text(x=index + 0.15, y=value+0.0025, s=str(round(value, 3)),
➥ ha='center')

plt.ylim(0, 0.4)
plt.xticks(ticks=x, labels=ms_performance.keys())
plt.legend(loc='best')
plt.tight_layout()
```

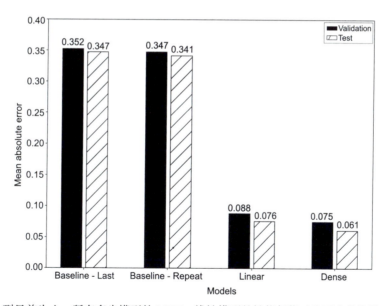

图 14.8 到目前为止，所有多步模型的 MAE。线性模型的性能都优于这两个基线模型。Dense
模型优于所有模型

在图 14.8 中，你将看到线性模型和深度神经网络都优于我们在第 13 章中为多步任务而
构建的两个基线模型。同样，深度神经网络具有最小的 MAE，这意味着它是目前性能最好
的模型。

14.2.3 实现多输出深度神经网络模型

最后，我们将实现一个深度神经网络作为多输出模型。在这种情况下，我们将使用当前时间步长的特征来预测下一个时间步长的交通流量和温度。

对于我们之前实现的 DNN，我们将使用两个隐藏层，每个隐藏层有 64 个神经元。这一次，因为我们预测的是两个目标，所以输出层有两个神经元或 units。

```
mo_dense = Sequential([
    Dense(units=64, activation='relu'),
    Dense(units=64, activation='relu'),
    Dense(units=2)        ←───┐  输出层有两个神经元，
])                            └─ 因为我们预测两个目标
```

接下来，我们将编译和拟合该模型，并存储其性能以供比较。

```
history = compile_and_fit(mo_dense, mo_single_step_window)

mo_val_performance['Dense'] = mo_dense.evaluate(mo_single_step_window.val)
mo_performance['Dense'] = mo_dense.evaluate(mo_single_step_window.test,
➥ verbose=0)
```

让我们看看哪个模型在多输出任务中表现最好。请注意，报告的 MAE 是对这两个目标计算的平均值。

```
mo_mae_val = [v[1] for v in mo_val_performance.values()]
mo_mae_test = [v[1] for v in mo_performance.values()]

x = np.arange(len(mo_performance))

fig, ax = plt.subplots()
ax.bar(x - 0.15, mo_mae_val, width=0.25, color='black', edgecolor='black',
➥ label='Validation')
ax.bar(x + 0.15, mo_mae_test, width=0.25, color='white', edgecolor='black',
➥ hatch='/', label='Test')
ax.set_ylabel('Mean absolute error')
ax.set_xlabel('Models')

for index, value in enumerate(mo_mae_val):
    plt.text(x=index - 0.15, y=value+0.0025, s=str(round(value, 3)),
➥ ha='center')

for index, value in enumerate(mo_mae_test):
    plt.text(x=index + 0.15, y=value+0.0025, s=str(round(value, 3)),
➥ ha='center')

plt.ylim(0, 0.06)
plt.xticks(ticks=x, labels=mo_performance.keys())
plt.legend(loc='best')
plt.tight_layout()
```

如图 14.9 所示，我们的模型性能优于基线模型，其中深度学习模型是性能最强的。

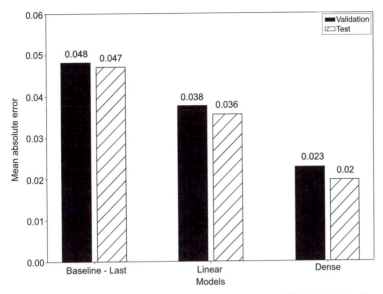

图 14.9　迄今为止所构建的所有多输出模型的 MAE。同样，基线模型具有最大的 MAE，而深度神经网络获得的误差指标最小

14.3　下一步

在本章中，我们实现了线性模型和深度神经网络来进行单步、多步和多输出预测。在所有情况下，深度神经网络都优于其他模型。一般情况下，这是因为 DNN 可以映射特征和目标之间的非线性关系，这通常会带来更准确的预测。

本章仅粗略地介绍了深度学习在时间序列预测中的皮毛。在第 15 章中，我们将探索一个更复杂的架构：长短期记忆（LSTM）。该架构广泛用于处理数据序列。由于时间序列是时间间隔相等的点序列，因此将 LSTM 应用于时间序列预测是有意义的。我们还将检验 LSTM 是否优于 DNN。

14.4　练习

在第 13 章中，作为练习，你构建了基线模型来预测 NO_2 的浓度和温度。现在你要构建线性模型和深度神经网络。这些练习的完整解决方案可以在 GitHub 上获取：https://github.com/marcopeix/TimeSeriesForecastingInPython/tree/master/CH13%26CH14。

1. 对于单步模型：

  a. 构建一个线性模型。

  b. 绘制其预测。

  c. 使用 MAE 测量其性能并将其存储。

  d. 构建 DNN。

  e. 绘制其预测。

  f. 使用 MAE 测量其性能并将其存储。

  g. 哪个模型表现最好？

2. 对于多步模型：

  a. 构建一个线性模型。

  b. 绘制其预测。

  c. 使用 MAE 测量其性能并将其存储。

  d. 构建 DNN。

  e. 绘制其预测。

  f. 使用 MAE 测量其性能并将其存储。

  g. 哪个模型表现最好？

3. 对于多输出模型：

  a. 构建一个线性模型。

  b. 绘制其预测。

  c. 使用 MAE 测量其性能并将其存储。

  d. 构建 DNN。

  e. 绘制其预测。

  f. 使用 MAE 测量其性能并将其存储。

  g. 哪个模型表现最好？

在任何时候，你都可以用深度神经网络做自己的实验，添加层，改变神经元的数量，并查看这些变化如何影响模型的性能。

小结

- 线性模型是深度学习中最简单的架构。它有一个输入层和一个输出层，没有激活函数。
- 线性模型只能推导出特征和目标之间的线性关系。
- DNN 具有隐藏层，隐藏层位于输入层和输出层之间。添加更多的层通常可以改善模型的性能，因为它允许模型有更多的时间来训练和学习数据。
- 为了从数据中建模非线性关系，必须在网络中使用非线性激活函数。非线性激活函数有 ReLU、softmax、tanh、sigmoid 等。
- 隐藏层中的神经元数量通常为 2 的幂，以提高计算效率。
- ReLU 是一种流行的非线性激活函数，它不随尺度变化，允许有效的模型训练。

使用 LSTM 记住过去

在第 14 章中，我们构建了深度学习的第一个模型，实现了线性和深度神经网络模型。在我们的数据集中，我们看到两个模型的表现都优于我们在第 13 章中构建的基线，其中深度神经网络是单步、多步和多输出任务的最佳模型。

现在，我们将探索一种更高级的架构，称为长短期记忆，它是递归神经网络（RNN）的一个特例。这种类型的神经网络用于处理数据序列，其中顺序很重要。RNN 和 LSTM 的一个常见应用是自然语言处理。句子中的单词有一个顺序，改变这个顺序可以完全改变句子的意义。因此，我们经常在文本分类和文本生成算法背后发现这种架构。

数据顺序很重要的另一种情况是时间序列。我们知道，时间序列是在时间上等间隔的数据序列，它们的顺序是不能改变的。上午 9 点观测的数据必须在上午 10 点的数据之前，上午 8 点的数据点之后出现。因此，应用 LSTM 架构预测时间序列是有意义的。

在本章中，我们将首先探索递归神经网络的一般架构，然后我们将深入研究 LSTM 架构，并研究其独特的特性和内部工作原理。然后，我们将使用 Keras 实现 LSTM，以生成单步、多步和多输出模型。最后，我们将 LSTM 的性能与我们构建的所有模型进行比较，从基线到深度神经网络。

15.1 探索递归神经网络

递归神经网络是一种深度学习架构，特别适用于处理数据序列。它表示一组具有相似架构的网络：长短期记忆和门控循环单元（GRU）是 RNN 的子类型。在本章中，我们将只关注 LSTM 架构。

为了理解 RNN 的内部工作原理，我们将从图 15.1 开始，它显示了 RNN 的简洁说明。就像在 DNN 中一样，我们有一个输入（表示为 x_t）和一个输出（表示为 y_t）。这里 x_t 是序列的一个元素。当它被馈送到 RNN 时，它计算表示为 h_t 的隐藏状态。这个隐藏的状态就像记忆一样。它是为序列的每个元素计算的，并作为输入反馈给 RNN。这样，网络有效地使用为序列的先前元素计算的过去信息来通知序列的下一个元素的输出。

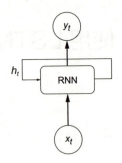

图 15.1　RNN 的简图。它计算隐藏状态 h_t，该隐藏状态 h_t 在网络中被回送并与序列的下一个
　　　　输入组合。这就是 RNN 如何从序列的过去元素中保留信息，并使用它们来处理序列
　　　　的下一个元素

图 15.2 显示了 RNN 的扩展图。你可以看到在 $t=0$ 时隐藏状态如何先计算，然后在处理序列的每个元素时进行更新和传递。这就是 RNN 有效地复制记忆的概念，并使用过去的信息来产生新的输出的方式。

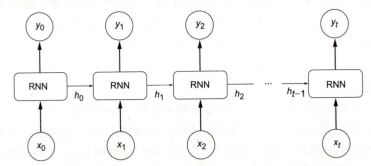

图 15.2　RNN 的扩展说明。在这里，你可以看到如何更新隐藏状态，并将其作为输入传递到
　　　　序列的下一个元素

递归神经网络

递归神经网络特别适用于处理数据序列。它使用一个反馈给网络的隐藏状态，这样在处理序列中的下一个元素时，它就可以使用过去的信息作为输入。这就是它复制记忆概念的方式。

然而，RNN 存在短期记忆，这意味着来自序列中早期元素的信息将不再对序列产生进一步的影响。

　　然而，我们已经检查的基本 RNN 有一个缺点：由于梯度消失，它们遭受短期记忆。梯度只是告诉网络如何改变权重的函数。如果梯度变化较大，则权重变化幅度较大。另外，如果梯度变化较小，则权重不会显著变化。消失梯度问题是指当梯度的变化变得非常小，有时接近于 0 时所发生的情况。这反过来意味着网络的权重没有得到更新，网络停止学习。

　　在实践中，这意味着 RNN 忘记了序列中遥远的过去信息。因此，它患有短期记忆。例如，如果 RNN 正在处理 24h 的每小时数据，则第 9、10 和 11h 的点可能仍会影响第 12h 的输出，但第 9h 之前的任何点可能根本不会对网络的学习产生任何影响，因为这些早期数据点的梯度变得非常小。

　　因此，我们必须找到一种方法，在网络中保留过去信息的重要内容。这给我们带来了长短期记忆架构，它使用单元状态作为将过去的信息保存在长期记忆中的一种附加方式。

15.2　研究 LSTM 架构

　　长短期记忆架构在 RNN 架构中增加了一个单元状态，以避免梯度消失问题，即过去的信息不再影响网络的学习。这允许网络将过去的信息保存在记忆中更长的时间。

　　LSTM 架构如图 15.3 所示，你可以看到它比基本的 RNN 架构更复杂。你会注意到增加了单元状态，表示为 C。这个单元状态允许网络将过去的信息保留在网络中更长的时间，从而解决了梯度消失的问题。请注意，这是 LSTM 架构所独有的。我们仍然具有被处理的序列的元素，显示为 x_t，并且还计算隐藏状态，

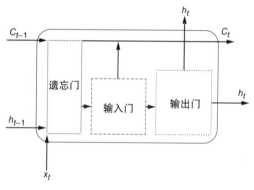

图 15.3　LSTM 神经元的架构。单元状态表示为 C，输入状态为 x，隐藏状态为 h

表示为 h_t。在这种情况下，单元状态 C_t 和隐藏的 h_t 都被传递到序列的下一个元素，确保过去的信息被用作正被处理的序列中的下一个元素的输入。

　　你还会注意到三个门的存在：遗忘门、输入门和输出门。每一个在 LSTM 中都有其特定的功能，因此让我们详细探讨它们。

长短期记忆

　　长短期记忆是一种深度学习架构，是 RNN 的一个子类型。LSTM 通过添加单元状态来解决短期记忆的问题。这允许过去的信息在网络中流动更长的时间，这意味着网络仍然携带来自序列中早期值的信息。

　　LSTM 由三个门组成：

❏ 遗忘门决定了来自过去步骤中的哪些信息仍然是相关的。

❑ 输入门决定当前步骤的哪些信息是相关的。
❑ 输出门决定将哪些信息传递到序列的下一个元素或作为结果传递到输出层。

15.2.1　遗忘门

遗忘门是 LSTM 单元中的第一个门。它的作用是从序列的过去值和当前值中确定哪些信息应该被遗忘或保留在网络中。

如图 15.4 所示，我们可以看到不同的输入是如何流经遗忘门的。首先，将过去的隐藏状态 h_{t-1} 和序列 x_t 的当前值并入遗忘门。回想一下，过去的隐藏状态携带来自过去值的信息。然后，合并复制 h_{t-1} 和 x_t。一个副本直接进入输入门，我们将在 15.2.2 节中学习。另一个副本通过 sigmoid 激活函数发送，该函数表示为式 15.1，如图 15.5 所示。

$$f(x) = \frac{1}{1 - e^{-x}} \tag{15.1}$$

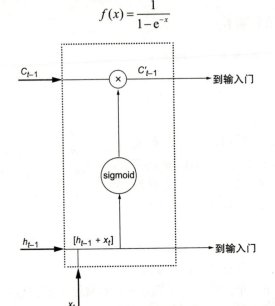

图 15.4　LSTM 单元中的遗忘门。首先将序列的当前元素 x_t 和过去的信息 h_{t-1} 组合起来。它们被复制，一个被发送到输入门，而另一个通过 sigmoid 激活函数。sigmoid 输出一个介于 0 和 1 的值，如果输出接近于 0，则意味着必须忘记信息。如果它接近于 1，则保存该信息。然后使用点乘法将输出与过去的单元状态相结合，生成一个更新的单元状态 C'_{t-1}

sigmoid 函数决定保留或忘记哪些信息。然后，使用逐点乘法将该输出与先前的单元状态 C_{t-1} 组合。这会产生一个更新的单元状态，我们称之为 C'_{t-1}。

一旦完成，就有两件事被发送到输入门：一个是更新的单元状态，另一个是过去隐藏状态和序列当前元素组合的副本。

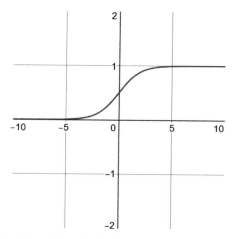

图 15.5 函数输出的值在 0 和 1 之间。在遗忘门的上下文中，如果函数的输出接近于 0，则输出为被遗忘的信息。如果输出接近于 1，则它是必须保存的信息

15.2.2 输入门

一旦信息通过了遗忘门，它就进入输入门。这是网络确定哪些信息与序列的当前元素相关的步骤。这里再次更新单元状态，得到最终的单元状态。

同样，让我们使用图 15.6 放大输入门。来自遗忘门的序列 $[h_{t-1} + x_t]$ 的过去隐藏状态和当前元素的组合被馈送到输入门，并再次被复制。一个副本从输入门输出到输出门，我们将在 15.2.3 节中探讨。通过 sigmoid 激活函数发送另一个副本，以确定信息是否将被保留或遗忘。另一个副本通过双曲正切（tanh）函数发送，如图 15.7 所示。

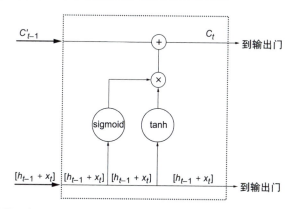

图 15.6 LSTM 的输入门。再次复制序列的过去隐藏状态和当前元素，并通过 sigmoid 激活函数和 tanh 激活函数发送。同样，sigmoid 确定保留或丢弃哪些信息，而 tanh 函数调节网络以保持其计算效率。使用逐点乘法来组合两个操作的结果，并且使用该结果来使用逐点加法更新单元状态，从而产生最终的单元状态 C_t。然后，将该最终单元状态发送到输出门。同时，相同的组合 $[h_{t-1} + x_t]$ 也被发送到输出门

sigmoid 函数和 tanh 函数的输出使用逐点乘法进行组合，并使用逐点加法将结果与来自遗忘门 C'_{t-1} 的更新单元状态进行组合。该操作产生最终单元状态 C_t。

因此，正是在输入门中，我们将来自序列中当前元素的信息添加到网络的长记忆中。然后，将该新更新的单元状态发送到输出门。

15.2.3　输出门

信息现在已经从遗忘门传递到输入门，现在它到达输出门。正是在这个门中，包含在网络存储器中的过去信息（由单元状态 C_t 表示）最终用于处理序列的当前元素。这也是网络将结果输出到输出层或计算要发送到序列中的下一个元素的处理的新信息的地方。

在图 15.8 中，序列的过去隐藏状态和当前元素通过 sigmoid 函数发送。与此同时，单元状态通过 tanh 函数。然后，使用逐点乘法来组合来自 tanh 和 sigmoid 函数的结果值，从而生成更新的隐藏状态 h_t。

这是由单元状态 C_t 表示的过去信息被用于处理序列当前元素信息的步骤。

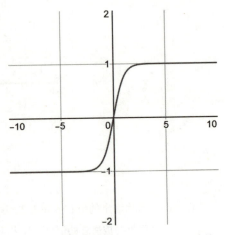

图 15.7　tanh 函数输出 −1 和 1 之间的值。在 LSTM 的环境中，这是一种调节网络的方法，确保值不会变得非常大，并确保计算保持高效

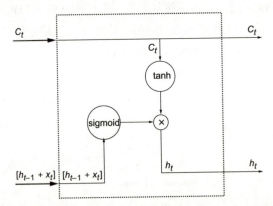

图 15.8　LSTM 的输出门。序列 $[h_{t-1} + x_t]$ 的过去隐藏状态和当前元素通过 sigmoid 函数传递，以确定信息将被保留还是丢弃。然后，通过 tanh 函数传递单元状态，并使用逐点乘法将其与 sigmoid 的输出组合。这是使用过去的信息来处理序列的当前元素的步骤。然后我们输出新的隐藏状态 h_t，将其传递给下一个 LSTM 神经元或输出层。单元状态也被输出

然后，当前隐藏状态被送到输出门，要么被发送到网络的输出层，要么被发送到处理序列下一个元素的下一个 LSTM 神经元。这同样适用于单元状态 C_t。

总之，遗忘门确定保留或丢弃过去的哪些信息。输入门确定来自当前步骤的哪些信息被保留以更新网络的存储器或被丢弃。最后，输出门使用存储在网络记忆中的过去的信息来处理序列的当前元素。

在研究了LSTM架构的内部工作原理之后，我们现在可以用州际交通数据集实现。

15.3 实现 LSTM 架构

现在，我们用从第12章开始使用的州际交通数据集来实现LSTM架构。回想一下，我们场景的主要目标是交通流量。对于多输出模型，目标是交通流量和温度。

我们将LSTM实现为单步模型、多步模型和多输出模型。单步模型将仅预测下一时间步长的交通流量，多步模型将预测未来24h的交通流量，而多输出模型将预测下一时间步长的温度和交通流量。

确保你的Notebook或Python脚本中有 DataWindow 类以及 compile_and_fit 函数（来自第13章和第14章），因为我们将使用这些代码片段来创建数据窗口并训练LSTM模型。

另一个先决条件是读取训练集、验证集和测试集，所以让我们现在开始动手。

```
train_df = pd.read_csv('../data/train.csv', index_col=0)
val_df = pd.read_csv('../data/val.csv', index_col=0)
test_df = pd.read_csv('../data/test.csv', index_col=0)
```

注 请随时查阅 GitHub 上本章的源代码：https://github.com/marcopeix/TimeSeriesForecasting InPython/tree/master/CH15。

15.3.1 实现单步 LSTM 模型

我们首先将LSTM架构实现为单步模型。在这种情况下，我们将使用24h的数据作为输入来预测下一个时间步。这样，LSTM就可以处理一时间序列，使我们能够利用过去的信息做出对未来的预测。

首先，我们需要创建一个数据窗口来训练模型。这将是一个很宽的窗口，有24h的数据作为输入。出于绘图的目的，label_width 也是24，以便我们可以在24个时间步长上将预测值与实际值进行比较。请注意，这仍然是一个单步模型，因此在24h内，该模型一次只能预测一个时间步长，就像滚动预测一样。

```
wide_window = DataWindow(input_width=24, label_width=24, shift=1,
➦   label_columns=['traffic_volume'])
```

然后我们需要用Keras定义LSTM模型。同样，我们将使用 Sequential 模型来堆叠不同的层。Keras很方便地附带了 LSTM 层，它实现了一个LSTM。我们将 return_sequences 设置为 True，因为这会通知Keras使用序列中过去的信息，以隐藏状态和单元状态的形式，这一点我们之前已经介绍过了。最后，我们将定义输出层，它只是具有一个单元的 Dense 层，因为我们只预测交通流量。

```
lstm_model = Sequential([
    LSTM(32, return_sequences=True),
    Dense(units=1)
])
```

将 return_sequences 设置为 True，以确保网络正在使用过去的信息

事情就这么简单。我们现在可以使用 compile_and_fit 函数来训练模型，并将其性能存储在验证集和测试集上。

```
history = compile_and_fit(lstm_model, wide_window)

val_performance = {}
performance = {}

val_performance['LSTM'] = lstm_model.evaluate(wide_window.val)
performance['LSTM'] = lstm_model.evaluate(wide_window.test, verbose=0)
```

另外，我们可以使用数据窗口的 plot 方法在三个采样序列上可视化模型的预测。计算结果如图 15.9 所示。

```
wide_window.plot(lstm_model)
```

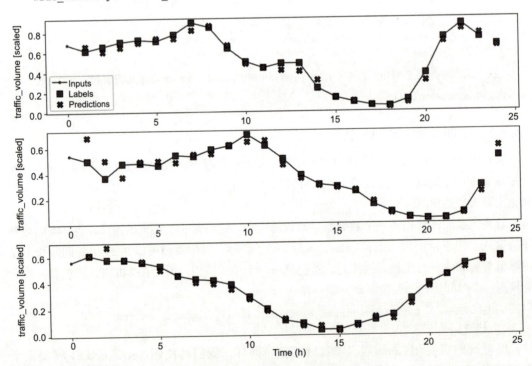

图 15.9 使用 LSTM 作为单步模型来预测交通流量。许多预测（以叉形表示）重叠了标签（以正方形表示），这表明我们有一个具有准确预测的性能模型

图 15.9 显示了我们有一个生成准确预测的性能模型。当然，这个可视化只是 24h 的三个

采样序列，所以让我们将模型在整个验证集和测试集上的性能可视化，并将其与我们之前构建的模型进行比较。

图15.10显示了LSTM是获胜的模型，因为它在验证集和测试集上的MAE都最小，这意味着它生成了所有模型中最准确的预测。

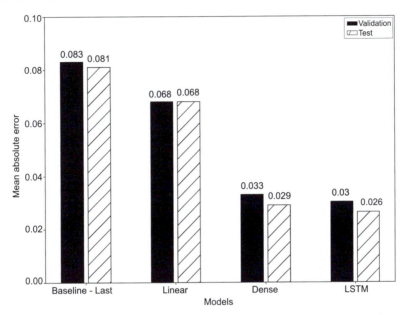

图15.10　迄今为止所构建的所有单步模型的MAE。目前，LSTM是一个成功的模型，因为它在验证集和测试集上都具有最低的MAE

15.3.2 实现多步LSTM模型

我们继续将LSTM架构实现为一个多步模型。在这种情况下，我们希望使用一个24h的输入窗口来预测未来24h的交通流量。

首先，我们将定义时间窗口以馈送给模型，`input_width`和`label_width`都是24，因为我们想输入24h的数据，并对24h的数据预测进行评估。这一次的`shift`是24，这表明模型必须一次输出未来24h的预测。

```
multi_window = DataWindow(input_width=24, label_width=24, shift=24,
➡ label_columns=['traffic_volume'])
```

接下来，我们将在Keras中定义我们的模型。你可能还记得第14章中定义多步模型和单步模型的过程是完全相同的。这里也是如此。我们仍然使用`Sequential`模型，以及`LSTM`层和具有一个单元的`Dense`输出层。

```
ms_lstm_model = Sequential([
    LSTM(32, return_sequences=True),
    Dense(1, kernel_initializer=tf.initializers.zeros),
])
```

一旦定义了模型，我们就可以训练它并存储它的评估指标以供比较。到目前为止，你应该能够适应这个工作流程。

```
history = compile_and_fit(ms_lstm_model, multi_window)

ms_val_performance = {}
ms_performance = {}

ms_val_performance['LSTM'] = ms_lstm_model.evaluate(multi_window.val)
ms_performance['LSTM'] = ms_lstm_model.evaluate(multi_window.test,
    verbose=0)
```

我们可以使用 plot 方法来可视化模型的预测，如图 15.11 所示。

```
multi_window.plot(ms_lstm_model)
```

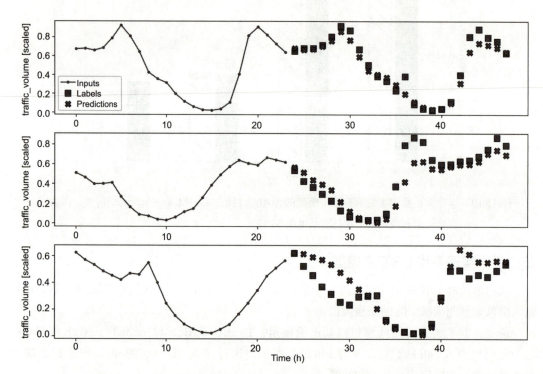

图 15.11 使用多步 LSTM 模型预测未来 24h 内的交通流量。我们可以看到预测和标签之间的一些差异。当然，这种视觉检查并不足以评估模型的性能

在图 15.11 中，你将看到对顶部序列的预测非常好，因为大多数预测都与实际值重叠。然而，在底部两个序列的输出和标签之间存在一些差异。让我们将它的 MAE 与我们已经构建的其他多步模型进行比较。

如图 15.12 所示，LSTM 是我们目前最准确的模型，因为它在验证集和测试集上都达到了最小的 MAE。

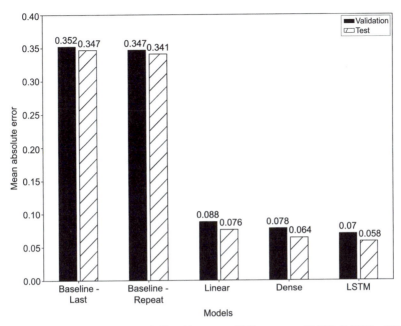

图 15.12 目前我们所构建的所有多步模型的 MAE。同样，LSTM 是获胜的模型，因为它在验
证集和测试集上都达到了最小的 MAE

15.3.3 实现多输出 LSTM 模型

最后，我们将实现一个 LSTM 作为一个多输出模型。同样，我们将使用 24h 的输入数据，这样网络就可以处理一系列的数据点，并使用过去的信息来产生预测。预测将针对下一个时间步长的交通流量和温度。

在这种情况下，数据窗口由 24 个时间步长和 24 个标签时间步长的输入组成。这里 shift 是 1，因为我们只想对下一个时间步长做出预测。因此，我们的模型将创建滚动预测，一次产生一个时间步长的预测，超过 24 个时间步长。我们将指定 temp 和 traffic_volume 为目标列。

```
mo_wide_window = DataWindow(input_width=24, label_width=24, shift=1,
➡ label_columns=['temp','traffic_volume'])
```

下一步是定义 LSTM 模型。与前面一样，我们将使用 Sequential 模型来堆叠一个 LSTM 层和一个具有两个单元的 Dense 输出层，因为我们有两个目标。

```
mo_lstm_model = Sequential([
    LSTM(32, return_sequences=True),
    Dense(units = 2)          ⟵   我们有两个单元，因为我
])                                们有两个目标：温度和交
                                  通流量
```

然后，我们将训练该模型，并存储其性能指标，以供比较。

```
history = compile_and_fit(mo_lstm_model, mo_wide_window)

mo_val_performance = {}
mo_performance = {}

mo_val_performance['LSTM'] = mo_lstm_model.evaluate(mo_wide_window.val)
mo_performance['LSTM'] = mo_lstm_model.evaluate(mo_wide_window.test,
➥ verbose=0)
```

我们现在对交通流量（图 15.13）和温度（图 15.14）的预测可视化。这两个图都显示了许多预测（以叉形表示）重叠的标签（以正方形表示），这意味着我们有一个生成准确预测的性能模型。

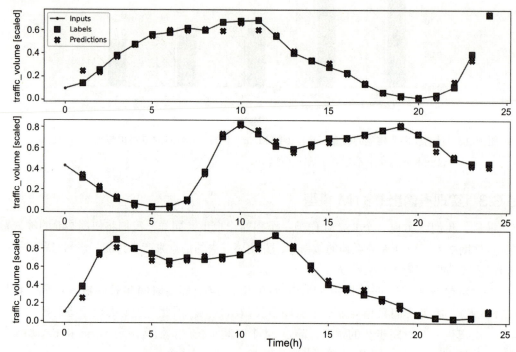

图 15.13　以 LSTM 作为多输出模型预测交通流量。许多预测（以叉形表示）与标签重叠（以正方形表示），这表明对交通流量的预测非常准确

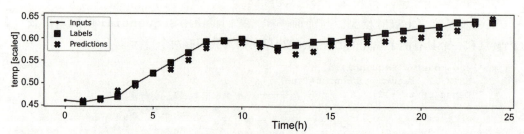

图 15.14　使用 LSTM 作为多输出模型来预测温度。同样，我们看到预测（以叉形表示）和标签（以正方形表示）之间有很多重叠，这表明了准确的预测

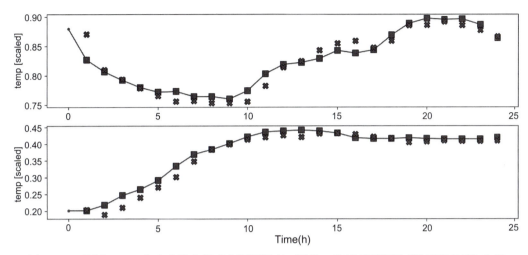

图15.14　使用LSTM作为多输出模型来预测温度。同样，我们看到预测（以叉形表示）和标
　　　　签（以正方形表示）之间有很多重叠，这表明了准确的预测　（续）

让我们将LSTM模型与目前构建的其他多输出模型进行比较。图15.15再次显示了
LSTM作为获胜的模型，因为它在验证集和测试集上达到了最小的MAE。因此，它为我们的
两个目标产生了目前最准确的预测。

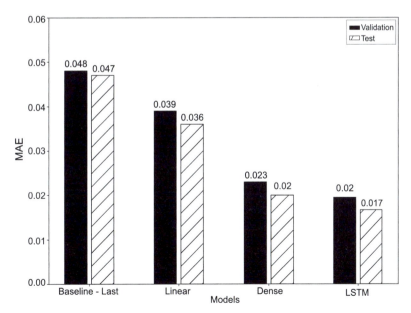

图15.15　目前所构建的所有多输出模型的MAE值。同样，获胜的模型是LSTM，因为它达
　　　　到了最小的MAE

15.4 下一步

在本章中,我们研究了长短期记忆架构。你了解到它是 RNN 的一个子类型,你看到了它如何使用单元状态来克服在只使用隐藏状态的基本 RNN 中发生的短期记忆问题。

我们还研究了 LSTM 的三个门。遗忘门决定必须保留来自过去和现在的信息,输入门决定来自序列中当前元素的相关信息,输出门使用存储在记忆中的信息来生成预测。

然后,我们将 LSTM 实现为单步模型、多步模型和多输出模型。在所有情况下,LSTM 是获胜的模型,因为它在目前构建的所有模型中实现了最小的 MAE。

在第 16 章我们将探讨卷积神经网络深度学习架构。你可能已遇到过 CNN,尤其是在计算机视觉领域,因为它是一种非常流行的图像分析架构。我们将把它应用于时间序列预测,因为 CNN 比 LSTM 训练更快,CNN 对噪声具有健壮性,并且是很好的特征提取器。

15.5 练习

在第 14 章中,我们构建了线性模型和深度神经网络来预测空气质量。现在我们将尝试 LSTM 模型,看看性能是否有提高。这些练习的解决方案可以在 GitHub 上获取:https://github.com/marcopeix/TimeSeriesForecastingInPython/tree/master/CH15。

1. 对于单步模型:

   a. 构建 LSTM 模型。

   b. 绘制它的预测。

   c. 使用 MAE 对其进行评估并存储 MAE。

   d. 这是性能最好的模型吗?

2. 对于多步模型:

   a. 构建 LSTM 模型。

   b. 绘制它的预测。

   c. 使用 MAE 对其进行评估并存储 MAE。

   d. 这是性能最好的模型吗?

3. 对于多输出模型:

   a. 构建 LSTM 模型。

   b. 绘制它的预测。

   c. 使用 MAE 对其进行评估并存储 MAE。

   d. 这是性能最好的模型吗?

在任何时候,试着尝试以下想法:

❏ 添加更多 LSTM 层。

❏ 修改 LSTM 层的单元数。

❏ 将 `return_sequences` 设置为 `False`。

❏ 在输出层 `Dense` 中尝试不同的初始化器。

❏ 运行尽可能多的实验，看看它们如何影响误差指标。

小结

❏ 循环神经网络是一种深度学习架构，特别适用于处理像时间序列这样的数据序列。

❏ RNN 使用隐藏状态在记忆中存储信息。然而，由于梯度消失的问题，这只是短时记忆。

❏ LSTM 是一种解决短期记忆问题的 RNN。它使用单元状态来存储较长时间的信息，从而使网络具有长久记忆。

❏ LSTM 由三个门组成：

● 遗忘门决定了过去和现在的哪些信息必须被保留。

● 输入门决定了当前的哪些信息必须被保留。

● 输出门使用存储在记忆中的信息来处理序列的当前元素。

使用 CNN 过滤时间序列

在第 15 章中，我们研究并实现了一种 LSTM 网络，它是一种较好的处理序列数据的 RNN。它实现的单步模型、多步模型和多输出模型是性能顶尖的架构。

现在我们将探索卷积神经网络。CNN 主要应用于计算机视觉领域，这种架构是许多图像分类和图像分割算法的基础。

当然，这种架构也可以用于时间序列分析。事实证明 CNN 具有抗噪性，可以通过卷积运算有效地滤除时间序列中的噪声。这就使得网络产生了一套健壮的不包括异常值的特征。此外，CNN 通常速度更快，因为它们的操作可以并行化。

在本章中，我们将首先探索 CNN 架构，并了解网络如何过滤时间序列并创建一组独特的特征。然后，我们将使用 Keras 实现 CNN 来生成预测。我们还将把 CNN 架构与 LSTM 架构相结合，看看是否能进一步提高深度学习模型的性能。

16.1 研究卷积神经网络

卷积神经网络是一种利用卷积操作的深度学习架构。卷积操作允许网络创建一组简化的特征。因此，它是一种正则化网络，防止过拟合，有效过滤输入的方法。当然，为了使这一点有意义，你必须首先了解卷积操作及其对输入的影响。

在数学术语中，卷积是对两个函数的运算，生成第三个函数，该函数表示一个函数的形状如何被另一个函数改变。在 CNN 中，此操作发生在输入和核（也称为滤波器）之间。核只是一个放在特征矩阵之上的矩阵。在图 16.1 中，核沿着时间轴滑动，取核与特征之间的点积。这样可以减少特征集，实现正则化和异常值的过滤。

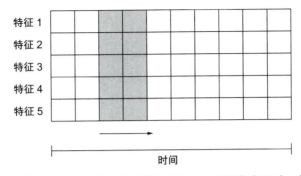

图 16.1　可视化核和特征映射。核是应用于特征映射之上的浅灰色矩阵。每一行对应数据集
　　　　　的一个特征，而长度是时间轴

为了更好地理解卷积操作，让我们考虑一个只有一个特征和一个核的简单示例，如图
16.2 所示。为了使事情变得简单，我们将只考虑一行特征。请记住，水平轴仍然是时间维
度。核是一个较小的向量，用于执行卷积操作。请注意核中使用的值和特征。它们是任意的
值。核的值得到了优化，并将随着网络的训练而改变。

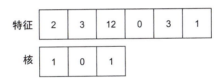

图 16.2　一行特征和一个核的简单示例

我们可以在图 16.3 中可视化卷积运算及其结果。首先，将核与特征向量的开始对齐，并
在核与核对齐的特征向量的值之间取点积。一旦完成，核就会向右移动一个时间步长，这也
被称为一个时间步长的步幅。再次在核和特征向量之间取点积，同样只取与核一致的值。核
再次向右移动一个时间步长，重复这个过程，直到核到达特征向量的末端。当核的所有值都
具有对齐的特征值而不能进一步移动时，就会发生这种情况。

在图 16.3 中，你可以看到，使用长度为 6 的特征向量和长度为 3 的核，我们得到了长度
为 4 的输出向量。因此，一般来说，卷积的输出向量的长度由式 16.1 给出。

$$输出长度 = 输入长度 - 核长度 + 1 \tag{16.1}$$

注意，由于核只向一个方向移动（向右），这是一个一维卷积。幸运的是，Keras 附带
Conv1D 层，允许我们轻松地在 Python 中实现它。这主要用于时间序列预测，因为核只能在
时间维度中移动。对于图像处理，你经常会看到 2D 或 3D 卷积，但这超出了本书的范围。

卷积层减少了特征集的长度，执行多次卷积将不断减少特征空间。这可能会产生问题，
因为它限制了网络中的层数，我们可能会在这个过程中丢失太多的信息。防止这种情况发生
的常用方法是填充。填充意味着在特征向量前后添加值，以保持输出长度与输入长度相等。
填充值通常为零，在图 16.4 中，你可以看到这一点，其中卷积的输出长度与输入长度相同。

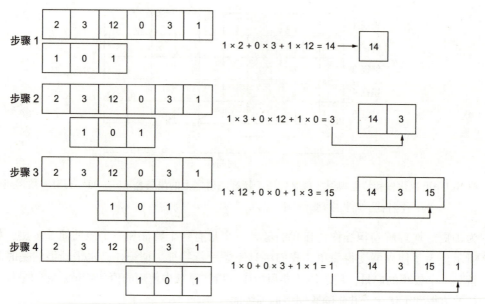

图 16.3　全卷积运算。操作从步骤 1 特征向量的开始对齐核开始。根据第一步的中间等式计算点积，得到输出向量的第一个值。在步骤 2 中，核向右移动一个时间步长，再次进行点乘得到输出向量中的第二个值。这个过程再重复两次，直到核到达特征向量的末端

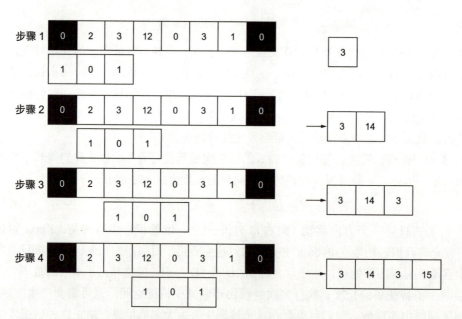

图 16.4　带填充的卷积。这里我们用 0 填充原始的输入向量，如黑色方块所示。因此卷积的输出长度为 6，就像原始的特征向量一样

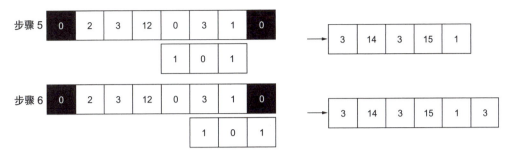

图 16.4　带填充的卷积。这里我们用 0 填充原始的输入向量，如黑色方块所示。因此卷积的输出长度为 6，就像原始的特征向量一样　（续）

因此，你可以看到填充如何保持输出的维度不变，允许我们堆叠更多的卷积层，并允许网络处理更长时间的特征。我们使用零进行填充，因为乘以 0 会被忽略。因此，使用零作为填充值通常是一个很好的初始选项。

卷积神经网络

卷积神经网络是一种深度学习架构，使用卷积运算。这允许网络减少特征空间，有效过滤输入并防止过拟合。

卷积是用核执行的，核也是在模型拟合过程中训练的。核的步幅决定了它在卷积的每一步中移动的步数。在时间序列预测中，仅使用 1D 卷积。

为了避免过快地减少特征空间，我们可以使用填充，它在输入向量前后加入零。这使输出维度与原始特征向量相同，允许我们堆叠更多的卷积层，反过来又允许网络在很长一段时间内处理这些特征。

现在你已经了解了 CNN 的内部工作原理，我们可以使用 Keras 实现它，并看看 CNN 是否能够产生比我们目前构建的模型更精确的预测。

16.2　实现 CNN

与前几章一样，我们将实现单步模型、多步模型和多输出模型的 CNN 架构。单步模型仅预测下一时间步长的交通流量，多步模型预测未来 24h 的交通流量，多输出模型预测下一时间步长的温度和交通流量。

在你的 Notebook 或 Python 脚本中，确保你有 DataWindow 类以及 compile_and_fit 函数（来自第 13 章～第 15 章），因为我们将使用这两段代码创建数据窗口并训练 CNN 模型。

注　本章的源代码可从 GitHub 上获取：https://github.com/marcopeix/TimeSeriesForecasting InPython/tree/master/CH16。

在本章中，我们还将把 CNN 架构与 LSTM 架构结合起来。看看用卷积层过滤时间序列，然后用 LSTM 处理过滤后的序列是否会提高我们预测的准确性，这可能很有趣。因此，我们可以只实现 CNN，也可以实现 CNN 与 LSTM 的组合。

当然，另一个先决条件是读取训练集、验证集和测试集，所以让我们现在开始动手。

```
train_df = pd.read_csv('../data/train.csv', index_col=0)
val_df = pd.read_csv('../data/val.csv', index_col=0)
test_df = pd.read_csv('../data/test.csv', index_col=0)
```

最后，我们将在 CNN 实现中使用三个时间步长的核长度。这是一个任意值，你将有机会在本章的练习中测试各种内核长度，并了解它们如何影响模型的性能。但是，内核的长度应该大于 1。否则，你只是简单地将特征空间乘以标量，而不会实现过滤。

16.2.1　实现单步 CNN 模型

我们首先将实现一个单步 CNN 模型。回想一下单步模型使用最后已知特征输出下一个时间步长的交通流量预测。

然而，在这种情况下，仅为 CNN 模型提供一个时间步长作为输入是没有意义的，因为我们想要运行卷积。我们将改为使用三个输入值以生成下一个时间步长的预测。这样我们就有了可以进行卷积运算的数据序列。此外，输入序列的长度必须至少等于核的长度，这里是 3。回想一下，我们用式 16.1 表达了输入长度、核长度和输出长度之间的关系：

$$输出长度 = 输入长度 - 核长度 + 1$$

在这个式中，没有长度可以等于 0，因为这意味着没有数据正在处理或输出。长度不能为 0 的条件仅当输入长度大于或等于核长度时满足。因此，输入序列必须至少有三个时间步长。

因此，我们可以定义将用于训练模型的数据窗口。

```
KERNEL_WIDTH = 3

conv_window = DataWindow(input_width=KERNEL_WIDTH, label_width=1, shift=1,
➡ label_columns=['traffic_volume'])
```

出于绘图的目的，我们希望看到模型在 24h 内的预测。这样，我们可以在 24 个时间步长上一次评估模型 1 个时间步长的滚动预测。因此，我们需要定义另一个 `label_width` 为 24 的数据窗口。`shift` 保持为 1，因为模型仅预测下一个时间步长。通过将式 16.1 重新排列为式 16.2 来获得输入长度。

$$输出长度 = 输入长度 - 核长度 + 1$$
$$输入长度 = 输出长度 + 核长度 - 1 \tag{16.2}$$

我们现在可以简单地计算所需的输入长度，以生成预测 24 个时间步长的序列。在这种情况下，输入长度为 24+3−1=26。这样，我们避免使用填充。稍后，在练习中你可以尝试使用填充较长的输入序列以适应输出长度。

我们现在可以定义数据窗口来绘制模型的预测：

```
LABEL_WIDTH = 24
INPUT_WIDTH = LABEL_WIDTH + KERNEL_WIDTH - 1          ← 来自式 16.2

wide_conv_window = DataWindow(input_width=INPUT_WIDTH,
    label_width=LABEL_WIDTH, shift=1, label_columns=['traffic_volume'])
```

准备好所有数据窗口后，我们就可以定义 CNN 模型了。同样，我们将使用 Keras 的 Sequential 模型来堆叠不同的层。然后，我们将使用 Conv1D 层，因为我们正在处理时间序列，并且核只在时间维度上移动。filters 参数相当于密集层的 units 参数，它表示卷积层中神经元的数量。我们将核的宽度（即 kernel_size）设置为 3。我们不需要指定其他维度，因为 Keras 将自动采用正确的形状来拟合输入。然后，我们将把 CNN 的输出传递到 Dense 层。这样，模型将在先前由卷积步骤过滤的减少的特征集上学习。我们最终将输出一个只有一个单位的 Dense 层的预测，因为我们只预测下一个时间步长的交通流量。

```
cnn_model = Sequential([          filters 参数等同于 Dense
    Conv1D(filters=32,            层的 units 参数；它定义了
        kernel_size=(KERNEL_WIDTH,),   卷积层中的神经元数量
        activation='relu'),
    Dense(units=32, activation='relu'),   核的宽度被指定了，但其他
    Dense(units=1)                        维度被省略了，因为 Keras
])                                        会自动拟合输入的形状
```

接下来，我们将编译并拟合模型，然后存储其性能指标，以便稍后进行比较。

```
history = compile_and_fit(cnn_model, conv_window)

val_performance = {}
performance = {}

val_performance['CNN'] = cnn_model.evaluate(conv_window.val)
performance['CNN'] = cnn_model.evaluate(conv_window.test, verbose=0)
```

我们可以使用数据窗口的 plot 方法对标签进行可视化预测。结果如图 16.5 所示。

```
wide_conv_window.plot(cnn_model)
```

如图 16.5 所示，许多预测重叠了标签，这意味着预测相当准确。当然，我们必须将该模型的性能指标与其他模型的性能指标进行比较，以正确地评估其性能。

在此之前，让我们将 CNN 和 LSTM 架构合并到单个模型中。在第 15 章中，你看到了 LSTM 架构是如何产生到目前为止性能最好的模型的。因此，一个合理的假设是，在将输入序列输入到 LSTM 之前过滤它可能会提高性能。

因此，我们将在 Conv1D 层之后加上两个 LSTM 层。这是一个随意的选择，所以一定要在以后尝试一下。构建模型的好方法很少只有一种，所以展示可能性是很重要的。

```
cnn_lstm_model = Sequential([
    Conv1D(filters=32,
```

```
        kernel_size=(KERNEL_WIDTH,),
        activation='relu'),
    LSTM(32, return_sequences=True),
    LSTM(32, return_sequences=True),
    Dense(1)
])
```

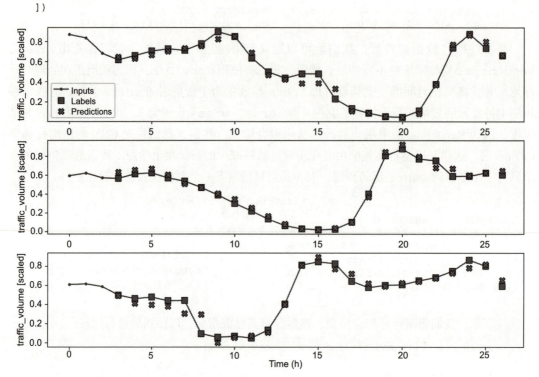

图 16.5 使用 CNN 作为单步模型预测交通流量。该模型采用三个值作为输入，这就是为什么我们只看到第四个时间步长的预测。同样，许多预测（以叉形表示）与标签（以正方形表示）重叠，这意味着模型相当准确

然后，我们将拟合模型并存储其评估指标。

```
history = compile_and_fit(cnn_lstm_model, conv_window)

val_performance['CNN + LSTM'] = cnn_lstm_model.evaluate(conv_window.val)
performance['CNN + LSTM'] = cnn_lstm_model.evaluate(conv_window.test,
➥ verbose=0)
```

在构建和评估了两个模型之后，我们可以在图 16.6 中查看新构建模型的 MAE。正如你所看到的，CNN 模型的表现并不比 LSTM 好，而 CNN 和 LSTM 的组合产生的 MAE 略高于单独的 CNN。

这些结果可以用输入序列的长度来解释。该模型仅给出三个值的输入序列，这对于 CNN 提取用于预测的有价值的特征可能是不够的。虽然 CNN 优于基线模型和线性模型，但 LSTM 仍然是目前性能最好的单步模型。

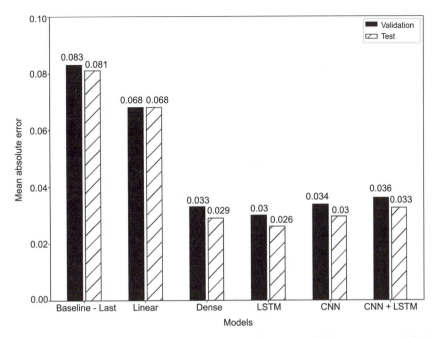

图 16.6 目前所建立的所有单步模型的 MAE。可以看到，CNN 并没有在 LSTM 性能的基础
上进行改进。将 CNN 与 LSTM 相结合也没有帮助，组合甚至比 CNN 的表现略差

16.2.2 实现多步 CNN 模型

现在，我们将转到多步模型。在这里，我们将使用最后已知的 24h 预测未来 24h 的交通流量。

同样，请记住，卷积减少了特征的长度，但我们仍然期望模型一次生成 24 个预测。因此，我们将重新使用式 16.2，并向模型提供长度为 26 的输入序列，以确保我们获得长度为 24 的输出。当然，这意味着我们将保持核长度为 3。因此，我们可以为多步模型定义数据窗口。

```
KERNEL_WIDTH = 3
LABEL_WIDTH = 24
INPUT_WIDTH = LABEL_WIDTH + KERNEL_WIDTH - 1

multi_window = DataWindow(input_width=INPUT_WIDTH, label_width=LABEL_WIDTH,
➡ shift=24, label_columns=['traffic_volume'])
```

接下来，我们将定义 CNN 模型。同样，我们将使用 Sequential 模型，其中我们将堆叠 Conv1D 层，然后是具有 32 个神经元的 Dense 层，然后是具有一个单元的 Dense 层，因为我们只预测交通流量。

```
ms_cnn_model = Sequential([
    Conv1D(32, activation='relu', kernel_size=(KERNEL_WIDTH)),
    Dense(units=32, activation='relu'),
    Dense(1, kernel_initializer=tf.initializers.zeros),
])
```

然后，我们可以训练模型并存储其性能指标，以便稍后进行比较。

```
history = compile_and_fit(ms_cnn_model, multi_window)

ms_val_performance = {}
ms_performance = {}

ms_val_performance['CNN'] = ms_cnn_model.evaluate(multi_window.val)
ms_performance['CNN'] = ms_cnn_model.evaluate(multi_window.test, verbose=0)
```

或者，我们使用 multi_window.plot(ms_cnn_model) 对模型预测进行可视化。现在，让我们跳过这一步，将 CNN 架构和 LSTM 架构像之前一样结合。在这里，我们将简单地用 LSTM 层替换中间的 Dense 层。一旦定义了模型，我们就可以拟合它并存储它的性能指标。

```
ms_cnn_lstm_model = Sequential([
    Conv1D(32, activation='relu', kernel_size=(KERNEL_WIDTH)),
    LSTM(32, return_sequences=True),
    Dense(1, kernel_initializer=tf.initializers.zeros),
])

history = compile_and_fit(ms_cnn_lstm_model, multi_window)
ms_val_performance['CNN + LSTM'] =
➡ ms_cnn_lstm_model.evaluate(multi_window.val)
ms_performance['CNN + LSTM'] =
➡ ms_cnn_lstm_model.evaluate(multi_window.test, verbose=0)
```

训练了这两个新模型后，我们可以根据目前建立的所有多步模型来评估它们的性能。如图 16.7 所示，CNN 模型并没有在 LSTM 模型的基础上进行改进。然而，在所有多步模型中，结合这两个模型得到的 MAE 是最小的，这意味着它产生了最准确的预测。LSTM 模型因此被推翻了，我们有了一个新的获胜模型。

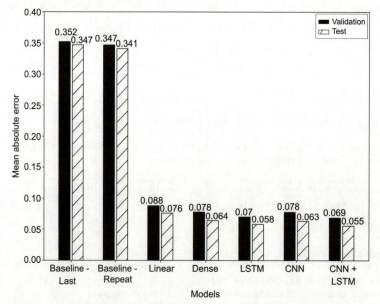

图 16.7 到目前为止建立的所有多步模型的 MAE。CNN 模型比 LSTM 模型差，因为它有更大的 MAE。然而，将 CNN 与 LSTM 相结合得到的 MAE 是最小的

16.2.3 实现多输出 CNN 模型

最后，我们将把 CNN 架构实现为一个多输出模型。在这种情况下，我们只希望预测下一个时间步长的温度和交通流量。

我们已经看到，给定长度为 3 的输入序列不足以让 CNN 模型提取有意义的特征，因此我们将使用与多步模型相同的输入长度。然而，这一次，我们是在 24 个时间步长中预测一个时间步长。

我们将如下定义数据窗口：

```
KERNEL_WIDTH = 3
LABEL_WIDTH = 24
INPUT_WIDTH = LABEL_WIDTH + KERNEL_WIDTH - 1

wide_mo_conv_window = DataWindow(input_width=INPUT_WIDTH, label_width=24,
    shift=1, label_columns=['temp', 'traffic_volume'])
```

到目前为止，你应该已经习惯了使用 Keras 构建模型，因此将 CNN 架构定义为多输出模型应该很简单。同样，我们将使用 Sequential 模型，在该模型中我们将堆叠一个 Conv1D 层，然后是一个 Dense 层，允许网络学习一组经过过滤的特征。输出层将有两个神经元，因为我们同时预测温度和交通流量。接下来，我们将拟合模型并存储其性能指标。

```
mo_cnn_model = Sequential([
    Conv1D(filters=32, kernel_size=(KERNEL_WIDTH,), activation='relu'),
    Dense(units=32, activation='relu'),
    Dense(units=2)
])

history = compile_and_fit(mo_cnn_model, wide_mo_conv_window)

mo_val_performance = {}
mo_performance = {}

mo_val_performance['CNN'] = mo_cnn_model.evaluate(wide_mo_conv_window.val)
mo_performance['CNN'] = mo_cnn_model.evaluate(wide_mo_conv_window.test,
    verbose=0)
```

我们还可以像以前一样将 CNN 架构与 LSTM 架构相结合。我们将简单地用 LSTM 层替换中间密集层，拟合模型，并存储其指标。

```
mo_cnn_lstm_model = Sequential([
    Conv1D(filters=32, kernel_size=(KERNEL_WIDTH,), activation='relu'),
    LSTM(32, return_sequences=True),
    Dense(units=2)
])

history = compile_and_fit(mo_cnn_lstm_model, wide_mo_conv_window)

mo_val_performance['CNN + LSTM'] =
    mo_cnn_model.evaluate(wide_mo_conv_window.val)
mo_performance['CNN + LSTM'] =
    mo_cnn_model.evaluate(wide_mo_conv_window.test, verbose=0)
```

像往常一样，我们将在图 16.8 中比较新模型与以前的多输出模型的性能。你会注意到，

CNN 以及 CNN 和 LSTM 的组合并没有在 LSTM 的基础上取得改进。事实上，所有三个模型都实现了相同的 MAE。

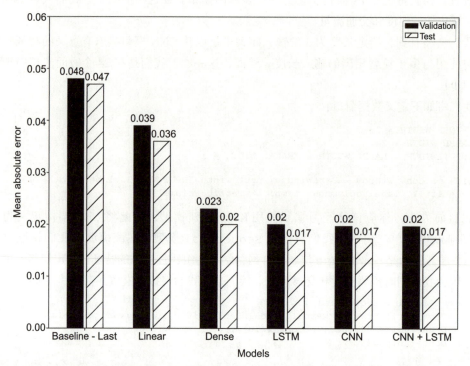

图 16.8　到目前为止建立的所有多输出模型的 MAE。正如你所看到的，CNN 以及 CNN 和 LSTM 的组合并没有在 LSTM 模型的基础上取得改进

解释这种行为很难，因为深度学习模型是黑箱。虽然它们的性能可能非常好，但权衡之处在于它们的可解释性。解释神经网络模型的方法确实存在，但这超出了本书的范围。如果你想了解更多，可以看看 Christof Molnar 的书 *Interpretable Machine Learning*, *Second Edition*（https://christophm.github.io/interpretable-ml-book/）。

16.3　下一步

在本章中，我们研究了 CNN 的架构。我们观察了卷积运算是如何在网络中使用的，以及它如何有效地使用核过滤输入序列。然后，我们实现了 CNN 架构，并将其与 LSTM 架构相结合，生成了两个新的单步模型、多步模型和多输出模型。

在单步模型的情况下，使用 CNN 没有改善结果。事实上，它的表现比单独的 LSTM 更差。对于多步模型，我们观察到了轻微的性能提升，并通过 CNN 和 LSTM 的组合获得了性能最好的多步模型。在多输出模型的情况下，CNN 的使用导致了恒定的性能，因此我们看到在 CNN、LSTM 以及 CNN 和 LSTM 的组合之间存在联系。因此，CNN 不一定会导致最佳性能模型。在一种情况下是这样，在另一种情况下不是这样，而在另一种情况中则没有区别。

在使用深度学习进行建模时，将 CNN 架构作为工具集中的工具来考虑是很重要的。模型根据数据集和预测目标的不同会有不同的表现。关键在于正确地为数据开窗（正如 DataWindow 类所做的那样），以及遵循一种测试方法（正如我们所做的那样，保持训练集、验证集和测试集不变，并使用 MAE 针对基线模型评估所有模型）。

我们要探索的最后一个深度学习架构是关于多步模型的。到目前为止，所有多步模型都一次性输出未来 24h 的预测结果。然而，可以逐渐预测下一个 24h，并将过去的预测反馈到模型中以输出下一个预测。这尤其适用于 LSTM 架构，从而产生自回归 LSTM（ARLSTM）。这将是第 17 章的主题。

16.4 练习

在第 15 章的练习中，你构建了 LSTM 模型。现在，你将尝试使用 CNN 以及 CNN 和 LSTM 的组合，看看是否可以提高性能。这些练习的解决方案可以在 GitHub 上获取：https://github.com/marcopeix/TimeSeriesForecastingInPython/tree/master/CH16。

1. 对于单步模型：

   a. 建立一个 CNN 模型，将核宽度设置为 3。

   b. 绘制其预测。

   c. 使用 MAE 评估模型，并存储 MAE。

   d. 建立 CNN + LSTM 模型。

   e. 绘制其预测。

   f. 使用 MAE 评估模型并存储 MAE。

   g. 哪个模型表现最好？

2. 对于多步模型：

   a. 建立一个 CNN 模型，将核宽度设置为 3。

   b. 绘制其预测。

   c. 使用 MAE 评估模型并存储 MAE。

   d. 建立 CNN+LSTM 模型。

   e. 绘制其预测。

   f. 使用 MAE 评估模型并存储 MAE。

   g. 哪个模型表现最好？

3. 多输出模型：

   a. 建立一个 CNN 模型，将核宽度设置为 3。

   b. 绘制其预测。

   c. 使用 MAE 评估模型并存储 MAE。

d. 建立 CNN + LSTM 模型。

e. 绘制其预测。

f. 使用 MAE 评估模型并存储 MAE。

g. 哪个模型表现最好?

和往常一样,这是一个实验的机会,你可以探索以下内容:

❑ 添加更多的层。

❑ 更改单元数。

❑ 填充序列而不是增加输入长度,这通过使用 `padding="same"` 参数在 `Conv1D` 层中
完成。在这种情况下,你的输入序列的长度必须为 24。

❑ 使用不同的层初始化。

小结

❑ 卷积神经网络是一种利用卷积运算的深度学习架构。

❑ 卷积操作在核和特征空间之间执行。它只是核函数和特征向量之间的点积。

❑ 运行卷积运算可以得到较短的输出序列而不是输入序列。因此,运行多次卷积可以快
速减小输出长度。填充可以防止这种情况的发生。

❑ 在时间序列预测中,卷积只在一维(时间维度)上进行。

❑ CNN 只是你工具箱里的另一个模型,可能并不总是最好的模型。确保使用 `DataWindow`
正确地移动数据,并通过保持每组数据恒定、构建基线模型和使用相同的误差度量对
所有模型进行评估来保持测试方法的有效性。

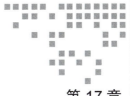

第 17 章 *Chapter 17*

使用预测做出更多预测

在第 16 章中，我们研究并建立了一个 CNN，我们甚至将其与 LSTM 架构相结合，以测试我们是否能够超越 LSTM 模型。结果好坏参半，CNN 模型在单步模型中表现较差，在多步模型中表现最好，在多输出模型中表现同样好。

现在我们将完全关注多步模型，因为它们都一次输出整个预测序列。我们将修改这种行为，并逐步输出预测序列，使用过去的预测做出新的预测。这样，该模型将创建滚动预测，但使用自己的预测来通知输出。

这种架构通常与 LSTM 一起使用，称为 ARLSTM。在本章中，我们将首先探索 ARLSTM 模型的一般架构，然后我们将在 Keras 中构建它，看看是否可以构建一个新的高性能的多步模型。

17.1 研究 ARLSTM 架构

我们建立了许多个多步模型，所有的模型都对未来 24h 的交通流量进行了预测。每个模型都一次生成了整个预测序列，这意味着我们可以立即从模型中得到 24 个值。

为了便于说明，让我们考虑一个仅包含 LSTM 层的简单模型。图 17.1 显示了到目前为止我们所构建的多步模型的一般架构。它们中的每一个都有输入，经过一个层（无论是 LSTM、Dense，还是 Conv1D），并产生 24 个值的序列。这种类型的架构强制输出 24 个值。

但如果我们想要一个更长的序列，或者更短的序列？如果我们只想预测接下来的 8h，或者 48h 呢？在这种情况下，我们必须重做数据窗口并重新训练模型，这可能代表相当多的工作。

相反，我们可以选择自回归深度学习模型。如图 17.2 所示，每个预测都被发送回模型，允许它生成下一个预测。重复这个过程，直到我们得到所需长度的序列。

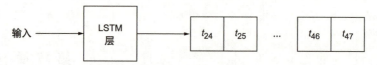

图 17.1 一个具有 LSTM 层的一次多步模型。我们构建的所有多步模型都有这种通用架构。
LSTM 层可以很容易地被 CNN 层或 Dense 层取代

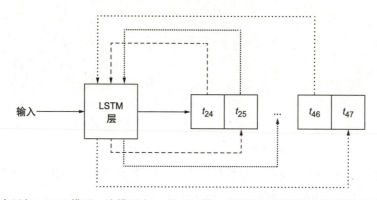

图 17.2 自回归 LSTM 模型。该模型在 t_{24} 处返回第一个预测，并将其发送回模型以生成 t_{25} 处
的预测。重复这个过程，直到得到所需的输出长度。这里再次显示了一个 LSTM 层，
但它可以是一个 CNN 或一个 Dense 层

你可以看到使用自回归深度学习架构生成任何序列长度是多么容易。这种方法还有一个额外的优点，它允许我们预测不同尺度的时间序列，如小时、天或月，同时避免重新训练一个新模型。这是 Google DeepMind 为创建 WaveNet（https://deepmind.com/blog/article/wavenet-generative-model-raw-audio）所构建的架构类型，WaveNet 是一个生成原始音频序列的模型。在时间序列的背景下，DeepAR（http://mng.bz/GEoV）是一种方法，它也使用自回归神经网络实现最先进的结果。

然而，使用自回归深度学习模型有一个主要的注意事项，那就是误差的累积。我们对许多时间序列进行了预测，我们知道预测与实际值之间总是存在一些差异。这种误差在反馈到模型中时不断累积，这意味着以后的预测会比早期的预测有更大的误差。因此，尽管自回归深度学习架构看起来很强大，但它可能不是特定问题的最佳解决方案。因此，使用严格的测试协议非常重要，这是我们从第 13 章开始一直在做的事情。

尽管如此，在你的时间序列预测工具箱中有这个模型还是有好处的。在 17.2 节中，我们将编写一个自回归 LSTM 模型，以在接下来的 24h 内生成预测。我们将把它的性能与我们以前使用的多步模型进行比较。

17.2　构建自回归 LSTM 模型

我们现在准备用 Keras 编写自回归深度学习模型。具体地说，我们将编写一个自回归 LSTM 模型，因为实验表明，LSTM 模型在多步模型中达到了最佳性能。因此，我们将尝试通过使其自回归来进一步改进这个模型。

和往常一样，确保在 Notebook 或 Python 脚本中有 DataWindow 类和 compile_and_fit 函数可访问。它们与我们在第 13 章中使用的版本相同。

注　任何时候，请随时查阅在 GitHub 上本章的源代码：https://github.com/marcopeix/TimeSeriesForecastingInPython/tree/master/CH17。

第一步是读取训练集、验证集和测试集。

```
train_df = pd.read_csv('../data/train.csv', index_col=0)
val_df = pd.read_csv('../data/val.csv', index_col=0)
test_df = pd.read_csv('../data/test.csv', index_col=0)
```

接下来，我们将定义数据窗口。在本例中，我们将重用用于 LSTM 模型的数据窗口。输入序列和标签序列都有 24 个时间步。我们将指定 shift=24，以便模型输出 24 个预测。我们的目标仍然是交通流量。

```
multi_window = DataWindow(input_width=24, label_width=24, shift=24,
➡ label_columns=['traffic_volume'])
```

现在，我们将把模型包装在一个名为 AutoRegressive 的类中，它继承自 Keras 中的 Model 类。这使我们能够访问输入和输出。这样，我们就能够在每个预测步骤中指定输出应该成为输入。

我们首先在 AutoRegressive 类中定义 __init__ 函数。这个函数有三个参数：

❏ self——引用 AutoRegressive 类的实例。

❏ units——表示一层神经元的数量。

❏ out_steps——表示预测序列的长度。在这种情况下，它是 24。

然后我们将使用三个不同的 Keras 层：Dense 层、RNN 层和 LSTMCell 层。LSTMCell 层是比 LSTM 层低一级的层。它允许我们访问更细粒度的信息，例如状态和预测，然后我们可以对这些信息进行操作，将输出作为输入返回到模型中。对于 RNN 层，这用于在输入数据上训练 LSTMCell 层。然后将其输出通过 Dense 层生成预测。这是完整的 __init__ 函数：

```
class AutoRegressive(Model):
    def __init__(self, units, out_steps):        ◁── 神经元的数量由 units 参
        super().__init__()                            数定义，预测序列的长度由
        self.out_steps = out_steps                    out_steps 定义
        self.units = units
        self.lstm_cell = LSTMCell(units)         ◁── LSTMCell 层是一个较低级别
        self.lstm_rnn = RNN(self.lstm_cell, return_state=True)  的类，它允许我们访问更细粒
        self.dense = Dense(train_df.shape[1])       度的信息，例如状态和输出
```

预测来自这个 Dense 层 └─→ self.dense = Dense(train_df.shape[1])

RNN 层包装 LSTMCell 层，因此更容易在数据上训练 LSTM

初始化完成后，下一步是定义一个输出第一个预测的函数。由于这是一个自回归模型，因此该预测将作为输入反馈到模型中，以生成下一个预测。在进入自回归循环之前，我们必须有一种方法来获取最初的预测。

因此，我们将定义 warmup 函数，它复制了一个单步 LSTM 模型。我们将简单地将输入传递到 lstm_rnn 层，从 Dense 层获得预测，并返回预测和状态。

```python
def warmup(self, inputs):                    把输入传递到 LSTM 层。
    x, *state = self.lstm_rnn(inputs)        输出被送到 Dense 层
    prediction = self.dense(x)               从 Dense 层获取
                                             预测结果
    return prediction, state
```

现在我们已经有了捕获第一个预测的方法，我们可以定义 call 函数，它将运行一个循环来生成长度为 out_steps 的预测序列。注意，函数必须命名为 call，因为它是由 Keras 隐式调用的，以不同的方式命名会导致错误。

因为我们使用的是 LSTMCell 类，它是一个低级类，所以我们必须手动传递前一个状态。一旦循环完成，我们将预测堆叠起来，并使用 transpose 方法确保它们有正确的输出形状。

```python
def call(self, inputs, training=None):           初始化一个空列表来
    predictions = []                             收集所有预测结果
    prediction, state = self.warmup(inputs)
                                                 第一个预测结果从
                                                 warmup 函数中获得
    predictions.append(prediction)
                                                 将第一个预测结果
    for n in range(1, self.out_steps):           放入预测列表中
        x = prediction
        x, state = self.lstm_cell(x, states=state, training=training)

        prediction = self.dense(x)               使用上一个预测结果作
        predictions.append(prediction)          为输入，生成新的预测

    predictions = tf.stack(predictions)
    predictions = tf.transpose(predictions, [1, 0, 2])
                                                 使用 transpose
                                                 获得所需形状
    return predictions                           (batch, time,
                                                 features)
```

预测结果将成为下一个预测的输入

将所有预测结果堆叠起来。此时，我们的形状为（time，batch，features），必须将其更改为（batch，time，features）

完整的类如清单 17.1 所示。

清单 17.1 定义一个类来实现自回归 LSTM 模型

```python
class AutoRegressive(Model):
    def __init__(self, units, out_steps):
        super().__init__()
        self.out_steps = out_steps
        self.units = units
        self.lstm_cell = LSTMCell(units)
        self.lstm_rnn = RNN(self.lstm_cell, return_state=True)
        self.dense = Dense(train_df.shape[1])
```

```
def warmup(self, inputs):
    x, *state = self.lstm_rnn(inputs)
    prediction = self.dense(x)

    return prediction, state

def call(self, inputs, training=None):
    predictions = []
    prediction, state = self.warmup(inputs)

    predictions.append(prediction)

    for n in range(1, self.out_steps):
        x = prediction
        x, state = self.lstm_cell(x, states=state, training=training)

        prediction = self.dense(x)
        predictions.append(prediction)

    predictions = tf.stack(predictions)
    predictions = tf.transpose(predictions, [1, 0, 2])

    return predictions
```

现在我们已经定义了 AutoRegressive 类，它实现了一个自回归 LSTM 模型。我们可以用它来训练数据模型。我们将用 32 个单元和 24 个时间步长的输出序列长度初始化它，因为多时间步长模型的目标是预测未来 24h。

```
AR_LSTM = AutoRegressive(units=32, out_steps=24)
```

接下来，我们将编译模型，训练它，并存储它的性能指标。

```
history = compile_and_fit(AR_LSTM, multi_window)

ms_val_performance = {}
ms_performance = {}

ms_val_performance['AR - LSTM'] = AR_LSTM.evaluate(multi_window.val)
ms_performance['AR - LSTM'] = AR_LSTM.evaluate(multi_window.test,
➡ verbose=0)
```

通过使用 DataWindow 类中的 plot 方法，可以将模型的预测与实际值进行可视化。

```
multi_window.plot(AR_LSTM)
```

在图 17.3 中，许多预测非常接近实际值，有时甚至重叠。这表明我们有一个相当精确的模型。

这种可视化观察不足以确定我们是否有一个新的高性能模型，所以我们将把它的 MAE 与所有以前的多步模型的 MAE 进行对比。结果如图 17.4 所示，这表明我们的自回归 LSTM 模型在验证集上的 MAE 为 0.063，在测试集上的 MAE 为 0.049。这个分数比 CNN 和 CNN + LSTM 模型，以及简单的 LSTM 模型都要高。因此，自回归 LSTM 模型成为性能最好的多步模型。

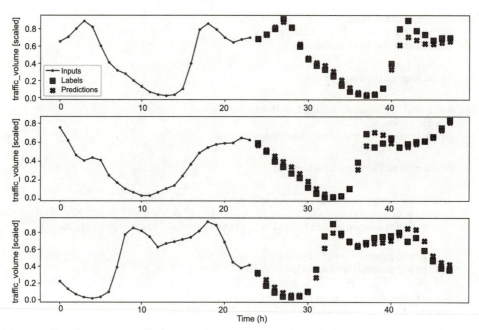

图 17.3　使用自回归 LSTM 模型预测未来 24h 的交通流量。许多预测（用叉形表示）与实际值（用正方形表示）重叠，这意味着我们有一个相当精确的模型

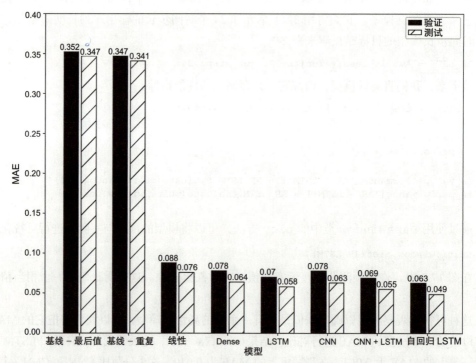

图 17.4　验证集和测试集上所有多步模型的 MAE。自回归 LSTM 模型的 MAE 比 CNN、CNN + LSTM 模型和简单 LSTM 模型都要小

永远记住，每个模型的性能取决于所涉及的问题。这里的结论不是自回归 LSTM 总是最好的模型，而是它是这种情况下性能最好的模型。对于另一个问题，你可能会找到另一个冠军模型。如果你从第 13 章开始就一直在做练习，你就会发现这一点。请记住，我们从第 13 章开始建立的每个模型都是你工具箱中的又一个工具，帮助你最大限度地解决时间序列预测问题。

17.3　下一步

这是一个相当短的章节，因为它建立在我们已经介绍过的概念之上，例如 LSTM 架构和数据窗口。

在我们的例子中，自回归 LSTM 模型优于简单的 LSTM 多步模型，它比 CNN 模型表现得更好。同样，这并不意味着自回归 LSTM 模型总是优于 CNN 模型或简单的 LSTM 模型。每个问题都是唯一的，不同的架构可能为不同的问题带来最佳性能。重要的是，你现在有大量的模型可以测试并适应每个问题，以便找到可能的最佳解决方案。

至此，本书中关于深度学习的部分已经接近尾声。在第 18 章中，我们将把深度学习方法的知识应用到一个顶点项目中的时间序列预测中。与前面一样，我们将提供一个问题和数据集，并且必须生成一个预测模型来解决问题。

17.4　练习

在自第 13 章以来的练习中，我们使用三种形式（单步、多步和多输出）建立了许多模型来预测空气质量。现在我们将使用自回归 LSTM 模型构建最后一个多步模型。解决方案可以在 GitHub 上获取：https://github.com/marcopeix/TimeSeriesForecastingInPython/tree/master/CH17。

对于多步模型：

a. 构建自回归 LSTM 模型。

b. 绘制其预测。

c. 使用 MAE 评估模型并存储 MAE，进行比较。

d. 自回归 LSTM 模型是冠军模型吗？

当然，可以随时进一步进行实验。例如，你可以改变单元的数量，看看它是如何影响模型性能的。

小结

❑ 深度学习中的自回归架构催生了最先进的模型，如 WaveNet 和 DeepAR。

❑ 自回归深度学习模型生成一系列预测，但每个预测都作为输入反馈到模型中。

❑ 关于自回归深度学习模型的一个警告是，误差会随着序列长度的增加而累积。因此，早期的错误预测会对后期的预测产生很大的影响。

顶点项目：预测一个家庭的用电量

祝贺你走了这么远！在第 12 章~第 17 章中，我们埋头研究了深度学习时间序列预测。你了解到，当你拥有大型数据集（通常意味着超过 10 000 个数据点，具有许多特征）时，统计模型会变得低效或者不可用。然后，我们必须重新使用深度学习模型，它可以利用所有可用的信息，同时保持计算效率，以生成预测模型。

正如我们在第 6 章中开始使用 ARMA (p, q) 构建时间序列模型时必须设计一个新的预测过程一样，使用深度学习建模技术仍需要使用另一个建模过程：使用 DataWindow 类创建数据窗口。该类在深度学习建模中起着至关重要的作用，因为它允许我们适当地格式化数据，为模型创建一组输入和标签，如图 18.1 所示。

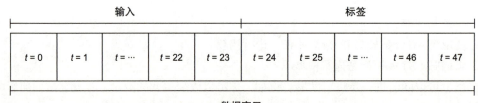

图 18.1　数据窗口示例。该数据窗口有 24 个时间步长作为输入，24 个时间步长作为输出。然后，该模型将使用 24h 的输入生成 24h 的预测。数据窗口的总长度是输入和标签的长度之和。在本例中，总长度为 48 个时间步长

这个数据窗口步骤允许我们生成各种各样的模型，从简单的线性模型到深度神经网络、LSTM 网络和 CNN。此外，数据窗口可以用于不同的场景，允许我们创建单步模型（仅仅预测下一个时间步长）、多步模型（预测未来的一个序列步长），以及多输出模型（可以预测多个

目标变量）。

在前面几章中我们使用了深度学习，是时候将我们的知识应用到一个顶点项目中了。在本章中，我们将详细介绍一个使用深度学习模型预测项目的步骤。我们将首先查看这个项目，并描述我们将使用的数据。然后，我们将介绍数据整理和预处理步骤。虽然这些步骤与时间序列预测没有直接关系，但它们是任何机器学习项目中的关键步骤。然后我们将专注于建模步骤，其中我们将尝试一组深度学习模型来发现最佳性能。

18.1 了解顶点项目

对于这个项目，我们将使用一个数据集来跟踪一个家庭的用电量。"个人家庭用电量"数据集可从 UC Irvine Machine Learning Repository 中公开获取：https://archive.ics.uci .edu/ml/datasets/Individual+household+electric+power+consumption。

用电量预测是世界范围内常见的任务。在发展中国家，它可以帮助规划电网的建设。在电网已经发展起来的国家，预测用电量可以确保电网能够提供足够的能源，有效地为所有家庭提供电力。有了准确的预测模型，能源公司可以更好地规划电网上的负荷，确保它们在高峰时期产生足够的能源，或有足够的能源储备来满足需求。此外，它们还可以避免产生过多的电力，如果不储存电力，则可能会导致电网的不平衡，从而造成断开连接的风险。因此，预测用电量是对我们日常生活产生影响的一个重要问题。

为了开发预测模型，我们将使用之前提到的用电量数据集，其中包含 2006 年 12 月至 2010 年 11 月期间法国索镇一户人家的用电量。这些数据横跨 47 个月，每分钟都被记录下来，这意味着我们有超过 200 万个数据点。

该数据集总共包含 9 列，如表 18.1 所表。主要目标是全球有功功率，因为它代表了电路中使用的实际功率。这是这些设备所使用的组件。另外，无功功率在电路的源和负载之间移动，因此它不会产生任何有用的工作。

表 18.1 数据集中各列的描述

列名	描述
Date	按照 "dd/mm/yyyy" 的格式输入日期
Time	按照 "hh:mm:ss" 的格式输入时间
Global_active_power	全球有用功率（单位：千瓦）
Global_reactive_power	全球无用功率（单位：千瓦）
Voltage	电压（单位：伏特）
Global_intensity	电流强度（单位：安培）
Sub_metering_1	厨房设备（洗碗机、烤箱和微波炉）的用电量（单位：瓦时）
Sub_metering_2	洗衣房中的洗衣机、烘干机、冰箱和灯光的用电量（单位：瓦时）
Sub_metering_3	热水器和空调的用电量（单位：瓦时）

该数据集不包括任何天气信息，这可能是用电量的一个强有力的预测因子。我们可以安全

地预期，在炎热的夏天，空调机组将工作更长的时间，因此需要更多的电力。在寒冷的冬天，也可以预期会出现同样的情况，因为给房子供暖需要大量的电力。这些数据在这里不可用，但在专业环境中，我们可以要求这种类型的数据来增强数据集，并有可能产生更好的模型。

现在你对问题和数据集已经有了一定的理解，让我们定义这个项目的目标和实现它将要采取的步骤。

顶点项目的目标

这个顶点项目的目标是创建一个模型，可以预测未来 24h 的全球有功功率。如果你感到有信心，这个目标应该足以让你下载数据集，独立完成，并将你的过程与本章中介绍的过程进行比较。

除此之外，以下是需要执行的步骤：

1. 数据的整理和预处理。此步骤是可选的。它与时间序列预测没有直接联系，但在任何机器学习项目中都是重要的一步。你可以安全地跳过这一步，并使用一个干净的数据集从第 2 步开始：

    a. 计算缺失值的数量。

    b. 估算缺失值。

    c. 将每个变量表示为数值（所有数据最初都存储为字符串）。

    d. 将 Date 和 Time 列合并为 DateTime 对象。

    e. 确定每分钟采样的数据是否可用于预测。

    f. 按小时重采样数据。

    g. 去掉不完整的小时数。

2. 特征工程：

    a. 识别任何季节性。

    b. 用正弦和余弦变换对时间进行编码。

    c. 缩放数据。

3. 划分数据：

    按照 70:20:10 的比例划分，以创建训练集、验证集和测试集。

4. 为深度学习建模做准备：

    a. 实现 DataWindow 类。

    b. 定义 compile_and_fit 函数。

    c. 创建列索引和列名的字典。

5. 深度学习模型：

    a. 训练至少一个基线模型。

    b. 训练线性模型。

    c. 训练深度神经网络。

d. 训练 LSTM。

e. 训练 CNN。

f. 训练 LSTM 和 CNN 的结合。

g. 训练自回归 LSTM。

h. 选择性能最高的模型。

你现在有了成功完成这个顶点项目的所有步骤。我强烈建议你先自己尝试一下，因为这将揭示你已经掌握了什么和你需要复习什么。无论如何，你都可以参考以下部分对每个步骤的详解。

完整解决方案可以在 GitHub 上获取：https://github.com/marcopeix/TimeSeriesForecastingIn Python/tree/master/CH18。请注意，数据文件太大，以至于无法包含在存储库中，因此你需要单独下载数据集。祝你好运！

18.2　数据整理和预处理

数据整理是将数据转换为易于建模的形式的过程。这个步骤通常涉及探索缺失的数据，填充空白值，并确保数据具有正确的类型，这意味着数字是数值，而不是字符串。这是一个复杂的步骤，它可能是任何机器学习项目中最重要的一步。在预测项目开始时拥有低质量的数据可以保证你会有低质量的预测。如果你希望只关注时间序列预测，你可以跳过本章的这部分，但我强烈建议你浏览一下，因为它将真正帮助你适应数据集。

注　如果你还没有这样做，那么你可以从 UC Irvine Machine Learning Repository 下载"个人家庭用电量"数据集：https://archive.ics.uci.edu/ml/datasets/Individual+household+electric +power+consumption。

要执行这种数据整理，你可以首先将用于数据操作和可视化的库导入 Python 脚本或 Jupyter Notebook。

```
import datetime

import numpy as np
import pandas as pd
import tensorflow as tf
import matplotlib.pyplot as plt

import warnings
warnings.filterwarnings('ignore')
```

每当使用 numpy 和 TensorFlow 时，我喜欢设置一个随机种子，以确保结果可以重现。如果你没有设置种子，那么你的结果可能会不同，如果你设置的种子与我的不同，那么你的结果将与这里所示的不同。

```
tf.random.set_seed(42)
np.random.seed(42)
```

下一步是将数据文件读入 DataFrame。我们正在处理一个原始文本文件，但是我们仍然可以使用 pandas 中的 read_csv 方法。我们只需要指定分隔符，在本例中是分号。

```
df = pd.read_csv('../data/household_power_consumption.txt', sep=';')
```

只要指定分隔符，我们就可以对 .txt 文件使用此方法

我们可以选择用 df.head() 显示前五行，用 df.tail() 显示后五行。这将显示从 2006 年 12 月 16 日下午 5 点 24 分开始，到 2010 年 11 月 26 日下午 9 点 02 分结束的数据，并且数据是在每分钟收集的。我们还可以用 df.shape 显示数据的形状，这表明我们有 2 075 529 行和 9 列。

18.2.1 处理缺失数据

现在让我们检查缺失的值。我们可以通过将 isna() 方法与 sum() 方法链接起来实现这一点。这将返回数据集中每一列所有缺失值的总和。

```
df.isna().sum()
```

从图 18.2 所示的输出中，只有 Sub_metering_3 列有缺失值。事实上，根据数据文档，约有 1.25% 的值丢失了。

```
Date                     0
Time                     0
Global_active_power      0
Global_reactive_power    0
Voltage                  0
Global_intensity         0
Sub_metering_1           0
Sub_metering_2           0
Sub_metering_3       25979
dtype: int64
```

图 18.2 在我们的数据集中缺失值的总数的输出。你可以看到，只有 Sub_metering_3 列有缺失值

我们可以探索两种选项来处理缺失值。首先，我们可以简单地删除此列，因为没有其他特征有缺失值。其次，我们可以用一定的值来填充缺失值。这个过程称为估算。

我们将首先检查是否有许多连续的缺失值。如果是这样的话，则最好去掉这个列，因为估算许多连续的值可能会在数据中引入一个不存在的趋势。否则，如果缺失值随时间分散，那么填充它们是合理的。以下代码块输出连续缺失值的最长序列的长度：

```
na_groups =
 ➥ df['Sub_metering_3'].notna().cumsum()[df['Sub_metering_3'].isna()]
len_consecutive_na = na_groups.groupby(na_groups).agg(len)

longest_na_gap = len_consecutive_na.max()
```

这输出了连续 7226min 的缺失数据，大约相当于 5 天。在这种情况下，空白肯定太大

了，以至于无法填补缺失值，所以我们将从数据集中删除这一列。

```
df = df.drop(['Sub_metering_3'], axis=1)
```

数据集中不再有任何缺失的数据，因此我们可以继续进行下一步。

18.2.2 数据转换

现在让我们检查一下数据是否有正确的类型。我们应该研究数值数据，因为数据集是传感器读数的集合。

我们可以使用 df.dtypes 输出每个列的类型，它显示我们每个列都是 object 类型。在 pandas 中，这意味着数据主要是文本，或数值和非数值的混合。

我们可以用 pandas 的 to_numeric 函数将每一列转换为一个数值。这是必不可少的，因为模型期望的是数值数据。请注意，我们不会将日期和时间列转换为数值——这些将在稍后的步骤中处理。

```
cols_to_convert = df.columns[2:]

df[cols_to_convert] = df[cols_to_convert].apply(pd.to_numeric,
➡ errors='coerce')
```

我们可以选择使用 df.dtypes 再次检查每个列的类型，以确保数值被正确转换。这将显示从 Global_active_power 到 Sub_metering_2 的每列现在都是所期望的 float64。

18.2.3 数据重采样

下一步是检查每分钟采样一次的数据是否适合用于建模。有可能每分钟采样的数据太嘈杂，以至于无法建立一个性能良好的预测模型。

为了验证这一点，我们只需简单地绘制目标图，以看看它是什么样子的。结果如图 18.3 所示。

```
fig, ax = plt.subplots(figsize=(13,6))

ax.plot(df['Global_active_power'])
ax.set_xlabel('Time')
ax.set_xlim(0, 2880)

fig.autofmt_xdate()
plt.tight_layout()
```

图 18.3 显示，数据噪声很大，每分钟都会出现较大的振荡或平坦序列。这种模式很难用深度学习模型来预测，因为它似乎是随机移动的。此外，我们还可以质疑按分钟预测用电量的必要性，因为电网的变化不可能在如此短的时间内发生。

因此，我们肯定需要重采样数据。在这种情况下，我们将按小时重采样。这样，我们就有希望平滑数据，发现一种用机器学习模型更容易预测的模式。

为此，我们将需要一个 datetime 数据类型。我们可以结合日期和时间列来创建一个新的列，它使用 datetime 数据类型保存相同的信息。

```
df.loc[:,'datetime'] = pd.to_datetime(df.Date.astype(str) + ' ' +
➥ df.Time.astype(str))                              ⟵ 这一步可能需要很长时间。
                                                        如果代码看起来像是挂起，
df = df.drop(['Date', 'Time'], axis=1)                  那么请不要担心
```

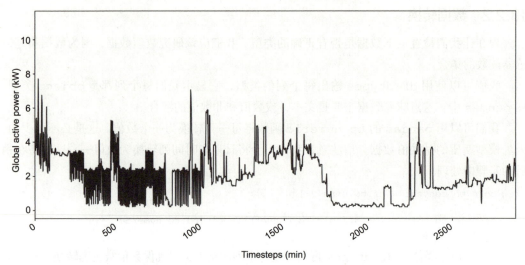

图 18.3　每分钟采样记录的全局有功功率的前 24h。你可以看到这些数据噪声很大

现在我们可以重采样数据了。在这种情况下，我们将每小时取每个变量的和。这样我们就能知道这个家庭每小时用电量了。

```
hourly_df = df.resample('H', on='datetime').sum()
```

记住，我们的数据开始于 2006 年 12 月 16 日下午 5：24，结束于 2010 年 11 月 26 日晚上 9：02。使用新的重采样方法，我们现在可以得到每小时每一列的和，这意味着数据从 2006 年 12 月 16 日下午 5 点开始，到 2010 年 11 月 26 日晚上 9 点结束。然而，第一行和最后一行数据的总和并没有整整 60min。第一行计算了从下午 5：24 到下午 5：59 的总和，即 35min。最后一行计算了从晚上 9：00 到晚上 9：02 的总和，这只有 2min。因此，我们将删除数据的第一行和最后一行，以便我们只处理整个小时之和。

```
hourly_df = hourly_df.drop(hourly_df.tail(1).index)
hourly_df = hourly_df.drop(hourly_df.head(1).index)
```

最后，这个过程已经改变了索引。我个人更喜欢将索引作为整数，而将日期作为列，所以我们将简单地重置 DataFrame 的索引。

```
hourly_df = hourly_df.reset_index()
```

我们可以选择使用 hourly_df.shape 检查数据的形状，我们会看到现在有 34 949 行数据。这是比最初的 200 万行下降了很多。然而，这种大小的数据集绝对适合深度学习方法。

让我们再次绘制目标，看看重采样数据是否产生了一个可以预测的可识别的模式。在这

里，我们将绘制出全局有功功率每小时采样的前 15 天：

```
fig, ax = plt.subplots(figsize=(13,6))

ax.plot(hourly_df['Global_active_power'])
ax.set_xlabel('Time')
ax.set_xlim(0, 336)

plt.xticks(np.arange(0, 360, 24), ['2006-12-17', '2006-12-18',
➥ '2006-12-19', '2006-12-20', '2006-12-21', '2006-12-22', '2006-12-23',
➥ '2006-12-24', '2006-12-25', '2006-12-26', '2006-12-27', '2006-12-28',
➥ '2006-12-29', '2006-12-30', '2006-12-31'])

fig.autofmt_xdate()
plt.tight_layout()
```

如图 18.4 所示，我们现在有了一个更平滑的全局有功功率模式。此外，我们可以辨别每天的季节性，尽管它不像本书中之前的例子那样明显。

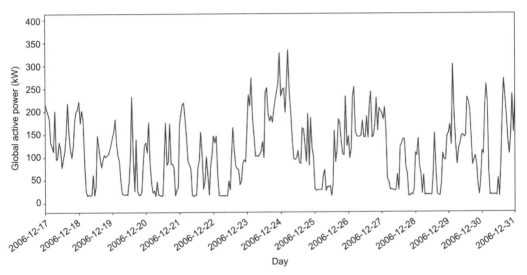

图 18.4 每小时采样的总全局有功功率。我们现在有了具有每天季节性的更平滑的模式，可以使用深度学习模型进行预测了

完成数据处理后，我们可以将数据集保存为 CSV 文件，以便我们拥有数据的干净版本。接下来我们将从这个文件开始。

```
hourly_df.to_csv('../data/clean_household_power_consumption.csv',
header=True, index=False)
```

18.3 特征工程

至此，我们有了一个干净的数据集，其中没有缺失值并且有一个平滑的模式，使用深度学习技术可以更容易地进行预测。无论你是否遵循了 18.2 节的内容，你都可以阅读数据的一个干净版本，并开始进行特征工程。

```
hourly_df = pd.read_csv('../data/clean_household_power_consumption.csv')
```

18.3.1 删除无用的列

特征工程的第一步是显示每列的基本统计信息。这对于检测是否存在变化不大的变量特别有用。这些变量应该被移除，因为如果它们随着时间的推移几乎是恒定的，那么它们就不能预测我们的目标。

我们可以从 pandas 中使用 describe 方法获取每个列的描述：

```
hourly_df.describe().transpose()
```

如图 18.5 所示，Sub_metering_1 很可能不能很好地预测我们的目标，因为它的常数值并不能解释全局有功功率的变化。我们可以安全地移除这一列，并保留其余列。

```
hourly_df = hourly_df.drop(['Sub_metering_1'], axis=1)
```

	count	mean	std	min	25%	50%	75%	max
Global_active_power	34949.0	64.002817	54.112103	0.0	19.974	45.868	93.738	393.632
Global_reactive_power	34949.0	7.253838	4.113238	0.0	4.558	6.324	8.884	46.460
Voltage	34949.0	14121.298311	2155.548246	0.0	14340.300	14454.060	14559.180	15114.120
Global_intensity	34949.0	271.331557	226.626113	0.0	88.400	196.600	391.600	1703.000
Sub_metering_1	34949.0	65.785430	210.107036	0.0	0.000	0.000	0.000	2902.000
Sub_metering_2	34949.0	76.139861	248.978569	0.0	0.000	19.000	39.000	2786.000

图 18.5　我们数据集中每列的描述。你会注意到，Sub_metering_1 在 75% 的时间内的值为 0。因为这个变量不会随时间变化很大，所以可以从特征集中删除

18.3.2 确定季节性周期

由于我们的目标是家庭全局有功功率，因此我们很可能会有一些季节性。我们可以预期，在晚上，用电量将会减少。类似地，当人们下班回家的时候，用电量可能会达到一个高峰。因此，我们有理由假设目标会有一些季节性。

我们可以绘制出目标，看看是否能在视觉上检测到这个周期。

```
fig, ax = plt.subplots(figsize=(13,6))

ax.plot(hourly_df['Global_active_power'])
ax.set_xlabel('Time')
ax.set_xlim(0, 336)

plt.xticks(np.arange(0, 360, 24), ['2006-12-17', '2006-12-18',
➥ '2006-12-19', '2006-12-20', '2006-12-21', '2006-12-22', '2006-12-23',
➥ '2006-12-24', '2006-12-25', '2006-12-26', '2006-12-27', '2006-12-28',
➥ '2006-12-29', '2006-12-30', '2006-12-31'])
```

```
fig.autofmt_xdate()
plt.tight_layout()
```

在图 18.6 中，我们可以看到目标有一些周期性的行为，但很难从图表中确定季节性周期。虽然我们关于每天季节性的假设是有意义的，但我们需要确保它存在于数据中。做到这一点的一种方法是傅里叶变换。

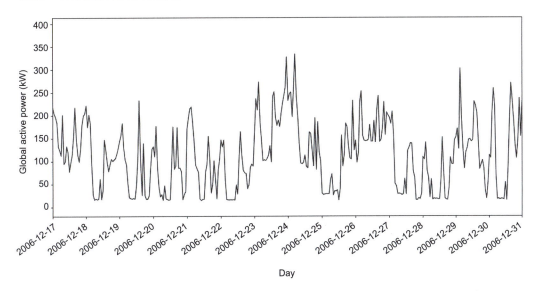

图 18.6　前 15 天内的总全局有功功率。虽然有明显的周期性行为，但季节性周期很难仅从图表中确定

如果不深入研究细节，傅里叶变换基本上允许我们可视化一个信号的频率和振幅。因此，我们可以把时间序列作为一个信号，应用一个傅里叶变换，并找到具有大振幅的频率。这些频率将决定季节性周期。这种方法的最大优点是它与季节性周期无关。它可以确定每年、每周和每天的季节性，或我们希望测试的任何特定周期。

注　更多关于傅里叶变换的信息，我建议阅读 Lakshay Akula 的博客文章"Analyzing seasonality with Fourier transforms using Python & SciPy"，该文章很好地介绍了如何通过傅里叶变换来分析季节性：http://mng.bz/7y2Q。

对于我们的例子，让我们测试每周和每天的季节性。

```
获取一周中的小时数                                                对我们的目标应
                                                                 用傅里叶变换
    fft = tf.signal.rfft(hourly_df['Global_active_power'])  ←

    f_per_dataset = np.arange(0, len(fft))              ←     从傅里叶变换中
                                                              获取频率数量
    n_sample_h = len(hourly_df['Global_active_power'])  ←
                                                               找出数据集中
    hours_per_week = 24 * 7                                    有多少小时
```

```
weeks_per_dataset = n_sample_h / hours_per_week
f_per_week = f_per_dataset / weeks_per_dataset

plt.step(f_per_week, np.abs(fft))
plt.xscale('log')
plt.xticks([1, 7], ['1/week', '1/day'])
plt.xlabel('Frequency')
plt.tight_layout()
plt.show()
```

获取数据集中
有多少周

获取数据集中
一周的频率

标记每周和
每日的频率

绘制频率和振幅图

在图 18.7 中，你可以看到每周频率和每天频率的振幅。每周的频率没有显示出任何可见的峰值，这意味着它的振幅非常小。因此，没有每周的季节性。

然而，看看每天的频率，你会注意到图中有一个明显的峰值。这告诉我们，数据中确实存在每天季节性。因此，我们将编码时间戳使用正弦和余弦变换来表示时间，同时保持其每天季节性信息。我们在第 12 章中做了同样的事情，为深度学习建模准备数据。

```
timestamp_s =
➡ pd.to_datetime(hourly_df.datetime).map(datetime.datetime.timestamp)

day = 24 * 60 * 60

hourly_df['day_sin'] = (np.sin(timestamp_s * (2*np.pi/day))).values
hourly_df['day_cos'] = (np.cos(timestamp_s * (2*np.pi/day))).values

hourly_df = hourly_df.drop(['datetime'], axis=1)
```

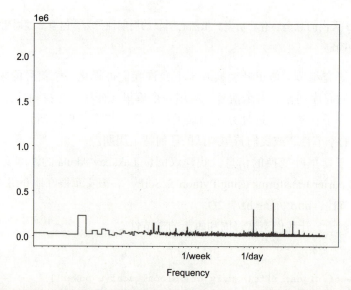

图 18.7 我们目标的每周和每天季节性振幅。你可以看到，每周季节性的振幅接近于 0，而每天季节性有一个可见的峰值。因此，我们的目标确实有每天的季节性

我们完成了特征工程，数据准备被缩放并拆分为训练集、验证集和测试集。

18.3.3　拆分和缩放数据

最后一步是将数据集拆分为训练集、验证集和测试集，并对数据进行缩放。请注意，我们将首先拆分数据，以便我们只使用来自训练集中的信息来缩放它，从而避免信息泄漏。缩放数据将减少训练时间，并提高我们模型的性能。

我们按照 70：20：10 将数据拆分为训练集、验证集和测试集。

```
n = len(hourly_df)

# Split 70:20:10 (train:validation:test)
train_df = hourly_df[0:int(n*0.7)]
val_df = hourly_df[int(n*0.7):int(n*0.9)]
test_df = hourly_df[int(n*0.9):]
```

接下来，我们仅拟合训练集缩放器，并对每个数据集单独缩放。

```
from sklearn.preprocessing import MinMaxScaler

scaler = MinMaxScaler()
scaler.fit(train_df)

train_df[train_df.columns] = scaler.transform(train_df[train_df.columns])
val_df[val_df.columns] = scaler.transform(val_df[val_df.columns])
test_df[test_df.columns] = scaler.transform(test_df[test_df.columns])
```

我们现在可以保存每个集合，以便以后用于建模。

```
train_df.to_csv('../data/ch18_train.csv', index=False, header=True)
val_df.to_csv('../data/ch18_val.csv', index=False, header=True)
test_df.to_csv('../data/ch18_test.csv', index=False, header=True)
```

现在，我们准备继续进行建模步骤。

18.4　使用深度学习进行建模的准备工作

在 18.3 节中，我们给出了训练深度学习模型所需的三组数据。回想一下，这个项目的目标是预测未来 24h 的全局有功功率。这意味着我们必须建立一个单变量多步模型，因为我们仅预测未来 24 个时间步长的一个目标。

我们将建立两个基线、一个线性模型、一个深度神经网络模型、一个 LSTM 模型、一个 CNN、一个 CNN 和 LSTM 的结合，以及最后一个自回归 LSTM。最后，我们将使用 MAE 来确定哪个模型是最好的。在测试集中达到最小 MAE 的模型将是性能最高的模型。

注意，我们将使用 MAE 和 MSE 分别作为评估指标和损失函数，就像我们从第 13 章开始讲的那样。

18.4.1　初始配置

在继续进行建模之前，我们首先需要导入所需的库，并定义 DataWindow 类和一个训练模型的函数。

我们将从导入建模所需的 Python 库开始。

```
import numpy as np
import pandas as pd
import tensorflow as tf
import matplotlib.pyplot as plt

from tensorflow.keras import Model, Sequential

from tensorflow.keras.optimizers import Adam
from tensorflow.keras.callbacks import EarlyStopping
from tensorflow.keras.losses import MeanSquaredError
from tensorflow.keras.metrics import MeanAbsoluteError

from tensorflow.keras.layers import Dense, Conv1D, LSTM, Lambda, Reshape,
➥ RNN, LSTMCell

import warnings
warnings.filterwarnings('ignore')
```

确保你安装了 TensorFlow 2.6，因为这是撰写本书时的最新版本。你可以使用 print(tf.__version__) 检查 TensorFlow 的版本。

你也可以选择为绘图设置参数。在这种情况下，我更喜欢指定一个大小，并删除坐标轴上的网格。

```
plt.rcParams['figure.figsize'] = (10, 7.5)
plt.rcParams['axes.grid'] = False
```

然后你可以设置一个随机的种子。这确保了训练模型时的恒定结果。回想一下，深度学习模型的初始化是随机的，因此对同一个模型连续训练两次可能会产生轻微的性能差异。因此，为了保证重现性，我们设置了一个随机种子。

```
tf.random.set_seed(42)
np.random.seed(42)
```

接下来，我们需要读取训练集、验证集和测试集，以便为建模做好准备。

```
train_df = pd.read_csv('../data/ch18_train.csv')
val_df = pd.read_csv('../data/ch18_val.csv')
test_df = pd.read_csv('../data/ch18_test.csv')
```

最后，我们将构建一个字典来存储列名及其对应的索引。这在后面构建基线模型和创建数据窗口时会很有用。

```
column_indices = {name: i for i, name in enumerate(train_df.columns)}
```

现在我们将继续定义 DataWindow 类。

18.4.2　定义 DataWindow 类

DataWindow 类允许我们快速创建用于训练深度学习模型的数据窗口。每个数据窗口包含一组输入和一组标签。然后对模型进行训练，使其产生的预测尽可能接近使用输入的标签。

第13章介绍了如何逐步实现 DataWindow 类。从那时起我们就一直在使用它，因此我们将直接介绍它的实现。这里唯一的变化将是当我们根据标签可视化预测时，要绘制默认列的名称。类的实现如清单18.1 所示。

清单 18.1　用于创建数据窗口的类的实现

```
class DataWindow():
    def __init__(self, input_width, label_width, shift,
                 train_df=train_df, val_df=val_df, test_df=test_df,
                 label_columns=None):

        self.train_df = train_df
        self.val_df = val_df
        self.test_df = test_df
        self.label_columns = label_columns
        if label_columns is not None:
            self.label_columns_indices = {name: i for i, name in
➡ enumerate(label_columns)}
        self.column_indices = {name: i for i, name in
➡ enumerate(train_df.columns)}

        self.input_width = input_width
        self.label_width = label_width
        self.shift = shift

        self.total_window_size = input_width + shift

        self.input_slice = slice(0, input_width)
        self.input_indices =
➡ np.arange(self.total_window_size)[self.input_slice]

        self.label_start = self.total_window_size - self.label_width
        self.labels_slice = slice(self.label_start, None)
        self.label_indices =
➡ np.arange(self.total_window_size)[self.labels_slice]

    def split_to_inputs_labels(self, features):
        inputs = features[:, self.input_slice, :]
        labels = features[:, self.labels_slice, :]
        if self.label_columns is not None:
            labels = tf.stack(
                [labels[:,:,self.column_indices[name]] for name in
➡ self.label_columns],
                axis=-1
            )
        inputs.set_shape([None, self.input_width, None])
        labels.set_shape([None, self.label_width, None])

        return inputs, labels

    def plot(self, model=None, plot_col='Global_active_power',
➡ max_subplots=3):
        inputs, labels = self.sample_batch

        plt.figure(figsize=(12, 8))
```

将我们目标的默认名称设置为全局有功功率

```
        plot_col_index = self.column_indices[plot_col]
        max_n = min(max_subplots, len(inputs))

        for n in range(max_n):
            plt.subplot(3, 1, n+1)
            plt.ylabel(f'{plot_col} [scaled]')
            plt.plot(self.input_indices, inputs[n, :, plot_col_index],
                    label='Inputs', marker='.', zorder=-10)

            if self.label_columns:
                label_col_index = self.label_columns_indices.get(plot_col,
None)
            else:
                label_col_index = plot_col_index
            if label_col_index is None:
                continue

            plt.scatter(self.label_indices, labels[n, :, label_col_index],
                    edgecolors='k', marker='s', label='Labels',
c='green', s=64)
            if model is not None:
                predictions = model(inputs)
                plt.scatter(self.label_indices, predictions[n, :,
label_col_index],
                        marker='X', edgecolors='k', label='Predictions',
                        c='red', s=64)

            if n == 0:
                plt.legend()

        plt.xlabel('Time (h)')

    def make_dataset(self, data):
        data = np.array(data, dtype=np.float32)
        ds = tf.keras.preprocessing.timeseries_dataset_from_array(
            data=data,
            targets=None,
            sequence_length=self.total_window_size,
            sequence_stride=1,
            shuffle=True,
            batch_size=32
        )

        ds = ds.map(self.split_to_inputs_labels)
        return ds

    @property
    def train(self):
        return self.make_dataset(self.train_df)

    @property
    def val(self):
        return self.make_dataset(self.val_df)

    @property
```

```
    def test(self):
        return self.make_dataset(self.test_df)

    @property
    def sample_batch(self):
        result = getattr(self, '_sample_batch', None)
        if result is None:
            result = next(iter(self.train))
            self._sample_batch = result
        return result
```

定了 DataWindow 类之后，我们只需要一个函数来编译和训练将要开发的不同模型。

18.4.3 训练模型的效用函数

在启动实验之前，我们最后一步是构建一个自动化训练过程的函数。这就是我们从第 13 章开始使用的 compile_and_fit 函数。

回想一下，这个函数接受一个模型和一个数据窗口。然后它实现了早停，这意味着如果验证损失在连续三个周期内没有改变，则模型将停止训练。在这个函数中，我们将损失函数指定为 MSE，将评估指标指定为 MAE。

```
def compile_and_fit(model, window, patience=3, max_epochs=50):
    early_stopping = EarlyStopping(monitor='val_loss',
                                   patience=patience,
                                   mode='min')

    model.compile(loss=MeanSquaredError(),
                  optimizer=Adam(),
                  metrics=[MeanAbsoluteError()])

    history = model.fit(window.train,
                        epochs=max_epochs,
                        validation_data=window.val,
                        callbacks=[early_stopping])

    return history
```

至此，我们可以开始开发模型来预测未来 24h 的全局有功功率。

18.5 使用深度学习进行建模

训练集、验证集和测试集，以及数据窗口类和训练模型的函数都已经准备好了。我们完全可以开始建立深度学习模型了。

我们将首先实现两个基线，然后我们将训练越来越复杂的模型：一个线性模型、一个深度神经网络、一个 LSTM、一个 CNN、一个 CNN 和 LSTM 模型，以及一个自回归 LSTM。一旦所有的模型都被训练好了，我们就可以通过比较测试集上的 MAE 来选择最佳的模型。MAE 最小的模型将是我们推荐的模型。

18.5.1 基线模型

每个预测项目都必须从一个基线模型开始。基线可以作为我们更复杂的模型的基准，因为它们只能比特定的基准更好。构建基线模型还允许我们评估模型增加的复杂性是否真的产生了显著的好处。一个复杂的模型可能并不比一个基线好多少，在这种情况下，实现一个复杂的模型是难以证明的。在这种情况下，我们将构建两个基线模型：一个重复最后已知值，另一个重复最后 24h 的数据。

我们将首先创建将被使用的数据窗口。回想一下，其目标是预测未来 24h 的全局有功功率。因此，标签序列的长度是 24 个时间步长，而位移也将是 24 个时间步长，我们还将使用一个 24 的输入长度。

```
multi_window = DataWindow(input_width=24, label_width=24, shift=24,
➥ label_columns=['Global_active_power'])
```

接下来，我们将实现一个类，它将重复输入序列的最后已知值，作为未来 24h 的预测。

```
class MultiStepLastBaseline(Model):
    def __init__(self, label_index=None):
        super().__init__()
        self.label_index = label_index

    def call(self, inputs):
        if self.label_index is None:
            return tf.tile(inputs[:, -1:, :], [1, 24, 1])
        return tf.tile(inputs[:, -1:, self.label_index:], [1, 24, 1])
```

我们现在可以使用这个基线生成预测，并将其性能存储在字典中。这个字典将存储每个模型的性能，以便我们在最后对它们进行比较。请注意，我们在构建每个模型时不会显示它们的 MAE。一旦所有的模型都经过训练，我们将比较评估指标。

```
baseline_last =
➥ MultiStepLastBaseline(label_index=column_indices['Global_active_power'])

baseline_last.compile(loss=MeanSquaredError(),
➥ metrics=[MeanAbsoluteError()])

val_performance = {}
performance = {}

val_performance['Baseline - Last'] =
➥ baseline_last.evaluate(multi_window.val)
performance['Baseline - Last'] = baseline_last.evaluate(multi_window.test,
➥ verbose=0)
```

我们可以使用 DataWindow 类的 plot 方法将预测可视化，如图 18.8 所示。它将在图中显示三个图，如在 DataWindow 类中指定的那样。

```
multi_window.plot(baseline_last)
```

在图 18.8 中，我们有一个工作基线——预测对应于与最后输入值相同的平直线。你可能会获得稍微不同的图，因为用于创建图的缓存样本批次可能不同。然而，只要随机种子相等，模型的指标将与此处所示的相同。

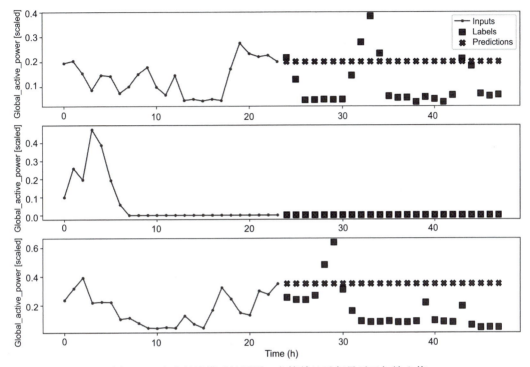

图18.8　来自基线模型的预测，它简单地重复最后已知输入值

接下来，让我们实现一个重复输入序列的基线模型。请记住，我们在目标中确定了每天的季节性，所以这相当于预测最后已知季节。

```
class RepeatBaseline(Model):
    def __init__(self, label_index=None):
        super().__init__()
        self.label_index = label_index

    def call(self, inputs):
        return inputs[:, :, self.label_index:]
```

一旦定义了它，我们就可以生成预测并存储基线的性能以进行比较。我们还可以将生成的预测可视化，如图18.9所示。

```
baseline_repeat =
➥ RepeatBaseline(label_index=column_indices['Global_active_power'])

baseline_repeat.compile(loss=MeanSquaredError(),
➥ metrics=[MeanAbsoluteError()])

val_performance['Baseline - Repeat'] =
➥ baseline_repeat.evaluate(multi_window.val)
performance['Baseline - Repeat'] =
➥ baseline_repeat.evaluate(multi_window.test, verbose=0)
```

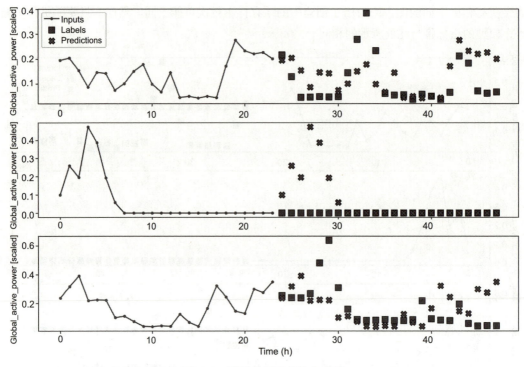

图 18.9　预测最后季节作为基线

在图 18.9 中，你将看到预测等于输入序列，这是这个基线模型的预期行为。在构建它们时，请随意输出每个模型的 MAE。在本章的结尾，我将在直方图中显示它们，以确定应该选择哪个模型。

有了基线模型，我们就可以转向稍微复杂一点的线性模型。

18.5.2　线性模型

我们能建立的最简单的模型之一是线性模型。该模型仅包括一个输入层和一个输出层。因此，只计算一个权重序列来生成尽可能接近标签的预测。

在这种情况下，我们将建立一个包含一个 Dense 输出层（只有一个神经元）的模型，因为我们仅预测了一个目标。然后，我们将训练该模型并存储其性能。

```
label_index = column_indices['Global_active_power']
num_features = train_df.shape[1]

linear = Sequential([
    Dense(1, kernel_initializer=tf.initializers.zeros)
])
history = compile_and_fit(linear, multi_window)

val_performance['Linear'] = linear.evaluate(multi_window.val)
performance['Linear'] = linear.evaluate(multi_window.test, verbose=0)
```

和往常一样，我们可以使用绘图方法来可视化预测，如图 18.10 所示。

```
multi_window.plot(linear)
```

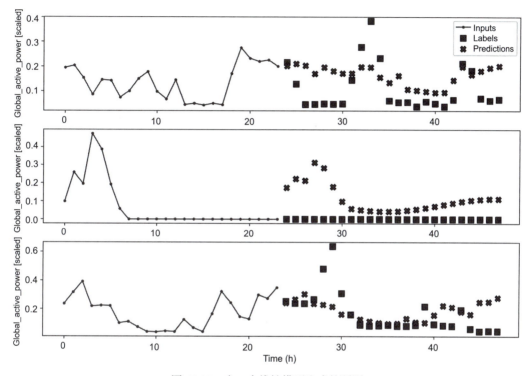

图 18.10　由一个线性模型生成的预测

现在我们添加隐藏层，并实现一个深度神经网络。

18.5.3　深度神经网络

之前的线性模型没有任何隐藏层，它只有一个输入层和一个输出层。现在我们将添加隐藏层，这将帮助我们建模数据中的非线性关系。

在这里，我们将用 64 个神经元堆叠两个 Dense 层，并使用 ReLU 作为激活函数。然后，我们将对模型进行训练，并存储其性能以供比较。

```
dense = Sequential([
    Dense(64, activation='relu'),
    Dense(64, activation='relu'),
    Dense(1, kernel_initializer=tf.initializers.zeros),
])

history = compile_and_fit(dense, multi_window)

val_performance['Dense'] = dense.evaluate(multi_window.val)
performance['Dense'] = dense.evaluate(multi_window.test, verbose=0)
```

你可以选择使用 multi_window.plot(dense) 对预测可视化。

下一个要实现的模型是 LSTM 模型。

18.5.4 LSTM 模型

LSTM 模型的主要优点是它将过去的信息保存在记忆中。这使得它特别适合处理数据序列，如时间序列。它使我们能够结合现在和过去的信息来做出预测。

在将输入序列发送到输出层之前，我们将通过 LSTM 层提供输入序列，输出层仍然是一个具有一个神经元的 Dense 层。然后，我们将训练模型并将其性能存储在字典中，以便在最后进行比较。

```
lstm_model = Sequential([
    LSTM(32, return_sequences=True),
    Dense(1, kernel_initializer=tf.initializers.zeros),
])

history = compile_and_fit(lstm_model, multi_window)

val_performance['LSTM'] = lstm_model.evaluate(multi_window.val)
performance['LSTM'] = lstm_model.evaluate(multi_window.test, verbose=0)
```

我们可以将来自 LSTM 的预测可视化，如图 18.11 所示。

```
multi_window.plot(lstm_model)
```

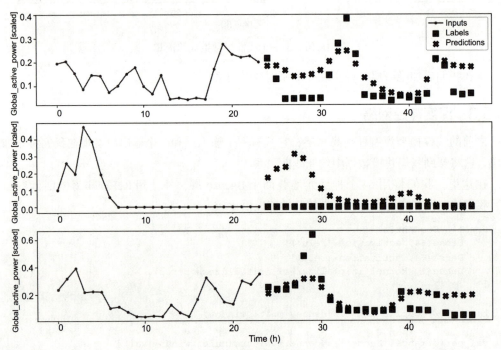

图 18.11　LSTM 模型的预测结果

现在我们来实现一个卷积神经网络。

18.5.5 卷积神经网络

CNN 利用卷积函数来减少特征空间。这可以有效地过滤时间序列并执行特征选择。此外，CNN 比 LSTM 训练得更快，因为 CNN 中的操作是并行的，而 LSTM 每次必须处理序列中的一个元素。

因为卷积操作减少了特征空间，我们必须提供稍长的输入序列，以确保输出序列包含 24 个时间步长。它需要多长时间取决于执行卷积运算的核的长度。在本例中，我们将使用核的长度为 3。这是一种随意的选择，所以你可以随意使用不同的值进行实验，尽管你的结果可能与这里显示的不同。假设我们需要 24 个标签，我们可以使用式 18.1 计算输入序列。

$$输入长度 = 标签长度 + 核长度 - 1 \qquad (18.1)$$

这迫使我们专门为 CNN 模型定义一个数据窗口。注意，因为我们定义了一个新的数据窗口，所以用于绘图的样本批次将与目前使用的不同。

现在，我们有了为 CNN 模型定义数据窗口所需的所有信息。

```
KERNEL_WIDTH = 3
LABEL_WIDTH = 24
INPUT_WIDTH = LABEL_WIDTH + KERNEL_WIDTH - 1

cnn_multi_window = DataWindow(input_width=INPUT_WIDTH,
➡ label_width=LABEL_WIDTH, shift=24,
➡ label_columns=['Global_active_power'])
```

接下来，我们将通过 Conv1D 层发送输入，该层过滤输入序列。然后将输入提供给一个有 32 个神经元的 Dense 层进行学习，然后再进入输出层。和往常一样，我们将训练模型并存储其性能以供比较。

```
cnn_model = Sequential([
    Conv1D(32, activation='relu', kernel_size=(KERNEL_WIDTH)),
    Dense(units=32, activation='relu'),
    Dense(1, kernel_initializer=tf.initializers.zeros),
])

history = compile_and_fit(cnn_model, cnn_multi_window)

val_performance['CNN'] = cnn_model.evaluate(cnn_multi_window.val)
performance['CNN'] = cnn_model.evaluate(cnn_multi_window.test, verbose=0)
```

我们现在可以将预测可视化。

```
cnn_multi_window.plot(cnn_model)
```

在图 18.12 中，你会注意到输入序列与我们以前的方法不同，因为使用 CNN 涉及再次打开数据窗口，以考虑卷积核长度。训练集、验证集和测试集保持不变，因此仍然可以比较所有模型的性能。

现在让我们将 CNN 模型与 LSTM 模型结合起来。

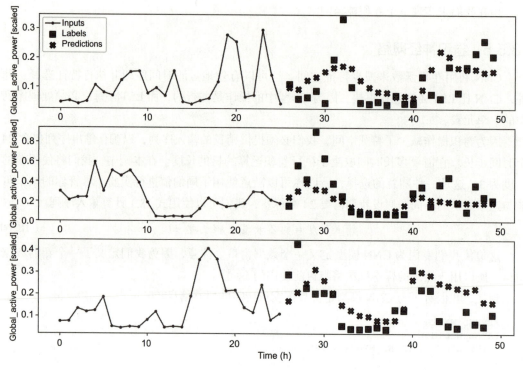

图 18.12　CNN 模型的预测结果

18.5.6　组合 CNN 与 LSTM

我们知道 LSTM 擅长处理数据序列，而 CNN 可以过滤数据序列。因此，在将序列提供给 LSTM 之前对其进行过滤能否产生性能更好的模型，这是一个有趣的问题。

我们将把输入序列提供给 Conv1D　层，但这次使用 LSTM 层进行学习。然后我们将把信息发送到输出层。同样，我们将训练模型并存储它的性能。

```
cnn_lstm_model = Sequential([
    Conv1D(32, activation='relu', kernel_size=(KERNEL_WIDTH)),
    LSTM(32, return_sequences=True),
    Dense(1, kernel_initializer=tf.initializers.zeros),
])

history = compile_and_fit(cnn_lstm_model, cnn_multi_window)

val_performance['CNN + LSTM'] =
➥ cnn_lstm_model.evaluate(cnn_multi_window.val)
performance['CNN + LSTM'] = cnn_lstm_model.evaluate(cnn_multi_window.test,
➥ verbose=0)
```

预测结果如图 18.13 所示。

```
cnn_multi_window.plot(cnn_lstm_model)
```

最后，让我们实现一个自回归 LSTM 模型。

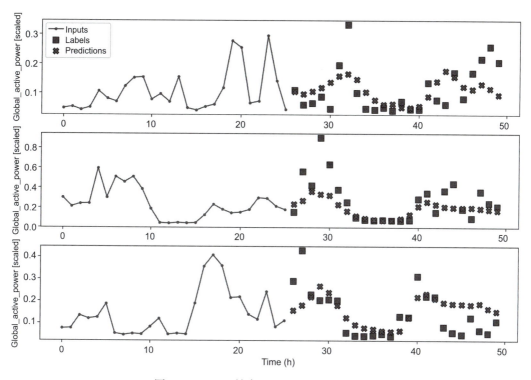

图 18.13　CNN 结合 LSTM 模型的预测结果

18.5.7　自回归 LSTM 模型

我们将要实现的最终模型是自回归 LSTM 模型。与在一次运行中生成整个输出序列不同，自回归模型将一次生成一个预测，并使用该预测作为下一个输入来生成下一个预测。这种架构存在于最先进的预测模型中，但它带有一个警告。如果该模型产生了一个非常糟糕的第一个预测，那么这个错误会继续进行到下一个预测中，这会放大误差。然而，有必要测试这个模型，看看它是否在我们的例子下有效。

第一步是定义实现 ARLSTM 模型的类。这是我们在第 17 章中使用的同一个类，如清单 18.2 所示。

清单 18.2　实现 ARLSTM 模型的类

```
class AutoRegressive(Model):
    def __init__(self, units, out_steps):
        super().__init__()
        self.out_steps = out_steps
        self.units = units
        self.lstm_cell = LSTMCell(units)
        self.lstm_rnn = RNN(self.lstm_cell, return_state=True)
        self.dense = Dense(train_df.shape[1])

    def warmup(self, inputs):
```

```
        x, *state = self.lstm_rnn(inputs)
        prediction = self.dense(x)

        return prediction, state
    def call(self, inputs, training=None):
        predictions = []
        prediction, state = self.warmup(inputs)

        predictions.append(prediction)

        for n in range(1, self.out_steps):
            x = prediction
            x, state = self.lstm_cell(x, states=state, training=training)

            prediction = self.dense(x)
            predictions.append(prediction)

        predictions = tf.stack(predictions)
        predictions = tf.transpose(predictions, [1, 0, 2])

        return predictions
```

然后，我们可以使用这个类来初始化模型。我们将在 multi_window 上训练模型，并存储其性能以供比较。

```
AR_LSTM = AutoRegressive(units=32, out_steps=24)

history = compile_and_fit(AR_LSTM, multi_window)

val_performance['AR - LSTM'] = AR_LSTM.evaluate(multi_window.val)
performance['AR - LSTM'] = AR_LSTM.evaluate(multi_window.test, verbose=0)
```

然后我们可以将自回归 LSTM 模型的预测可视化，如图 18.14 所示。

```
multi_window.plot(AR_LSTM)
```

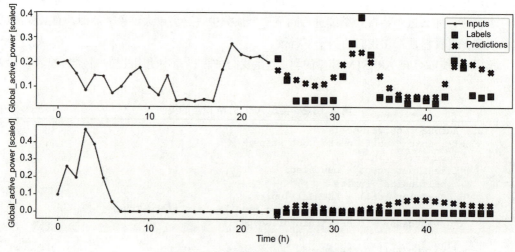

图 18.14 ARLSTM 模型的预测结果

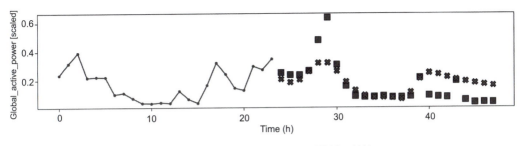

图 18.14 ARLSTM 模型的预测结果（续）

现在我们已经建立了各种各样的模型，让我们根据它来选择测试集上最好的一个 MAE。

18.5.8 选择最佳模型

我们已经为这个项目建立了许多模型，从线性模型到 ARLSTM 模型。现在让我们可视化每个模型的 MAE 来确定冠军。

我们将在验证集和测试集上绘制 MAE。结果如图 18.15 所示。

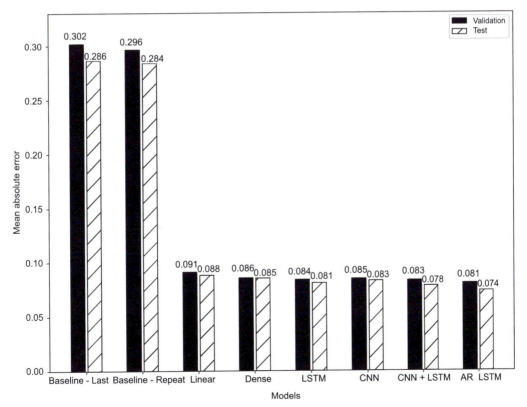

图 18.15 比较所有被测模型的 MAE。ARLSTM 模型在测试集中获得了最低的 MAE

```
mae_val = [v[1] for v in val_performance.values()]
mae_test = [v[1] for v in performance.values()]

x = np.arange(len(performance))

fig, ax = plt.subplots()
ax.bar(x - 0.15, mae_val, width=0.25, color='black', edgecolor='black',
➡ label='Validation')
ax.bar(x + 0.15, mae_test, width=0.25, color='white', edgecolor='black',
➡ hatch='/', label='Test')
ax.set_ylabel('Mean absolute error')
ax.set_xlabel('Models')

for index, value in enumerate(mae_val):
    plt.text(x=index - 0.15, y=value+0.005, s=str(round(value, 3)),
➡ ha='center')

for index, value in enumerate(mae_test):
    plt.text(x=index + 0.15, y=value+0.0025, s=str(round(value, 3)),
➡ ha='center')
plt.ylim(0, 0.33)
plt.xticks(ticks=x, labels=performance.keys())
plt.legend(loc='best')
plt.tight_layout()
```

图 18.15 显示了所有模型的性能都比基线好得多。此外，我们的冠军是 ARLSTM 模型，因为它在测试集上实现了 0.074 的 MAE，这是所有模型中最小的 MAE。因此，我们建议使用该模型来预测未来 24h 的全局有功功率。

18.6 下一步

祝贺你完成了这个顶点项目！我希望你自己能成功地完成它，并对使用深度学习模型预测时间序列的知识有信心。

我强烈建议你把这个项目变成自己的。通过预测多个目标，可以将这个项目变成一个多变量预测问题。你也可以改变预测范围。简而言之，做出改变并利用模型和数据看看你自己能实现什么。

在第 19 章中，我们将开始本书的最后一部分，我们将进行自动化预测过程。有许多可以用最少的步骤生成准确预测的库，它们经常在工业界使用，已经成为时间序列预测的必要工具。我们将看看一个被广泛使用的名为 Prophet 的库。

第四部分 *Part 4*

大规模自动化预测

■ 第19章　使用Prophet自动化时间序列预测
■ 第20章　顶点项目：预测加拿大牛排的月
　　　　　平均零售价格
■ 第21章　超越自我

到目前为止，我们一直在手动构建模型。这使我们能够对正在发生的事情进行细致的控制，但这也可能是一个漫长的过程。因此，是时候探索一些用于自动时间序列预测的工具了。这些工具在工业界被广泛使用，因为它们易于使用并能够快速进行实验。它们还实现了最先进的模型，任何数据科学家都能轻松地使用它们。

在这里，我们将探讨自动预测工具的生态系统，并将重点放在 Prophet 上，因为它是最常用的自动预测库之一，并且较新的库在语法上以 Prophet 为基础进行建模。这意味着如果你知道如何使用 Prophet，那么使用其他工具也会很容易。

与前面的部分一样，我们将以一个顶点项目作为结束。

第 19 章 *Chapter 19*

使用 Prophet 自动化时间序列预测

在本书中，我们构建了许多涉及手动步骤的模型。例如，对于 SARIMAX 模型的偏差，我们必须根据 AIC 开发一个函数来选择最佳模型，并执行滚动预测。在本书的深度学习部分，我们必须构建一个类来创建数据窗口，以及定义所有的深度学习模型，尽管 Keras 的使用极大地促进了这一点。

虽然手动构建和调整模型允许我们对预测技术有更大的灵活性和完全的控制，但自动化大部分预测过程也很有用，自动化可以更容易地进行时间序列预测并加速实验。因此，了解自动化工具很重要，因为它们是获得预测的快速方法，并且它们通常有助于使用最高级的模型。

在本章中，我们将首先了解自动化时间序列预测过程的各种库。然后，我们将特别关注 Prophet 库，它可以说是最著名和最广泛使用的预测库。我们将使用现实生活中的数据集来探索它的功能。最后，我们将以一个预测项目来结束本章，这样我们就可以看到 Prophet 的实际应用。

19.1 自动化预测库概述

数据科学社区和企业已经开发了许多可以自动预测的库，并使其更容易使用。这里列出了一些最流行的库及其网站：

❏ *Pmdarima*——http://alkaline-ml.com/pmdarima/modules/classes.html
❏ *Prophet*——https://facebook.github.io/prophet
❏ *NeuralProphet*——https://neuralprophet.com/html/index.html
❏ *PyTorch Forecasting*——https://pytorch-forecasting.readthedocs.io/en/stable

这绝不是一份详尽的清单，我希望在使用它们时保持公正。作为一名数据科学家，你有知识和能力来评估特定的库是否适合你在特定环境中的需求。

pmdarima 库是 R 中流行的 auto.arima 库的 Python 实现。pmdarima 本质上是一个包装器，它概括了我们使用的许多统计模型，例如 ARMA、ARIMA 和 SARIMA 模型。该库的主要优点是它提供了一个易于使用的界面，该界面可以自动使用我们讨论过的所有统计模型预测工具，例如用于检验平稳性的 ADF 检验，以及选择阶数 p、q、P 和 Q 以最小化 AIC。它还配备了玩具数据集，使其非常适合初学者在简单的时间序列上测试不同的模型。这个包是由社区建立和维护的，但最重要的是，在撰写本书时，它仍在积极维护中。

Prophet 是一个来自 Meta Open Source 的开源软件包，这意味着它是由 Meta 构建和维护的。该库是专门为大规模业务预测而构建的。它源于 Facebook 的内部需求（即快速生成准确的预测），然后被免费提供。Prophet 可以说是业内最著名的预测库，因为它可以适应非线性趋势，并结合多种季节性因素的影响。本章的其余部分和第 20 章将完全集中在这个库上，我们将在 19.2 节中更详细地探讨它。

NeuralProphet 建立在 Prophet 库上，以自动使用混合模型进行时间序列预测。这是一个相当新的项目，在编写时仍处于测试阶段。库是由来自不同大学和 Facebook 的人合作建造的。该软件包引入了经典模型（如 ARIMA）和神经网络的组合，以产生准确的预测。它在后端使用 PyTorch，这意味着有经验的用户可以轻松扩展库的功能。最重要的是，它使用了类似于 Prophet 的 API，因此一旦你学会了如何与 Prophet 一起工作，就可以无缝地过渡到与 NeuralProphet 一起工作。要了解更多信息，你可以阅读他们的论文"NeuralProphet: Explainable Forecasting at Scale"（https://arxiv.org/abs/2111.15397）。它提供了更多关于 NeuralProphet 内部功能和性能基准的详细信息，同时仍然是一篇可访问的文章。

最后，PyTorch Forecasting 有助于使用最高级的深度学习模型进行时间序列预测。当然，它使用了 PyTorch，并提供了一个简单的接口来实现 DeepAR、N-Beats、LSTM 等模型。这个包是由社区建立的，在写本书时，它正在积极维护。

注 有关 DeepAR 的更多信息，请参见 David Salinas、Valentin Flunkert、Jan Gasthaus、Tim Januschowski 的"DeepAR: Probabilistic forecasting with autoregressive recurrent networks," *International Journal of Forecasting* 36:3 (2020), http://mng.bz/z4Kr。 有关 N-Beats 的信息，请参见 Boris N.Oreshkin、Dmitri Carpov、Nicolas Chapados、Yoshua Bengio 的"N-BEATS:Neural basis expansion analysis for interpretable time series forecasting," arXiv:1905.10437 (2019), https://arxiv.org/abs/1905.10437。

这为你提供了自动化预测生态系统的简要概述。请注意，这个列表并不详尽，因为还有很多用于自动化时间序列预测的库。

你不需要学习如何使用我介绍的每个库。这是对可用的不同工具的概述。每个时间序列预测问题都可能需要一套不同的工具，但知道如何使用其中一个库通常会更容易使用新的库。因此，在本书的其余部分，我们将重点介绍 Prophet 库。

正如我提到的，Prophet 是业内知名且广泛使用的库，任何进行时间序列预测的人都可能会遇到 Prophet。在 19.2 节中，我们将更详细地探索该软件包，并在使用它进行预测之前了解其优点、限制和功能。

19.2 探索 Prophet

Prophet 是一个由 Meta 创建的开源库，它实现了一个预测过程，该过程考虑了多个季节性周期（如每年、每月、每周和每天）的非线性趋势。该软件包可用于 Python。它允许你以最少的手动工作进行快速预测。更高级的用户，比如我们自己，可以对模型进行微调，以确保我们获得最好的结果。

实际上，Prophet 实现了一般加法模型，其中每个时间序列 $y(t)$ 是趋势分量 $g(t)$、季节性分量 $s(t)$、假期效应 $h(t)$ 和正态分布的误差项 ϵ_t 的线性组合模型。数学上，这可表示为式 19.1：

$$y(t) = g(t) + s(t) + h(t) + \epsilon_t \tag{19.1}$$

趋势分量对时间序列中的非周期性长期变化进行建模。季节性分量对周期性变化进行建模，无论是每年、每月、每周还是每天。假期效应不规律地发生，而且可能不止一天。最后，误差项表示前三个分量无法解释的值的任何变化。

请注意，此模型不考虑数据的时间相关性，这与 ARIMA（p,d,q）模型不同，在 ARIMA(p,d,q) 模型中，未来值取决于过去值。因此，该过程更接近于将曲线拟合到数据，而不是找到潜在的过程。虽然使用这种方法会丢失一些预测信息，但它的优点是非常灵活，因为它可以适应多个季节性周期和变化趋势。此外，它对离群值和缺失数据具有鲁棒性，这在业务环境中是一个明显的优势。

纳入多个季节性周期的动机是对人类行为产生多个周期的季节性时间序列的观测。例如，每周工作五天可以产生每周重复的模式，而学校放假可以产生每年重复的模式。因此，为了考虑多个季节性周期，Prophet 使用傅里叶级数来模拟多个周期效应。具体来说，季节性分量 $s(t)$ 表示为式 19.2，其中 P 是以天为单位的季节周期长度，N 是傅里叶级数中的项数：

$$s(t) = \sum_{n=1}^{N} \left(a_n \cos\left(\frac{2\pi nt}{P}\right) + b_n \sin\left(\frac{2\pi nt}{P}\right) \right) \tag{19.2}$$

在式 19.2 中，如果我们有一年的季节性，则 $P=365.25$，因为一年有 365.25 天。对于每周的季节性，$P=7$。N 只是我们希望用来估计季节性成分的参数的数量。这是一个额外的好处，即季节性分量的敏感性可以根据 N 个参数的估计来调整，以对季节性建模。当我们探索 Prophet 的不同功能时，我们将在 19.4 节中看到这一点。默认情况下，Prophet 使用 10 个项来模拟年度季节性，使用 3 个项来模拟每周季节性。

最后，这个模型允许我们考虑假期的影响。假期是可以对时间序列产生明显影响的不规则事件。例如，像美国的黑色星期五这样的活动可以极大地增加商店的客流量或电子商务网站的销售额，同样，情人节可能是巧克力和鲜花销售增长的有力指标。因此，为了在时间序列中模拟假期的影响，Prophet 让我们定义一个特定国家的假期列表。然后将假期效应纳入模型中，假设它们都是独立的。如果数据点落在假期日期，则计算参数 K_i 以表示在该时间点的时间序列的变化。变化越大，假期效应越大。

注 关于 Prophet 内部运作的更多信息，我强烈建议你阅读官方论文，Sean J. Taylor 和 Benjamin Letham 的 "Forecasting at Scale," *PeerJ Preprints* 5:e3190v2 (2017), https://peerj.com/preprints/3190/。它包含对库的更详细说明，包括数学表达式和测试结果，同时保持可访问性。

Prophet 的灵活性使其成为快速准确预测的理想选择，然而，不应将其视为一种放之四海而皆准的办法。文档特别指出，Prophet 最适用于具有几个季节历史数据的强烈季节性效应的时间序列。因此，在某些情况下，Prophet 可能不是理想的选择，但这没关系，因为你的工具带中有各种统计和深度学习模型来生成预测。

现在，让我们深入了解 Prophet 并探索其功能。

19.3 使用 Prophet 进行基本预测

为了配合我们对 Prophet 功能的探索，我们将使用一个数据集，其中包含 1981 年至 1990 年间在澳大利亚墨尔本记录的历史日最低温度。除了预测天气，该数据集还可以帮助我们确定长期气候趋势，并确定日最低温度是否随着时间的推移而增加。我们的预测范围将是 1 年或 365 天。因此，我们希望建立一个模型来预测下一年的日最低温度。

注 在任何时候，你都可以随时在 GitHub 上查阅本章的源代码：https://github.com/marcopeix/TimeSeriesForecastingInPython/tree/master/CH19。

Prophet 与其他任何 Python 软件包一样易于安装。然后，可以使用与 pandas 或 numpy 相同的语法将其导入 Jupyter Notebook 或 Python 脚本。

```
import numpy as np
import pandas as pd
import matplotlib.pyplot as plt
from fbprophet import Prophet
```

关于在 Windows 上安装 Prophet 的说明

如果你使用的是 Windows 计算机，强烈建议你使用 Anaconda 来执行任何数据科学任务。第一次尝试通过 Anaconda 安装 Prophet 可能会导致错误。这是因为必须安装编译器才能使软件包在 Windows 上正常运行。

如果你正在使用 Anaconda，则可以在 Anaconda 提示符下运行以下命令以成功安装 Prophet：

```
conda install libpython m2w64-toolchain -c msys2
conda install numpy cython matplotlib scipy pandas -c conda-forge
conda install -c conda-forge pystan
conda install -c conda-forge fbprophet
```

当然，下一步是读取 CSV 文件。

```
df = pd.read_csv('../data/daily_min_temp.csv')
```

我们现在可以绘制我们的时间序列。

```
fig, ax = plt.subplots()

ax.plot(df['Temp'])
ax.set_xlabel('Date')
ax.set_ylabel('Minimum temperature (deg C)')

plt.xticks(np.arange(0, 3649, 365), np.arange(1981, 1991, 1))

fig.autofmt_xdate()
plt.tight_layout()
```

结果如图 19.1 所示。你会看到一个明显的每年季节性，这是预期的，因为温度通常在夏季较高，在冬季较低。因此，我们有一个相当大的数据集，包含 10 个季节的数据，这是使用 Prophet 的完美场景，因为当存在许多历史季节性周期的强烈季节性效应时，该库表现最佳。

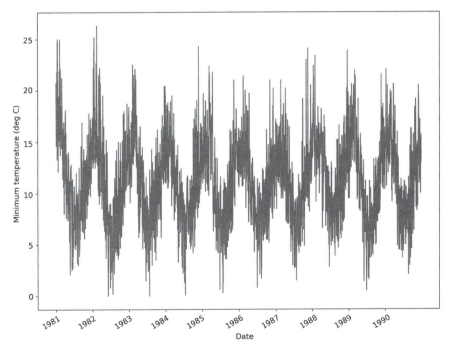

图 19.1 1981 年至 1991 年墨尔本记录的日最低温度。正如预期的那样，由于夏季较热，冬季较冷，因此每年都有季节性变化

我们现在可以继续使用 Prophet 进行预测。你将看到使用 Prophet 只需很少的手动步骤就可以快速获得准确的预测。

第一步是重命名列。Prophet 期望有一个包含两列的 DataFrame：一个名为 ds 的日期列和一个名为 y 的值列。日期列必须采用 pandas 接受的格式——通常为 YYYY-MM-DD 或 YYYY-MM-DD HH:MM:SS。y 列包含要预测的值，这些值必须是数字，无论是浮点数还是整数。在我们的例子中，数据集只有两个已经具有正确格式的列，因此我们只需要对它们进行重命名。

```
df.columns = ['ds', 'y']
```

接下来，我们将把数据分为训练集和测试集。我们将保留测试集的最后 365 天，因为这代表一整年。然后，我们将使用前 9 年的数据进行训练。

```
train = df[:-365]
test = df[-365:]
```

Prophet 遵循 sklearn API，其中通过创建 Prophet 类的实例来初始化模型，使用 fit 方法训练模型，并使用 predict 方法生成预测。因此，我们将首先通过创建 Prophet 类的实例来初始化 Prophet 模型。请注意，在本章中，我们将使用 Prophet 的命名约定进行编码。

```
m = Prophet()
```

一旦它被初始化，我们就会把数据放在模型上训练。

```
m.fit(train);
```

我们现在有了一个可以生成预测的模型，只需要两行代码。

下一步是创建一个 DataFrame 来保存来自 Prophet 的预测。我们将使用 make_future_dataframe 方法，并指定周期数，即预测范围内的天数。在这种情况下，我们需要 365 天的预测，以便可以将它们与测试集中观测到的实际值进行比较。

```
future = m.make_future_dataframe(periods=365)
```

剩下要做的就是使用 predict 方法生成预测。

```
forecast = m.predict(future)
```

花一些时间来欣赏我们训练模型并仅使用四行代码就获得预测的事实。自动预测库的主要好处之一是，我们可以快速进行实验，并在以后对模型进行微调，以适应手头的任务。

但是，我们的工作还没有完成，因为我们希望评估模型并衡量其性能。forecast DataFrame 包含许多列，其中包含大量信息，如图 19.2 所示。

	ds	trend	yhat_lower	trend_lower	trend_upper	additive_terms	additive_terms_lower	additive_terms_upper	weekly
3656	1990-12-27	11.406616	11.234023	11.317184	11.505689	3.043416	3.043416	3.043416	-0.026441
3656	1990-12-28	11.406528	11.168300	11.316559	11.505902	3.120759	3.120759	3.120759	-0.009965
3647	1990-12-29	11.406441	11.235604	11.315997	11.506198	3.144845	3.144845	3.144845	-0.048854
3648	1990-12-30	11.406353	11.122686	11.315449	11.506547	3.069314	3.069314	3.069314	-0.188713
3649	1990-12-31	11.406265	11.540265	11.314879	11.506889	3.366551	3.366551	3.366551	0.043655

图 19.2 包含不同预测组件的 forecast DataFrame。请注意，如果你使用 additive_terms 添加趋势，则会得到预测 yhat，它隐藏在图中，因为 DataFrame 具有太多的列。还要注意的是，additive_terms 是每周和每年的总和，这表明我们有每周和每年的季节性

我们只对这四个列感兴趣：ds、yhat、yhat_lower 和 yhat_upper。ds 列仅包含预测的日期戳。yhat 列包含预测的值。你可以看到 Prophet 如何使用 y 作为实际值，使用 yhat 作为预测值作为命名约定。然后，yhat_lower 和 yhat_upper 表示预测的 80% 置信区间的下限和上限。这意味着有 80% 的可能性，预测将落在 yhat_lower 和 yhat_upper 之间，yhat 是我们期望获得的值。

现在，我们可以将测试和预测结合在一起，以创建一个同时包含实际值和预测值的 DataFrame。

```
test[['yhat', 'yhat_lower', 'yhat_upper']] = forecast[['yhat',
➥ 'yhat_lower', 'yhat_upper']]
```

在评估我们模式之前，让我们实现一个基线，因为我们的模型只能相对于某个基准更好。在这里，让我们应用最后一个季节的简单预测方法，这意味着训练集的最后一年被重复作为下一年的预测。

```
test['baseline'] = train['y'][-365:].values
```

一切都是为了轻松评估模型。为了便于解释，我们将使用 MAE。请注意，MAPE 不适用于这种情况，因为我们的值接近于 0，在这种情况下，MAPE 会膨胀。

```
from sklearn.metrics import mean_absolute_error

prophet_mae = mean_absolute_error(test['y'], test['yhat'])
baseline_mae = mean_absolute_error(test['y'], test['baseline'])
```

返回的基线的 MAE 为 2.87，而 Prophet 模型实现的 MAE 为 1.94。因此，我们使用 Prophet 实现了较低的 MAE，这意味着它确实比基线更好。这意味着，平均而言，我们的模型预测的日最低温度相差 1.94 摄氏度，高于或低于观测值。

我们可以选择绘制预测，以及来自 Prophet 的置信区间。结果如图 19.3 所示。

```
fig, ax = plt.subplots()

ax.plot(train['y'])
ax.plot(test['y'], 'b-', label='Actual')
ax.plot(test['yhat'], color='darkorange', ls='--', lw=3, label='Predictions')
ax.plot(test['baseline'], 'k:', label='Baseline')

ax.set_xlabel('Date')
ax.set_ylabel('Minimum temperature (deg C)')

ax.axvspan(3285, 3649, color='#808080', alpha=0.1)

ax.legend(loc='best')

plt.xticks(
    [3224, 3254, 3285, 3316, 3344, 3375, 3405, 3436, 3466, 3497, 3528,
➥ 3558, 3589, 3619],
    ['Nov', 'Dec', 'Jan 1990', 'Feb', 'Mar', 'Apr', 'May', 'Jun', 'Jul',
```

```
➡ 'Aug', 'Sep', 'Oct', 'Nov', 'Dec'])
plt.fill_between(x=test.index, y1=test['yhat_lower'], y2=test['yhat_upper'],
➡ color='lightblue')
plt.xlim(3200, 3649)

fig.autofmt_xdate()
plt.tight_layout()
```

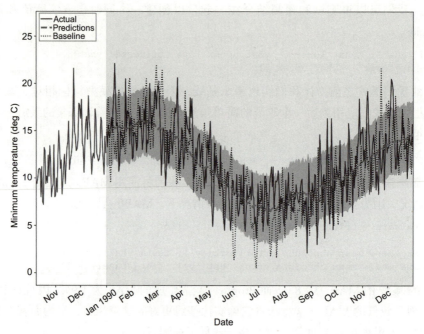

图 19.3　预测 1990 年的日最低温度。我们可以看到，Prophet 的预测（如虚线所示）比基线更
　　　　平滑，这清楚地表明了 Prophet 的曲线拟合特性

你将看到，Prophet 预测看起来更像是一个曲线拟合过程，因为它的预测（如图 19.3 中的虚线所示）是一条平滑的曲线，似乎可以过滤数据中的噪声波动。

我们使用 Prophet 很少的代码行可以生成准确的预测。然而，就 Prophet 的功能而言，我们只触及了表面，这只是使用 Prophet 的基本工作流程。在 19.4 节中，我们将探索更高级的 Prophet 功能，如可视化技术和微调过程，以及交叉验证和评估方法。

19.4　探索 Prophet 的高级功能

现在，我们将探索 Prophet 更高级的功能。这些高级功能可以分为三类：可视化、性能诊断和超参数调整。我们将使用与 19.3 节相同的数据集，并且强烈建议你使用与 19.3 节相同的 Jupyter Notebook 或 Python 脚本。

19.4.1　可视化能力

Prophet 提供了许多方法，使我们能够快速可视化模型的预测或其不同分量。

首先，我们可以简单地使用 plot 方法快速生成预测图。结果如图 19.4 所示。

```
fig1 = m.plot(forecast)
```

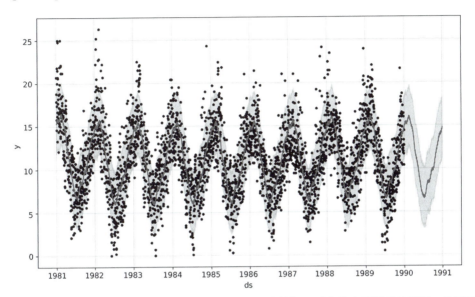

图 19.4　使用 Prophet 绘制我们的预测。黑点表示训练数据，而实线表示模型的预测。线周围的阴影区域表示 80% 的置信区间

我们还可以使用 plot_components 方法来显示模型中使用的不同分量。

```
fig2 = m.plot_components(forecast)
```

结果如图 19.5 所示。第一个图显示了趋势分量，以及预测期内趋势的不确定性。仔细观察，你会发现趋势随着时间的推移而变化，有 6 种不同的趋势。稍后我们会更详细地研究。

图 19.5 中的两个底部图显示了两个不同的季节性分量：一个是周周期，另一个是年周期。每年的季节性是有道理的，因为夏季月份（12 月至 2 月，因为澳大利亚位于南半球）的气温比冬季月份（6 月至 8 月）更高。然而，每周的季节性分量相当奇怪。虽然它可能有助于模型产生更好的预测，但我怀疑是否有一种气象现象可以解释日最低温度的每周季节性。因此，这个分量可能有助于模型实现更好的拟合和更好的预测，但很难解释它的存在。

或者，Prophet 允许我们只绘制季节性分量。具体来说，我们可以使用 plot_weekly 方法绘制每周的季节性，或者使用 plot_yearly 方法绘制每年的季节性。后者的结果如图 19.6 所示。

```
from fbprophet.plot import plot_yearly, plot_weekly

fig4 = plot_yearly(m)
```

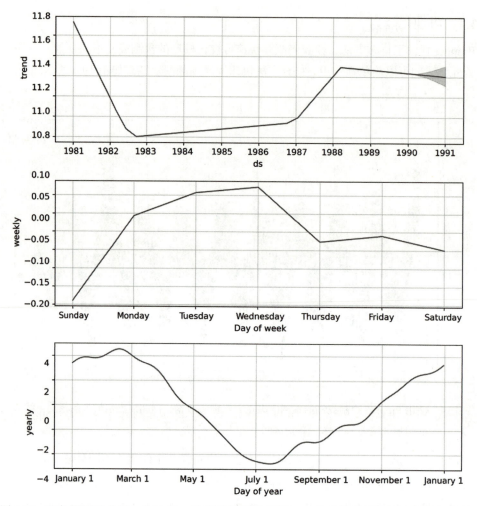

图 19.5 我们模型的分量。在这里，我们的模型使用了一个趋势分量和两个不同的季节分
量——一个以周为周期，另一个以年为周期

你将认识到数据的年度季节性分量，因为它与图 19.5 中的第三个图相同。然而，这种
方法使我们能够直观地看到如何改变估计季节性分量的项数会影响我们的模型。回想一下，
Prophet 使用傅里叶级数中的 10 项来估计每年的季节性变化。现在，使用 20 项进行估计，让
我们对季节性分量进行可视化。

```
m2 = Prophet(yearly_seasonality=20).fit(train)

fig6 = plot_yearly(m2)
```

在图 19.7 中，年度季节性分量显示出比图 19.6 中更大的波动，这意味着它更敏感。如果
使用了太多项，则调整该参数可能导致过拟合，或者如果我们减少傅里叶级数中的项数，则调
整该参数可能导致欠拟合。这个参数很少改变，但有趣的是，Prophet 自带了这个微调功能。

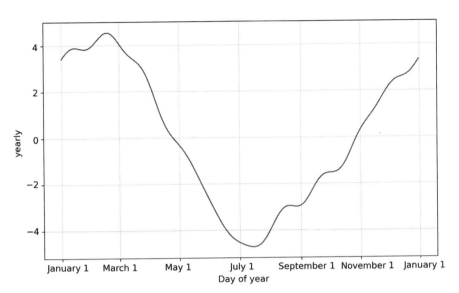

图 19.6 绘制了我们数据的年度季节性分量。这相当于图 19.5 中的第三条曲线

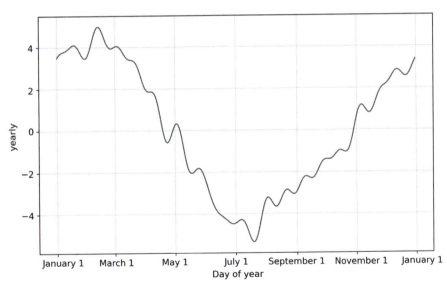

图 19.7 使用 20 项来估计我们数据中的年度季节性分量。与图 19.6 相比，季节性分量的视图
更加敏感，因为它显示了更多的时间变化。这可能会导致过拟合

最后，我们在图 19.5 中看到，趋势随着时间的推移而变化，我们可以确定 6 个独特的趋势。Prophet 可以识别这些趋势变化点。我们可以使用 add_changepoints_to_plot 方法来可视化它们。

```
from fbprophet.plot import add_changepoints_to_plot
```

```
fig3 = m.plot(forecast)
a = add_changepoints_to_plot(fig3.gca(), m, forecast)
```

结果如图 19.8 所示。请注意，Prophet 确定了趋势变化的时间点。

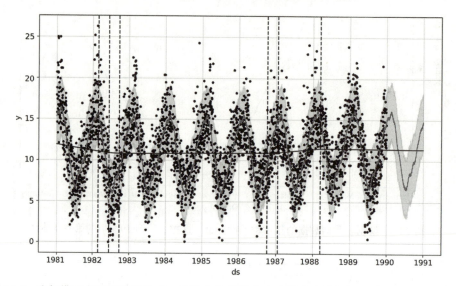

图 19.8 我们模型中的趋势变化点。趋势变化的每个点由垂直虚线标识。请注意，有 6 条垂直虚线，与图 19.5 顶部图中的 6 个不同趋势斜率相匹配

我们已经探索了 Prophet 最重要的可视化功能，所以让我们继续使用交叉验证来更详细地诊断我们的模型。

19.4.2 交叉验证和性能指标

Prophet 具有重要的交叉验证功能，允许我们在数据集中对多个时期进行预测，以确保我们拥有稳定的模型。这类似于滚动预测过程。

回想一下，对于时间序列，数据的顺序必须保持不变。因此，交叉验证是通过在训练数据的子集上训练模型并在某一水平上进行预测来执行的。图 19.9 显示了我们如何从定义训练集中的子集开始，并使用它来拟合模型并生成预测。然后，我们将更多的数据添加到初始子集，并预测另一段时间。重复该过程，直到使用了整个训练集。

你会注意到它与滚动预测的相似之处，但这次我们使用这种技术进行交叉验证，以确保我们有一个稳定的模型。稳定模型是指评估指标在每个预测期内相当稳定的模型，保持范围不变。换句话说，我们的模型的性能应该是恒定的，无论它必须预测从 1 月开始的 365 天，还是从 7 月开始的 365 天。

Prophet 的 `cross_validation` 函数需要一个已拟合训练数据的 Prophet 模型。然后，我们必须在交叉验证过程中为训练集指定初始长度，表示为 `initial`。下一个参数是

分隔每个截止日期的时间长度，表示为 period。最后，我们必须指定预测的范围，表示为 horizon。这三个参数必须具有与 pandas.Timedelta 类（https://pandas.pydata.org/docs/reference/api/pandas.Timedelta.html）兼容的单位。换句话说，最大的单位是天，最小的单位是纳秒。介于两者之间的任何单位（如小时、分钟、秒或毫秒）也会起作用。

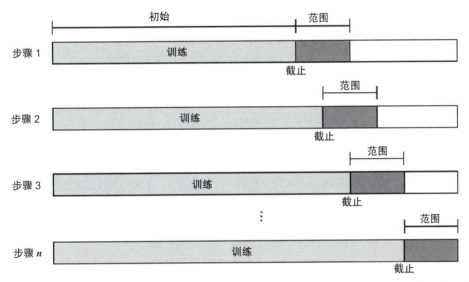

图 19.9　Prophet 中的交叉验证过程。整个矩形表示训练集，并确定训练集的初始子集以拟合模型。在某个截止日期，该模型会产生一组范围的预测。在下一步中，更多的数据被添加到训练子集中，模型对另一段时间进行预测。然后重复该过程，直到范围超过训练集的长度

默认情况下，Prophet 使用 horizon 来确定 initial 和 period 的长度。它设置 initial 为 horizon 长度的三倍，period 设置为 horizon 长度的一半。当然，我们可以进行调整以满足我们的需求。

让我们从 730 天的初始训练周期开始，这代表了两年的数据，范围将是 365 天，每个截止日期将相隔 180 天，大致是半年。考虑到我们的训练集大小，我们的交叉验证程序有 13 个步骤。该程序的输出是一个 DataFrame，其中包括日期戳、预测、其上限和下限、实际值和截止日期，如图 19.10 所示。

```
from fbprophet.diagnostics import cross_validation

df_cv = cross_validation(m, initial='730 days', period='180 days',
    horizon='365 days')                     初始训练集有 2 年的数据。每个截止日期相
                                            隔 180 天，即半年。预测范围为 365 天，即
df_cv.head()                                一年
```

交叉验证完成后，我们可以使用 performance_metrics 函数来评估模型在多个预测

期内的性能。我们传递交叉验证的输出，即 df_cv，并设置 rolling_window 参数。此参数确定我们要计算误差指标的数据部分。将其设置为 0 表示为每个预测点计算每个评估指标。如果将其设置为 1，则会对整个周期内的评估指标进行平均。

```
from fbprophet.diagnostics import performance_metrics

df_perf = performance_metrics(df_cv, rolling_window=0)

df_perf.head()
```

	ds	yhat	yhat_lower	yhat_upper	y	cutoff
0	1983-02-02	15.156298	11.393460	18.821358	17.3	1983-02-01
1	1983-02-03	14.818082	11.443539	18.180941	13.0	1983-02-01
2	1983-02-04	15.212860	11.629483	18.580597	16.0	1983-02-01
3	1983-02-05	15.203778	11.808610	18.677870	14.9	1983-02-01
4	1983-02-06	15.250535	11.780555	18.771718	16.2	1983-02-01

图 19.10　交叉验证 DataFrame 的前五行。我们可以看到预测、上限和下限以及截止日期

该程序的输出如图 19.11 所示。MAPE 不包括在内，因为 Prophet 自动检测到我们的值接近 0，这使得 MAPE 成为不合适的评估指标。

```
from fbprophet.plot import plot_cross_validation_metric

fig7 = plot_cross_validation_metric(df_cv, metric='mae')
```

	horizon	mse	rmse	mae	mdape	coverage
0	1 days	6.350924	2.520104	2.070329	0.147237	0.846154
1	2 days	4.685452	2.164590	1.745606	1.139852	0.846154
2	3 days	10.049956	3.170167	2.661797	0.147149	0.769231
3	4 days	8.686183	2.947233	2.377724	0.195119	0.769231
4	5 days	8.250061	2.872292	2.569552	0.196067	0.692308

图 19.11　评估数据框的前五行。我们可以在不同的范围内看到不同的性能指标，使我们能够直观地看到性能如何根据范围而变化

最后，我们可以看到评估指标在整个范围内的演变，这使我们能够确定误差是否随着模型预测时间的延长而增加，或者是否保持相对稳定。同样，我们将使用 MAE，因为这是我们最初评估模型的方式。

结果如图 19.12 所示。理想情况下，我们将看到一条相当平坦的线，因为这意味着预测误差不会随着模型预测时间的增加而增加。如果误差增加，那么我们应该修改预测范围，或者我们应确信对增加的误差感到满意。

现在你已经了解了 Prophet 的交叉验证功能，我们将了解超参数调整。将两者结合起来，将产生一种为我们的问题找到最优模型的鲁棒方法。

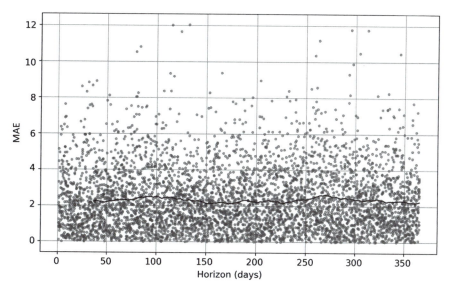

图 19.12 预测期内 MAE 的演变。每个点表示 13 个预测期之一的绝对误差，而实线表示一段
时间内的平均值。这条线是相当平坦的，这意味着我们有一个稳定的模型，其中误
差不会随着时间的推移而增加

19.4.3 超参数调优

我们可以在 Prophet 中结合超参数调整和交叉验证来设计一个鲁棒的过程，该过程可以
自动识别适合我们数据的最佳参数组合。

Prophet 提供了许多参数，更高级的用户可以对这些参数进行微调，以生成更好的预
测。通常调整四个参数：changepoint_prior_scale、seasonality_prior_scale、
holidays_prior_scale 和 seasonality_mode。其他参数在技术上可以更改，但它们
通常是上述参数的冗余形式：

❑ changepoint_prior_scale 参数被认为是 Prophet 中最具影响力的参数。它决定
了趋势的灵活性，特别是趋势在趋势变化点的变化程度。如果参数太小，则趋势将欠
拟合，并且在数据中观察到的方差将被视为噪声。如果它设置得太高，趋势将过拟合
嘈杂的波动。使用范围 [0.001，0.01，0.1，0.5] 足以获得良好拟合的模型。

❑ seasonality_prior_scale 参数设置季节性的灵活性。较大的值允许季节性分量
适应较小的波动，而较小的值将导致更平滑的季节性分量。使用范围 [0.01，0.1，1.0，
10.0] 通常可以很好地找到好的模型。

❑ holidays_prior_scale 参数设置假期效应的灵活性，其作用就像 seasonality_
prior_scale 一样。它可以使用相同的范围 [0.01，0.1，1.0，10.0] 进行调整。

❑ seasonality_mode 参数可以是 additive，也可以是 multiplicative。默认
情况下，它是 additive，但如果你看到季节性波动随着时间的推移而变大，则可以

将其设置为 multiplicative。这可以通过绘制时间序列来观测，但当有疑问时，你可以将其包括在超参数调整过程中。我们目前的历史日最低温度数据集是附加季节性的一个很好的例子，因为每年的波动不会随着时间的推移而增加。图 19.13 显示了一个乘法季节性的例子。

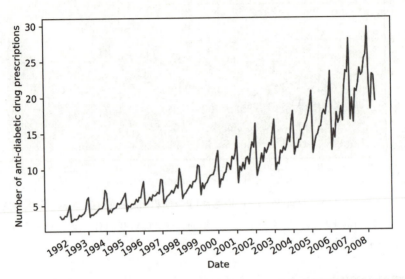

图 19.13　乘法季节性示例。这是取自第 11 章的顶点项目，其中我们预测了澳大利亚每月的抗糖尿病药物处方数量。我们不仅看到了每年的季节性，而且还注意到，随着时间的推移，波动会变得更大

　　让我们结合超参数调整和交叉验证来寻找预测日最低温度的最佳模型参数。在这个例子中，我们将只使用 changepoint_prior_scale 和 seasonality_prior_scale，因为我们没有任何假期效应，并且我们的季节性分量是加法的。

　　我们将首先为每个参数定义要尝试的值的范围，并生成参数的唯一组合的列表。然后，对于每个唯一的参数组合，我们将训练一个模型并执行交叉验证。然后，我们将使用 rolling_window=1 加速该过程来评估模型，并在整个预测期内计算评估指标的平均值。最后，我们将存储参数组合及其关联的 MAE，以找到最佳参数组合。具有最低 MAE 的组合将被视为最佳组合。我们将使用 MAE，因为从这个项目开始我们就一直在使用它。

```
from itertools import product

param_grid = {
    'changepoint_prior_scale': [0.001, 0.01, 0.1, 0.5],
    'seasonality_prior_scale': [0.01, 0.1, 1.0, 10.0]
}

all_params = [dict(zip(param_grid.keys(), v)) for v in
➥ product(*param_grid.values())]          ←── 创建唯一参数组合的列表
```

```
maes = []

for params in all_params:                          对于每个唯一的组合，执行以下三个步骤
    m = Prophet(**params).fit(train)
拟合一个    df_cv = cross_validation(m, initial='730 days', period='180 days',
模型      horizon='365 days', parallel='processes')
    df_p = performance_metrics(df_cv, rolling_window=1)        进行交叉验
    maes.append(df_p['mae'].values[0])                        证。我们可
                                                              以使用并行
tuning_results = pd.DataFrame(all_params)    使用 rolling_window=1    化来加速这
tuning_results['mae'] = maes              评估模型。这将在整个预      个过程
                                          测范围内平均性能
将结果组织在 DataFrame 中
```

现在可以找到实现最小 MAE 的参数：

```
best_params = all_params[np.argmin(maes)]
```

在本例中，`changepoint_prior_scale` 和 `seasonality_prior_scale` 都设置为 0.01。

我们对 Prophet 高级功能的探索到此结束。我们主要在发现模式下与它们合作，所以让我们通过设计和实施使用 Prophet 的更高级功能（如交叉验证和超参数调优）的预测来巩固你所学到的知识，以实现预测过程的自动化。

19.5 使用 Prophet 实现鲁棒的预测过程

在探索了 Prophet 的高级功能之后，我们现在将使用 Prophet 设计一个强大的自动化预测过程。这个循序渐进的系统将允许我们自动找到 Prophet 可以为特定问题构建的最佳模型。

请记住，找到最佳的 Prophet 模型并不意味着 Prophet 是所有问题的最佳解决方案。在使用 Prophet 时，此过程将简单地确定可能的最佳结果。建议你测试各种模型，使用深度学习或统计技术，当然还有基线模型，以确保你找到预测问题的最佳解决方案。

图 19.14 展示了 Prophet 的预测过程，以确保我们获得最优的 Prophet 模型。我们将首先确保列的命名和格式对于 Prophet 是正确的。然后，我们将结合交叉验证和超参数调优来获得最佳参数组合，拟合模型，并在测试集上对其进行评估。这是一个相当简单的过程，这是意料之中的。Prophet 为我们做了很多繁重的

图 19.14 使用 Prophet 的预测过程。首先，我们将确保数据集有 Prophet 正确的列名，并且日期正确地表示为日期戳或时间戳。然后，我们将超参数调优与交叉验证相结合，以获得我们模型的最优参数。最后，我们将使用最优参数拟合模型，并在测试集上对其进行评估

工作，让我们能够快速地进行实验并提出一个模型。

让我们将此过程应用于另一个预测项目。它涉及 Prophet 以特定方式处理的每月数据。此外，我们将处理可能受到假期效应影响的数据，这让我们有机会使用尚未探索的 Prophet 功能。

19.5.1 预测项目：预测"chocolate"在 Google 上的受欢迎程度

对于这个项目，我们将尝试预测词条"chocolate"在 Google 上的受欢迎程度。预测搜索词条的受欢迎程度可以帮助营销团队更好地优化他们对特定关键词的出价，这当然会影响广告的每次点击成本，最终影响营销活动的整体投资回报。它还可以洞察消费者的行为。例如，如果我们知道下个月搜索巧克力的人可能会激增，那么巧克力商店就可以提供折扣，并确保他们有足够的供应来满足需求。

这个项目的数据直接来自 Google Trends(https://trends.google.com/trends/explore?date=all&geo=US&q=chocolate)，它显示了从 2004 年至今，关键词"chocolate"在美国每月的受欢迎程度。我已经将我使用的数据集作为 CSV 文件包含在 GitHub 上，以确保你可以重现这里呈现的工作。

我们将通过读取数据来开始这个项目。

```
df = pd.read_csv('../data/monthly_chocolate_search_usa.csv')
```

该数据集包含从 2014 年 1 月到 2021 年 12 月的 215 行数据。该数据集有两列：一列是年份和月份，另一列是"chocolate"受欢迎程度。我们可以绘制关键词搜索随时间的演变图——结果如图 19.15 所示。该图显示了强烈的季节性数据，每年都有重复的峰值。我们还可以看到一个明显的趋势，因为数据随着时间的推移而增加。

```
fig, ax = plt.subplots()

ax.plot(df['chocolate'])
ax.set_xlabel('Date')
ax.set_ylabel('Proportion of searches using the keyword "chocolate"')

plt.xticks(np.arange(0, 215, 12), np.arange(2004, 2022, 1))

fig.autofmt_xdate()
plt.tight_layout()
```

这个数据集有两个元素非常有趣，可以用 Prophet 建模。首先，我们很可能有假期效应在起作用，例如，圣诞节是美国的一个节日，为圣诞节提供巧克力是相当普遍的。其次，我们有每月数据。虽然 Prophet 可以用来对每月数据进行建模，但必须进行一些调整，以确保我们获得良好的结果。开箱即用，Prophet 可以处理每天和次每天数据，但每月数据需要一些额外的工作。

按照前面图 19.14 所示的 Prophet 预测过程，我们将按照 Prophet 的命名约定重命名列。回想一下，Prophet 期望日期列命名为 ds，而数值列必须命名为 y。

```
df.columns = ['ds', 'y']
```

现在，我们可以继续验证日期的格式是否正确。在这种情况下，我们只有年和月，这不符合 Prophet 所期望的日期戳的 YYYY-MM-DD 格式。因此，我们将在日期列中添加一天。在本例中，我们有每月的数据，这些数据只能在月底获得，因此我们将把该月的最后一天添加到日期戳中。

```
from pandas.tseries.offsets import MonthEnd

df['ds'] = pd.to_datetime(df['ds']) + MonthEnd(1)
```

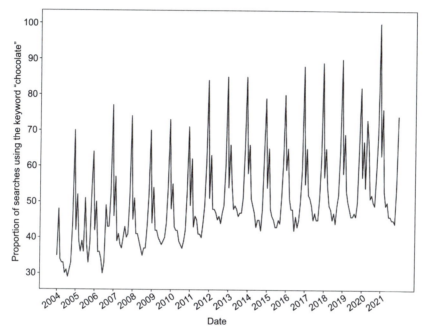

图 19.15　从 2004 年 1 月到 2021 年 12 月，在美国 Google 搜索的关键词"chocolate"的受欢迎程度。这些值表示为相对于搜索词最流行的时间段的比例，该时间段发生在 2020 年 12 月，值为 100。因此，特定月份的值为 50 意味着关键词"chocolate"的搜索频率是 2020 年 12 月的一半

在深入研究超参数调整之前，我们首先将数据分为训练集和测试集，这样我们就可以只在训练集上执行超参数调整，从而避免数据泄漏。在这种情况下，我们将保留测试集的最后 12 个月。

```
train = df[:-12]
test = df[-12:]
```

现在，我们将进入下一步，我们将结合超参数调整和交叉验证，为我们的模型找到最佳参数组合。正如我们之前所做的那样，我们将为希望调整的每个参数定义一个值范围，并构建一个包含每个唯一值组合的列表。

```
param_grid = {
    'changepoint_prior_scale': [0.001, 0.01, 0.1, 0.5],
    'seasonality_prior_scale': [0.01, 0.1, 1.0, 10.0]
```

```
}

params = [dict(zip(param_grid.keys(), v)) for v in
    product(*param_grid.values())]
```

注　在这里，我们不会为了节省时间而优化 holidays_prior_scale，但可以随意给它添加具有以下取值范围的可调参数：[0.01, 0.1, 1.0, 10.0]。

接下来，我们将创建一个列表来保存评估指标，我们将使用该指标来决定最佳参数集。我们将使用 MSE，因为它在拟合过程中对较大的误差进行惩罚。

```
mses = []
```

现在，由于我们使用的是每月数据，因此必须定义自己的截止日期。回想一下，截止日期定义了交叉验证期间的训练和测试周期，如图 19.16 所示。因此，在处理每月数据时，我们必须定义自己的截止日期列表，以指定交叉验证过程中每个步骤的初始训练期和预测期。这是一种解决方法，允许我们使用 Prophet 处理每月数据。

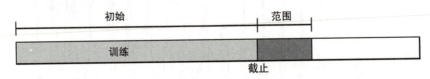

图 19.16　在交叉验证期间，截止日期设置了训练期和预测期之间的边界。通过定义截止日期
　　　　　列表，我们可以在交叉验证期间为每个步骤指定初始训练期和预测期

在这里，我们将初始训练期设置为数据的前 5 年。因此，我们的第一个截止日期将是 2009 年 1 月 31 日。最后一个截止日期可以设置为训练集的最后一行，我们将每个截止日期间隔 12 个月，这样我们就有了一个预测一整年的模型。

```
cutoffs = pd.date_range(start='2009-01-31', end='2020-01-31', freq='12M')  ◁─┐
```
　　　第一个截止日期是 2009 年 1 月 31 日，提供了 5 年交叉验证第一步的初始训│
　　　练数据。每个截止日期间隔 12 个月，直到训练集结束，因此预测范围为 1 年┘

完成此步骤后，我们可以使用交叉验证测试每个参数组合，并将其 MSE 存储在 DataFrame 中。请注意，我们将使用简单的 add_country_holidays 方法来添加假期效果，并且我们将指定国家，在本例中是美国。

```
for param in params:
    m = Prophet(**param)
    m.add_country_holidays(country_name='US')      ◁─ 添加美国的假期日期
    m.fit(train)

    df_cv = cross_validation(model=m, horizon='365 days', cutoffs=cutoffs)
    df_p = performance_metrics(df_cv, rolling_window=1)
    mses.append(df_p['mse'].values[0])
tuning_results = pd.DataFrame(params)
tuning_results['mse'] = mses
```

清单 19.1 显示了超参数调整的完整代码。

清单 19.1　Prophet 中每月数据的超参数调整

```
param_grid = {
    'changepoint_prior_scale': [0.001, 0.01, 0.1, 0.5],
    'seasonality_prior_scale': [0.01, 0.1, 1.0, 10.0]
}

params = [dict(zip(param_grid.keys(), v)) for v in
➡ product(*param_grid.values())]


mses = []


cutoffs = pd.date_range(start='2009-01-31', end='2020-01-31', freq='12M')


for param in params:
    m = Prophet(**param)
    m.add_country_holidays(country_name='US')
    m.fit(train)

    df_cv = cross_validation(model=m, horizon='365 days', cutoffs=cutoffs)
    df_p = performance_metrics(df_cv, rolling_window=1)
    mses.append(df_p['mse'].values[0])

tuning_results = pd.DataFrame(params)
tuning_results['mse'] = mses
```

一旦这个过程结束，我们就可以提取最优参数组合。

```
best_params = params[np.argmin(mses)]
```

结果是 changepoint_prior_scale 必须设置为 0.01，而 seasonality_prior_scale 必须设置为 0.01。

现在我们有了每个参数的最优值，我们可以在整个训练集上拟合模型，以便稍后在测试集上对其进行评估。

```
m = Prophet(**best_params)
m.add_country_holidays(country_name='US')
m.fit(train);
```

下一步是获得模型在相同时期测试集的预测，并将它们与测试集合并，以便于评估和绘图。

```
future = m.make_future_dataframe(periods=12, freq='M')
forecast = m.predict(future)
test[['yhat', 'yhat_lower', 'yhat_upper']] = forecast[['yhat',
➡ 'yhat_lower', 'yhat_upper']]
```

在评估我们的模型之前，我们必须有一个基准，所以我们将使用最后一个季节作为基线模型。

```
test['baseline'] = train['y'][-12:].values
```

我们现在准备用 Prophet 评估我们的模型了。我们将使用 MAE，因为它易于解释。

```
prophet_mae = mean_absolute_error(test['y'], test['yhat'])
baseline_mae = mean_absolute_error(test['y'], test['baseline'])
```

Prophet 的 MAE 为 7.42，而我们的基线的 MAE 为 10.92。由于 Prophet 的 MAE 较小，因此模型优于基线。

我们可以选择绘制预测图，如图 19.17 所示。请注意，该图还显示了 Prophet 模型的置信区间。

```
fig, ax = plt.subplots()

ax.plot(train['y'])
ax.plot(test['y'], 'b-', label='Actual')
ax.plot(test['baseline'], 'k:', label='Baseline')
ax.plot(test['yhat'], color='darkorange', ls='--', lw=3, label='Predictions')

ax.set_xlabel('Date')
ax.set_ylabel('Proportion of searches using the keyword "chocolate"')

ax.axvspan(204, 215, color='#808080', alpha=0.1)

ax.legend(loc='best')

plt.xticks(np.arange(0, 215, 12), np.arange(2004, 2022, 1))
plt.fill_between(x=test.index, y1=test['yhat_lower'],
➡  y2=test['yhat_upper'], color='lightblue')        ◁─── 绘制 Prophet 模
plt.xlim(180, 215)                                        型的 80% 的置信
                                                          区间
fig.autofmt_xdate()
plt.tight_layout()
```

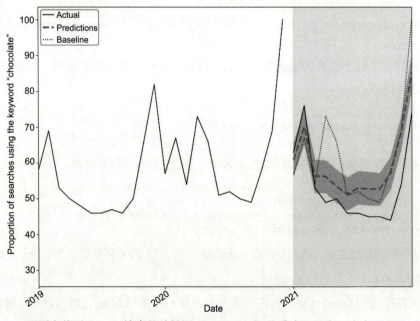

图 19.17 预测在美国 Google 搜索的关键词"chocolate"的受欢迎程度。这个 Prophet 的预测（如虚线所示）比基线模型（如点线所示）更接近实际值。

在图 19.17 中，很明显，Prophet 的预测（如虚线所示）比基线模型的预测（如点线所示）更接近实际值。这意味着 Prophet 的 MAE 较小。

如图 19.18 所示，我们可以通过绘制模型的组件来进一步了解 Prophet 如何对数据进行建模。

```
prophet_components_fig = m.plot_components(forecast)
```

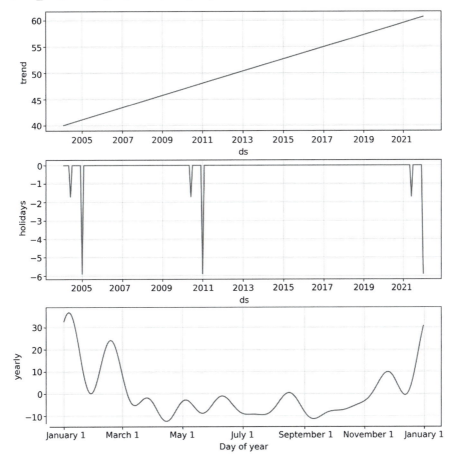

图 19.18　Prophet 模型的分量。正如预期的那样，趋势分量随着时间的推移而增加。我们还可以看到假期分量，它显示了负数的迹象。这很有趣，因为这意味着 Prophet 使用假期来确定 "chocolate" 何时不是受欢迎的搜索词。最后，我们有每年的季节性分量，在一月份达到高峰

在图 19.18 中，你将看到第一个图中的趋势分量随着时间的推移而增加，正如我们第一次绘制数据时所注意到的那样。第二个图显示了假期的影响，这很有趣，因为在负数中有波谷。这意味着 Prophet 使用假期列表来确定 "chocolate" 受欢迎程度何时可能减少。这与我们最初的直觉相反，当时我们认为节日可能决定巧克力何时会更流行。最后，第三个图显示了每年的季节性，峰值出现在年底和年初，这与圣诞节、新年和情人节相对应。

19.5.2 实验：SARIMA 能做得更好吗

在 19.5.1 节中，我们使用 Prophet 预测在美国 Google 搜索的关键词"chocolate"的受欢迎程度。我们的模型实现了比我们的基线更好的性能，但在这种情况下，看看 SARIMA 模型与 Prophet 模型的比较会很有趣。这一部分是可选的，但它是重新审视我们使用统计模型的建模技能的好机会，它也是一个有趣的实验。

让我们从导入所需的库开始。

```
from statsmodels.stats.diagnostic import acorr_ljungbox
from statsmodels.tsa.statespace.sarimax import SARIMAX
from statsmodels.tsa.stattools import adfuller
from tqdm import tqdm_notebook
from itertools import product
from typing import Union
```

接下来，我们将使用 ADF 检验来检查数据是否平稳。

```
ad_fuller_result = adfuller(df['y'])

print(f'ADF Statistic: {ad_fuller_result[0]}')
print(f'p-value: {ad_fuller_result[1]}')
```

我们得到 ADF 统计量为 –2.03，p 值为 0.27。由于 p 值大于 0.05，我们无法拒绝零假设，并得出序列不平稳的结论。

让我们对时间序列进行差分，并再次测试平稳性。

```
y_diff = np.diff(df['y'], n=1)

ad_fuller_result = adfuller(y_diff)

print(f'ADF Statistic: {ad_fuller_result[0]}')
print(f'p-value: {ad_fuller_result[1]}')
```

我们现在获得的 ADF 统计量为 −7.03，p 值远小于 0.05，因此我们拒绝零假设，并得出序列现在平稳的结论。由于我们只进行了一次差分，并且没有采用季节性差分，因此我们设置 d=1 和 D=0。此外，由于我们有每月数据，因此频率 m=12。正如你所看到的，有季节性数据并不意味着我们必须采用季节性差分才能使其稳定。

现在，我们将使用 `optimize_SARIMAX` 函数，如清单 19.2 所示，找出使 AIC 最小的 p、q、P 和 Q 的值。请注意，尽管该函数的名称中有 SARIMAX，但我们可以使用它来优化 SARIMAX 模式的任何偏差。在这种情况下，我们将通过把外生变量设置为 None 来优化 SARIMA 模型。

清单 19.2　最小化 SARIMAX 模型 AIC 的函数

```
def optimize_SARIMAX(endog: Union[pd.Series, list],
➥ exog: Union[pd.Series, list],
➥ order_list: list, d: int, D: int, s: int) -> pd.DataFrame:

    results = []
```

```
for order in tqdm_notebook(order_list):
    try:
        model = SARIMAX(
            endog,
            exog,
            order=(order[0], d, order[1]),
            seasonal_order=(order[2], D, order[3], s),
            simple_differencing=False).fit(disp=False)
    except:
        continue

    aic = model.aic
    results.append([order, model.aic])

result_df = pd.DataFrame(results)
result_df.columns = ['(p,q,P,Q)', 'AIC']

result_df = result_df.sort_values(by='AIC',
    ascending=True).reset_index(drop=True)

return result_df
```

为了找到最佳参数，我们首先为每个参数定义一个值范围，并创建一个唯一组合列表。然后，我们可以将该列表传递给 optimize_SARIMAX 函数。

```
ps = range(0, 4, 1)
qs = range(0, 4, 1)
Ps = range(0, 4, 1)
Qs = range(0, 4, 1)

order_list = list(product(ps, qs, Ps, Qs))

d = 1
D = 0
s = 12

SARIMA_result_df = optimize_SARIMAX(train['y'], None, order_list, d, D, s)
SARIMA_result_df
```

图 19.19 所示的 DataFrame 的结果很有趣。最小的 AIC 为 143.51，第二小的 AIC 为 1127.75。差异非常大，这暗示第一个 p，q，p，Q 值有问题。

	(p,q,P,Q)	AIC
0	(1,0,1,3)	143.508936
1	(1,1,1,1)	1127.746591
2	(1,1,2,1)	1129.725199
3	(1,1,1,2)	1129.725695
4	(0,2,1,1)	1130.167369

图 19.19　按 AIC 升序排列参数 $(p，d，p，Q)$。我们可以看到 DataFrame 的前两个条目之间有很大的差异。这表明第一组参数有问题，我们应该选择第二组

因此，我们将使用第二组值，将值 p、q、P 和 Q 设置为 1，得到 SARIMA$(1,1,1)(1,0,1)_{12}$ 模型。我们可以使用这些值在训练集上拟合模型，并研究其残差，如图 19.20 所示。

```
SARIMA_model = SARIMAX(train['y'], order=(1,1,1),
    seasonal_order=(1,0,1,12), simple_differencing=False)
SARIMA_model_fit = SARIMA_model.fit(disp=False)

SARIMA_model_fit.plot_diagnostics(figsize=(10,8));
```

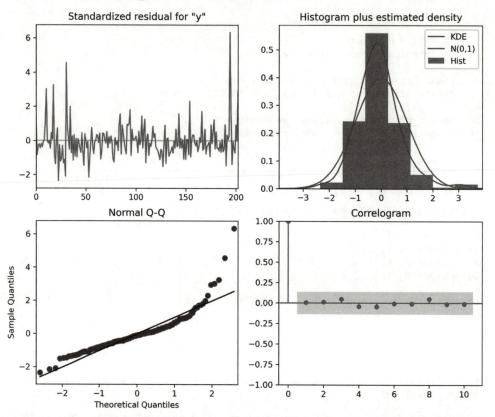

图 19.20 SARIMA$(1,1,1)(1,0,1)_{12}$ 模型的残差。在左上角的图中，你可以看到残差是随机的，没有趋势。在右上角的图中，分布接近正态分布，但在右侧有一些偏差。左下角的 Q-Q 图进一步支持了这一点，我们看到一条相当直的线位于 $y=x$ 上，但在末端有一个明显的偏离。最后，右下角的相关图显示滞后 0 之后没有显著的系数，与白噪声一样

在这一点上，很难确定残差是否足够接近白噪声，因此我们将使用 Ljung-Box 检验来确定残差是否独立且不相关。

```
residuals = SARIMA_model_fit.resid

lbvalue, pvalue = acorr_ljungbox(residuals, np.arange(1, 11, 1))
```

返回的 p 值均大于 0.05，但第一个 p 值为 0.044。由于所有其他 9 个 p 值都大于 0.05，我

们将假设可以拒绝零假设，并得出结论，这是我们可以得到的最接近白噪声的残差。

接下来，让我们用 SARIMA 模型生成在测试集范围的预测。

```
SARIMA_pred = SARIMA_model_fit.get_prediction(204, 215).predicted_mean

test['SARIMA_pred'] = SARIMA_pred
```

最后，我们将测量 SARIMA 模型的 MAE。请记住，我们的 Prophet 模型的 MAE 为 7.42，而基线的 MAE 为 10.92。

```
SARIMA_mae = mean_absolute_error(test['y'], test['SARIMA_pred'])
```

在这里，SARIMA 实现了 10.09 的 MAE。它比基线好，但并不比 Prophet 好。

19.6 下一步

在本章中，我们探讨了 Prophet 库在时间序列自动预测中的应用。Prophet 使用的是结合了趋势分量、季节性分量和假期效应的一般加法模型。

这个库的主要优点是它允许我们快速实验并生成预测。许多函数可用于可视化和理解我们的模型，还有很多更高级的函数，允许我们执行交叉验证和超参数调整。

虽然 Prophet 在行业中广泛使用，但不能将其视为一种放之四海而皆准的解决方案。Prophet 特别适用于具有许多历史季节的强季节性数据。因此，它将被视为我们预测工具带中的另一个工具，可以与其他统计或深度学习模型一起进行测试。

我们已经在这本书中探索了时间序列预测的基本原理，现在你已经看到了一种方法，可以将我们用统计和深度学习模型所做的大部分手工工作自动化。我强烈建议你浏览 Prophet 的文档以获取更详细的信息，并探索其他用于自动预测的库。既然你知道如何使用一个库，那么转换到另一个库就很容易了。

在第 20 章中，我们将完成最后的顶点项目，并预测加拿大的牛排价格。这是应用我们使用 Prophet 开发的预测程序，以及实验你到目前为止所学的其他模型，并开发最佳解决方案的一个很好的机会。

19.7 练习

在这里，我们将回顾前几章的问题，但使用 Prophet 来进行预测。然后，我们可以将 Prophet 的性能与之前构建的模型进行比较。与往常一样，解决方案可以在 GitHub 上获取：https://github.com/marcopeix/TimeSeriesForecastingInPython/tree/master/CH19。

19.7.1 预测航空乘客人数

在第 8 章中，我们使用了一个数据集，该数据集记录了 1949 ~ 1960 年间每月的航空乘客数量。我们开发了一个 SARIMA 模型，该模型实现了 2.85% 的 MAPE。

使用 Prophet 预测过去 12 个月的数据集：

❑ 添加假期影响因素有意义吗？

❑ 看看数据，季节性是加法的还是乘法的？

❑ 使用超参数调优和交叉验证来找到最优参数。

❑ 用最优参数拟合模型，并评估其过去 12 个月的预测。它是否实现了较小的 MAPE？

19.7.2 预测抗糖尿病药物处方数量

在第 11 章中，我们通过一个顶点项目来预测澳大利亚每月的抗糖尿病药物处方数量。我们开发了一个 SARIMA 模型，实现了 7.9% 的 MAPE。

使用 Prophet 预测过去 36 个月的数据集：

❑ 添加假期效应有意义吗？

❑ 看看数据，季节性是加法的还是乘法的？

❑ 使用超参数调整和交叉验证来找到最优参数。

❑ 用最优参数拟合模型，并评估其过去 36 个月的预测。它是否实现了较低的 MAPE？

19.7.3 预测某个关键字在 Google Trends 上的受欢迎程度

Google Trends（https://trends.google.com/trends/）是一个生成时间序列数据集的好地方。在这里你可以看到 Google 在世界各地的热门搜索。

选择关键字和你选择的国家，并生成时间序列数据集，然后使用 Prophet 预测它在未来的受欢迎程度。这是一个非常开放的项目，没有解决方案。借此机会探索 Google Trends 工具，并使用 Prophet 进行实验，以了解哪些可行，哪些不可行。

小结

❑ 有许多可以自动执行预测程序的库，例如 pmdarima、Prophet、NeuralProphet 和 PyTorch Forecasting。

❑ Prophet 是业内最广为人知和最常用的自动时间序列预测库之一。知道如何使用它对于任何进行时间序列预测的数据科学家来说都很重要。

❑ Prophet 使用了一种结合了趋势分量、季节性分量和假期效应的一般加法模型。

❑ Prophet 并不是所有问题的最佳解决方案。它在具有多个历史训练季节的强季节性数据上工作得最好。因此，它必须被视为预测的几个工具之一。

顶点项目：预测加拿大牛排的月平均零售价格

再次祝贺你能走到这一步！从本书开始，我们已经走了很长一段路。我们首先定义了时间序列，并学习了如何使用统计模型来预测它们，这些统计模型被概括为 SARIMAX 模型。然后，我们转向大型高维数据集，并使用深度学习进行时间序列预测。在第 19 章中，我们介绍了全自动预测过程最流行的库之一：Prophet。我们使用 Prophet 开发了两个预测模型，并看到了只需很少的手动步骤就可以快速轻松地生成准确的预测。

在最后这个顶点项目中，我们将使用你在本书中所学到的一切来预测加拿大牛排的月平均零售价格。在这一点上，我们有一个强大的方法和广泛的工具来开发一个高性能预测模型。

20.1　了解顶点项目

在这个项目中，我们将使用 1995 年至今的加拿大食品的历史月平均零售价格。请注意，在撰写本书时，2021 年 12 月及以后的数据尚不可用。该数据集名为"Monthly average retail prices for food and other selected products"，可从 Statistics Canada 下载：www150.statcan.gc.ca/t1/tbl1/en/tv.action?pid=1810000201。

一篮子商品的价格是重要的宏观经济指标。这就是消费者价格指数（CPI）的组成，CPI 被用来确定是否存在通货膨胀或通货紧缩期。这反过来又使分析家能够评估经济政策的有效性，当然也会影响政府的援助计划，如社会保障。如果预期商品价格上涨，那么从技术上讲，预留给社会保障的金额应该增加。

原始数据集包含 52 种商品的月平均零售价格，从 1kg 的圆形牛排到一打鸡蛋、60g 除臭剂和汽油等。从 1995 年到 2021 年 11 月，每个月的价格都以加元计算。在这个项目中，我们将特别关注 1kg 圆形牛排的价格预测。

顶点项目目标

该顶点项目的目标是创建一个模型，该模型可以预测未来 36 个月内 1kg 圆形牛排的月平均零售价格。如果你有信心，则可以下载数据集并开发预测模型。你可以随意使用 Prophet。

如果你觉得你需要更多的指导，以下是需要完成的步骤：

1. 清理数据，使你只有关于 1kg 圆形牛排的信息。

2. 根据 Prophet 的惯例重新命名列。

3. 正确设置日期格式。日期戳仅有年和月，因此必须添加日期。回想一下，我们使用的是月平均值，那么添加月的第一天或月的最后一天是否有意义？

4. 使用交叉验证与 Prophet 进行超参数调优。

5. 用最优参数拟合 Prophet 模型。

6. 对测试集进行预测。

7. 使用 MAE 评估模型。

8. 将模型与基线进行比较。

还有一个可选但强烈推荐的步骤：

9. 开发 SARIMA 模型并将其性能与 Prophet 进行比较。它做得更好吗？

现在，你已经完成了成功完成此项目所需的所有步骤。我强烈建议你先自己试一试。在任何时候，你都可以参考以下部分以了解详细的演示。此外，整个解决方案都可以在 GitHub 上找到：https://github.com/marcopeix/TimeSeriesForecastingInPython/tree/master/CH20。祝你好运！

20.2 数据预处理与可视化

我们将从预处理数据开始，以训练 Prophet 模型。同时，我们将可视化时间序列来推断它的一些性质。

首先，我们将导入所需的库。

```
import numpy as np
import pandas as pd
import matplotlib.pyplot as plt

from fbprophet import Prophet
from fbprophet.plot import plot_cross_validation_metric
from fbprophet.diagnostics import cross_validation, performance_metrics
```

```
from sklearn.metrics import mean_absolute_error

from itertools import product

import warnings
warnings.filterwarnings('ignore')
```

我也喜欢为图像设置一些通用参数。在这里，我们将指定大小并从图中删除网格。

```
plt.rcParams['figure.figsize'] = (10, 7.5)
plt.rcParams['axes.grid'] = False
```

接下来，我们将读取数据。你可以从 Statistics Canada 下载它 (www150.statcan.gc.ca/t1/tbl1/en/tv.action?pid=1810000201)，尽管你可能会得到一个最新版本的数据集，因为我在撰写本书时只有 2021 年 11 月的数据。如果你希望重新创建此处显示的结果，那么我建议你在本章中使用 GitHub 资源库中的 CSV 文件。(https://github.com/marcopeix/TimeSeriesForecastingInPython/tree/master/CH20)

```
df = pd.read_csv('../data/monthly_avg_retail_price_food_canada.csv')
```

原始形式的数据集包含 52 种产品的月平均零售价格，从 1995 年 1 月到 2021 年 11 月。我们希望具体预测 1kg 圆牛排的零售价格，以便我们可以相应地过滤数据。

```
df = df[df['Products'] == 'Round steak, 1 kilogram']
```

下一步是删除不必要的列，只保留 REF_DATE 列（其中包含数据点的月份和年份）和 VALUE 列（其中包含该月的平均零售价格）。

```
cols_to_drop = ['GEO', 'DGUID', 'Products', 'UOM', 'UOM_ID',
        'SCALAR_FACTOR', 'SCALAR_ID', 'VECTOR', 'COORDINATE', 'STATUS',
        'SYMBOL', 'TERMINATED', 'DECIMALS']

df = df.drop(cols_to_drop, axis=1)
```

我们现在有一个 2 列 323 行的数据集。这是可视化时间序列的好时机，结果如图 20.1 所示。

```
fig, ax = plt.subplots()

ax.plot(df['VALUE'])
ax.set_xlabel('Date')
ax.set_ylabel('Average retail price of 1kg of round steak (CAD')

plt.xticks(np.arange(0, 322, 12), np.arange(1995, 2022, 1))

fig.autofmt_xdate()
```

图 20.1 在我们的数据中显示了一个明显的趋势，但在这个时间序列中没有明显的季节性。因此，Prophet 可能不是解决这类问题的最佳工具。无论如何，这是纯粹的直觉，所以我们将用基线来测试它，看看能否成功地预测我们的目标。

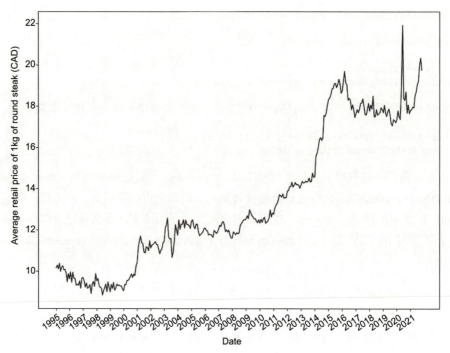

图 20.1　从 1995 年 1 月到 2021 年 11 月，加拿大 1kg 圆形牛排的月平均零售价格。数据中有一个明显的趋势，因为它随着时间的推移而增加。然而，这里似乎没有任何季节性。这可能意味着 Prophet 不是解决这个问题的最佳工具

20.3　使用 Prophet 进行建模

我们对数据进行了预处理和可视化。下一步是根据 Prophet 的命名约定重命名列，时间列必须命名为 ds，数值列必须命名为 y。

```
df.columns = ['ds', 'y']
```

接下来，我们必须正确地格式化日期。现在我们的日期戳仅有年和月，但 Prophet 还希望日期格式为 YYYY-MM-DD。由于我们使用的是每月平均值，因此必须将该月的最后一天添加到日期戳中，因为直到 1 月的最后一天我们才能报告 1 月份的平均零售价格。

```
from pandas.tseries.offsets import MonthEnd

df['ds'] = pd.to_datetime(df['ds']) + MonthEnd(1)
```

数据现在已正确格式化，因此我们将把数据集划分为训练集和测试集。我们的目标是预测未来 36 个月，因此我们将把最后 36 个数据点分配给测试集，剩下的用作训练。

```
train = df[:-36]
test = df[-36:]
```

我们现在可以解决超参数调整问题。我们将从为 changepoint_prior_scale 和 seasonality_prior_scale 定义一个可能取值列表开始。我们不会考虑任何假期效应，因为它们可能不会影响商品价格。然后，我们将创建所有唯一组合的列表。在这里，我们将使用 MSE 作为选择标准，因为它惩罚大误差，并且我们想要最佳拟合的模型。

```
param_grid = {
    'changepoint_prior_scale': [0.01, 0.1, 1.0],
    'seasonality_prior_scale': [0.1, 1.0, 10.0]
}

params = [dict(zip(param_grid.keys(), v)) for v in
➡  product(*param_grid.values())]

mses = []
```

现在我们必须定义一个截止日期列表。回想一下，这是将 Prophet 与每月数据一起使用的解决方法。在交叉验证期间，截止日期指定初始训练集和测试周期的长度。

在这种情况下，我们将允许把前 5 年的数据用作初始训练集。那么每个测试周期必须有 36 个月的长度，因为这是我们在目标陈述中的范围。因此，我们的截止日期开始于 2001-01-31，结束于训练集的末尾，即 2018-11-30，每个截止日期相隔 36 个月。

```
cutoffs = pd.date_range(start='2000-01-31', end='2018-11-30', freq='36M')
```

我们现在可以测试每个参数组合，拟合模型，并使用交叉验证来衡量其性能。我们将选择具有最小 MSE 的参数组合以在测试集上生成预测。

```
for param in params:
    m = Prophet(**param)
    m.fit(train)

    df_cv = cross_validation(model=m, horizon='365 days', cutoffs=cutoffs)
    df_p = performance_metrics(df_cv, rolling_window=1)
    mses.append(df_p['mse'].values[0])

tuning_results = pd.DataFrame(params)
tuning_results['mse'] = mses

best_params = params[np.argmin(mses)]
print(best_params)
```

这表明 changepoint_prior_scale 和 seasonality_prior_scale 都应设置为 1.0。因此，我们将使用 best_params 来定义一个 Prophet 模型，并将其拟合到训练集上。

```
m = Prophet(**best_params)
m.fit(train);
```

接下来，我们将使用 make_future_dataframe 来定义预测范围。在这种情况下，它是 36 个月。

```
future = m.make_future_dataframe(periods=36, freq='M')
```

我们现在可以进行预测。

```
forecast = m.predict(future)
```

让我们将它们附加到测试集，以便更容易评估性能并根据观察值绘制预测值。

```
test[['yhat', 'yhat_lower', 'yhat_upper']] = forecast[['yhat',
➡ 'yhat_lower', 'yhat_upper']]
```

当然，我们的模型必须根据基准进行评估。在本例中，我们将简单地使用训练集的最后已知值作为未来 36 个月的预测。我们也可以使用均值方法，但我只会考虑最近几年的均值，因为数据中有一个明显的趋势，这意味着均值会随着时间的推移而变化。在这里使用简单的季节性方法是无效的，因为数据中没有明显的季节性。

```
test['Baseline'] = train['y'].iloc[-1]
```

一切都为评估做好了准备。我们将使用 MAE 来选择最佳模型。选择该指标是因为它易于理解。

```
baseline_mae = mean_absolute_error(test['y'], test['Baseline'])
prophet_mae = mean_absolute_error(test['y'], test['yhat'])

print(prophet_mae)
print(baseline_mae)
```

由此，我们的基线获得了 0.681 的 MAE，而 Prophet 获得了 1.163 的 MAE。因此，Prophet 的性能比基线差，而基线只是使用最后已知值作为预测。

我们可以在图 20.2 中看到预测。

```
fig, ax = plt.subplots()

ax.plot(train['y'])
ax.plot(test['y'], 'b-', label='Actual')
ax.plot(test['Baseline'], 'k:', label='Baseline')
ax.plot(test['yhat'], color='darkorange', ls='--', lw=3,
➡ label='Predictions')

ax.set_xlabel('Date')
ax.set_ylabel('Average retail price of 1kg of round steak (CAD')

ax.axvspan(287, 322, color='#808080', alpha=0.1)

ax.legend(loc='best')

plt.xticks(np.arange(0, 322, 12), np.arange(1995, 2022, 1))
plt.fill_between(x=test.index, y1=test['yhat_lower'],
➡ y2=test['yhat_upper'], color='lightblue')
plt.xlim(250, 322)

fig.autofmt_xdate()
plt.tight_layout()
```

我们还可以在图 20.3 中看到模型的组件。

```
prophet_components_fig = m.plot_components(forecast)
```

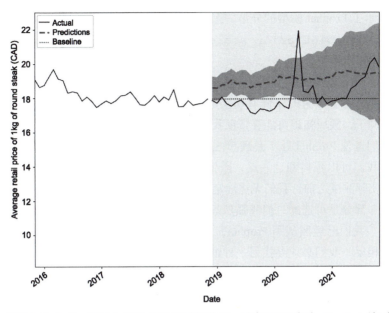

图 20.2 预测加拿大 1kg 圆形牛排的月平均零售价格。我们可以看到，Prophet（如虚线所示）
倾向于超过观测值

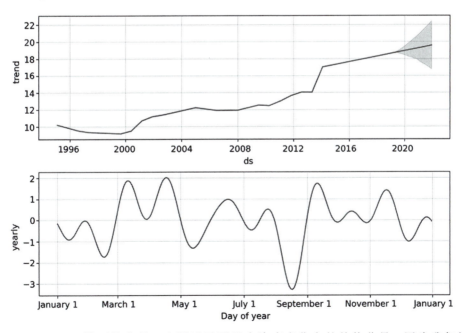

图 20.3 Prophet 模型的分量。上图显示了具有许多变化点的趋势分量，因为我们将
changepoint_prior_scale 设置为较高的值，从而使趋势更加灵活。底部的图
显示了每年的季节性分量。同样，这一因素可能会提高模型的拟合，但我怀疑商品
价格下降有切实的理由，例如在 9 月份左右

图 20.3 显示了 Prophet 模型的分量。上图显示了具有许多变化点的趋势分量。这是因为我们通过将 changepoint_prior_scale 设置为 1.0，使趋势变得非常灵活，因为它在交叉验证期间产生了最佳拟合。

底部的图显示了每年的季节性分量。这一因素可能有助于 Prophet 实现更好的拟合，但我怀疑商品价格在接近 9 月时下降有切实的原因。这突出了 Prophet 的曲线拟合过程。这也是一个很好的例子，领域知识可能会帮助我们更好地调整这个参数。

因此，我们发现 Prophet 并不是理想的解决方案。事实上，它的表现比我们简单的预测方法还要差。我们可以预料到这一点，因为我们知道 Prophet 在强烈的季节性数据上表现最好，但在我们实际测试之前，我们无法确定。

项目的下一部分是可选的，但我强烈建议你完成它，因为它显示了时间序列预测问题的完整解决方案。我们已经测试了 Prophet，并没有获得令人满意的结果，但这并不意味着我们必须放弃。相反，我们必须寻找另一种解决方案并对其进行测试。由于我们没有大的数据集，因此深度学习不是解决这个问题的合适工具。因此，让我们使用 SARIMA 模型。

20.4 可选：开发一个 SARIMA 模型

在 20.3 节中，我们使用 Prophet 预测了加拿大 1kg 圆形牛排的月平均零售价格，但 Prophet 的表现不如我们的基准模型。我们现在将开发 SARIMA 模型，看看它是否能获得比我们的基线更好的性能。

第一步是导入所需的库。

```
from statsmodels.stats.diagnostic import acorr_ljungbox
from statsmodels.tsa.statespace.sarimax import SARIMAX
from statsmodels.tsa.stattools import adfuller
from tqdm import tqdm_notebook
from typing import Union
```

接下来，我们将检验平稳性。这将确定积分阶数 d 和季节积分阶数 D 的值。回想一下，我们正在使用 ADF 检验来检验平稳性。

```
ad_fuller_result = adfuller(df['y'])

print(f'ADF Statistic: {ad_fuller_result[0]}')
print(f'p-value: {ad_fuller_result[1]}')
```

这里我们得到的 ADF 统计量为 0.31，p 值为 0.98。由于 p 值大于 0.05，因此我们得出结论：该序列不是平稳的。这是预料之中的，因为我们可以清楚地看到数据中的趋势。

我们将对序列进行一次差分，并再次测试其平稳性。

```
y_diff = np.diff(df['y'], n=1)

ad_fuller_result = adfuller(y_diff)
```

```
print(f'ADF Statistic: {ad_fuller_result[0]}')
print(f'p-value: {ad_fuller_result[1]}')
```

现在 ADF 统计量为 −16.78，p 值远小于 0.05。因此，我们得出结论，我们有一个平稳的时间序列。因此，d=1 和 D=0。回想一下，SARIMA 还要求设置频率 m。因为我们有每月的数据，所以频率 m=12。

接下来，我们将使用清单 20.1 中所示的 optimize_SARIMAX 函数来找到使 AIC 最小的参数 (p,q,P,Q)。

清单 20.1　选择最小化 AIC 的参数的函数

```
def optimize_SARIMAX(endog: Union[pd.Series, list], exog: Union[pd.Series,
➥ list], order_list: list, d: int, D: int, s: int) -> pd.DataFrame:

    results = []

    for order in tqdm_notebook(order_list):
        try:
            model = SARIMAX(
                endog,
                exog,
                order=(order[0], d, order[1]),
                seasonal_order=(order[2], D, order[3], s),
                simple_differencing=False).fit(disp=False)
        except:
            continue

        aic = model.aic
        results.append([order, model.aic])

    result_df = pd.DataFrame(results)
    result_df.columns = ['(p,q,P,Q)', 'AIC']

    #Sort in ascending order, lower AIC is better
    result_df = result_df.sort_values(by='AIC',
➥ ascending=True).reset_index(drop=True)

    return result_df
```

我们将定义 p、q、P 和 Q 的可能取值范围，生成所有唯一组合的列表，并运行 optimize_SARIMAX 函数。请注意，我们没有外生变量。

```
ps = range(1, 4, 1)
qs = range(1, 4, 1)
Ps = range(1, 4, 1)
Qs = range(1, 4, 1)

order_list = list(product(ps, qs, Ps, Qs))

d = 1
D = 0
s = 12
```

```
SARIMA_result_df = optimize_SARIMAX(train['y'], None, order_list, d, D, s)
SARIMA_result_df
```

一旦搜索完成，我们将发现 $p=2$、$q=3$、$P=1$ 和 $Q=1$ 是导致最小 AIC 的组合。我们现在可以使用这个参数组合来拟合一个模型，并在图 20.4 中研究其残差，结果是完全随机的。

```
SARIMA_model = SARIMAX(train['y'], order=(2,1,3),
➡ seasonal_order=(1,0,1,12), simple_differencing=False)
SARIMA_model_fit = SARIMA_model.fit(disp=False)

SARIMA_model_fit.plot_diagnostics(figsize=(10,8));
```

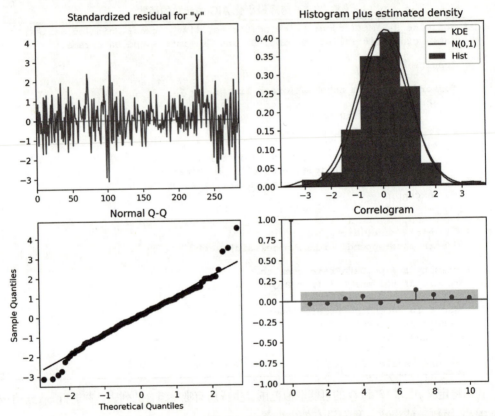

图 20.4　SARIMA$(2,1,3)(1,0,1)_{12}$ 模型的残差。左上角的图显示了时间，它是完全随机的，没有趋势和相当恒定的方差，就像白噪声一样。右上角的图显示了残差的分布，非常接近正态分布。左下角的 Q-Q 图进一步支持了这一点。我们看到一条直线位于 $y=x$ 上，因此我们可以得出结论，残差是正态分布的，就像白噪声一样。最后，右下角的相关图显示在滞后 0 之后没有显著的系数，这与白噪声的行为相同。我们可以得出结论，残差是完全随机的

我们可以通过使用 Ljung-Box 检验来进一步支持我们的结论。回想一下，Ljung-Box 检

验的零假设是数据是不相关和独立的。

```
residuals = SARIMA_model_fit.resid

lbvalue, pvalue = acorr_ljungbox(residuals, np.arange(1, 11, 1))

print(pvalue)
```

返回的 p 值都大于 0.05，因此我们不能拒绝零假设，而是得出残差确实是随机和独立的结论。因此，SARIMA 模型可用于预测。

我们将在测试集的范围内生成预测。

```
SARIMA_pred = SARIMA_model_fit.get_prediction(287, 322).predicted_mean

test['SARIMA_pred'] = SARIMA_pred
```

然后，我们将使用 MAE 评估 SARIMA 模型。

```
SARIMA_mae = mean_absolute_error(test['y'], test['SARIMA_pred'])

print(SARIMA_mae)
```

在这里，我们获得了 0.678 的 MAE，这比我们的基线略好，我们的基线获得了 0.681 的 MAE。我们可以在图 20.5 中看到 SARIMA 模型的预测。

```
fig, ax = plt.subplots()

ax.plot(train['y'])
ax.plot(test['y'], 'b-', label='Actual')
ax.plot(test['Baseline'], 'k:', label='Baseline')
ax.plot(test['SARIMA_pred'], 'r-.', label='SARIMA')
ax.plot(test['yhat'], color='darkorange', ls='--', lw=3, label='Prophet')

ax.set_xlabel('Date')
ax.set_ylabel('Average retail price of 1kg of round steak (CAD)')
ax.axvspan(287, 322, color='#808080', alpha=0.1)

ax.legend(loc='best')

plt.xticks(np.arange(0, 322, 12), np.arange(1995, 2022, 1))
plt.fill_between(x=test.index, y1=test['yhat_lower'],
➥ y2=test['yhat_upper'], color='lightblue')
plt.xlim(250, 322)

fig.autofmt_xdate()
plt.tight_layout()
```

虽然 SARIMA 的表现优于 Prophet，但与基准相比，性能差异可以忽略不计。在这种情况下，我们必须扪心自问，对于如此小的差异，是否值得使用更复杂的 SARIMA 模型。我们还可以进一步调查，以确定是否存在可以帮助我们预测目标的外部变量，因为仅使用过去的数值似乎不足以生成准确的预测。

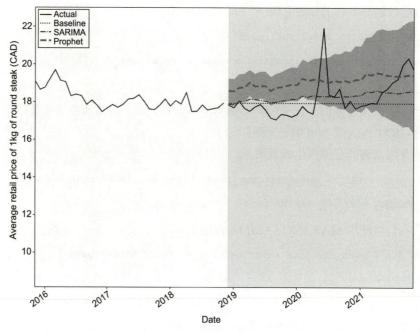

图 20.5　预测加拿大 1kg 圆形牛排的月平均零售价格。以点画线显示的 SARIMA 模型实现了
最低的 MAE（0.678），但它仅略好于以点线显示的基线（0.681）。

20.5　下一步

祝贺你完成了这个顶点项目！这与我们所看到的有所特殊和不同，因为事实证明，我们
正在解决一个相当复杂的问题，我们无法提出一个非常有效的解决方案。当你处理不同的时
间序列预测问题时，这种情况就会发生，这就是领域知识，收集更多的数据，并利用你的创
造力来寻找可以影响你的目标的外部因素发挥作用的地方。

抓住这个机会，让这个顶点项目成为你的项目。我们只研究了一个目标，但有 52 种商
品可供选择。选择另一个目标，看看你是否能生成比基准模型表现更好的预测。你也可以随
意更改预测范围。

如果你想进一步研究，许多政府网站都有开放的数据，这使得它们成为时间序列数据集
的来源。以下是 NYC Open Data 和 Statistics Canada 的链接：

❏ NYC Open Data——https://opendata.cityofnewyork.us/data/。

❏ Statistics Canada——ww150.statcan.gc.ca/n1/en /type/data。

浏览这些网站，找到一个时间序列数据集，你可以用它来练习你的预测技能。你可能会遇
到一个具有挑战性的问题，迫使你寻找解决方案，并最终使你在时间序列预测方面做得更好。

超 越 自 我

首先，祝贺你成功读完这本书！这是一段相当长的旅程，它需要你花费大量的时间、精力和注意力。

你已经获得了很多时间序列预测的技能，当然，还有很多东西需要学习。本章的目标是总结你所学到的内容，并概述你可以使用时间序列数据实现的其他功能。我还将鼓励你通过列出时间序列数据的各种来源来不断练习你的预测技能。

真正的挑战摆在你面前，当你运用你的知识解决问题时，无论是在工作中还是作为一个业余项目，解决方案对你来说都是未知的。重要的是，你要对自己的技能有信心，这只能来自经验和经常练习，我希望本章能激励你这样做。

21.1 总结所学

我们在时间序列预测中的第一步是将时间序列定义为一组按时间排序的数据点。你还很快了解到，数据的顺序必须保持不变，我们的预测模型才有意义。这意味着周一测量的数据必须始终在周日之后、周二之前。因此，在将数据拆分为训练集和测试集时不允许打乱。

在第 2 章中，我们建立了简单的预测方法，使用非常简单的统计或启发式，如历史平均值、最后已知值，或重复最后季节。在任何预测项目中，这都是关键的一步，因为它为更复杂的模型设定了基准，揭示了它们是不是真正的性能模型。这些基准也会对一些高级模型的使用提出质疑，因为正如你在本书中所看到的，在某些情况下，高级预测模型的性能并不比基线好很多。

接下来，在第 3 章中，我们遇到了随机游走模型，在这种情况下，我们无法应用预测模型。这是因为该值在每一步都以随机数变化，并且没有预测技术可以合理地预测随机数。在这种情况下，我们只能求助于简单的预测方法。

21.1.1　统计学预测方法

　　然后，我们在第 4 章和第 5 章中深入研究了移动平均和自回归过程。虽然现实生活中的时间序列很少用纯 MA（q）或 AR（p）模型来近似，但它们是我们后来开发的更复杂模型（如 ARMA（p, q）模型）的构建模块。将所有这些模型联系在一起的是，它们假设时间序列是平稳的，这意味着其统计特性（如均值、方差和自相关）不随时间变化。我们使用 ADF 检验来检验平稳性。对于该测试，零假设表明序列不是平稳的。因此，如果我们获得的 p 值小于 0.05，则我们可以拒绝零假设，并得出结论：我们有一个平稳过程。

　　虽然我们可以使用 ACF 和 PACF 图来分别找到纯移动平均过程的阶数 q 或纯自回归过程的阶数 p，但在第 6 章中，ARMA（p, q）过程迫使我们设计一个通用的建模过程，其中我们选择具有最低 AIC 的模型。使用该模型选择标准允许我们选择不太复杂但仍能很好地拟合数据的模型，从而实现过拟合和欠拟合之间的平衡。

　　然后，我们研究了模型的残差，即预测值与实际值之间的差异。理想情况下，残差表现得像白噪声，这意味着它们是完全随机和不相关的，这反过来意味着我们的模型解释了任何非偶然的方差。我们可以用于残差分析的一个可视化工具是 Q-Q 图，它将样本分布与另一个理论分布（在这种情况下是正态分布）进行比较。如果它们相同，我们应该看到一条位于 $y=x$ 上的直线。我们还使用 Ljung-Box 检验来确定残差是否独立和不相关。该检验的零假设表明样本是不相关的，并且是独立分布的。因此，如果我们获得大于 0.05 的 p 值，我们就不能拒绝零假设，并得出残差是随机的结论。这一点很重要，因为这意味着我们的模型已经捕获了数据中的所有信息，只有随机变化仍然无法解释。

　　从这个通用建模过程，我们进一步将其扩展到更复杂的模型，如第 7 章中的非平稳时间序列的 ARIMA（p, d, q）模型。回想一下，我们使用该模型预测了强生公司的季度每股收益。

　　然后，我们在第 8 章中继续使用 SARIMA（p,d,q）（P,D,Q）$_m$ 来说明时间序列中的季节性。回想一下，季节性是我们在数据中看到的周期性波动。例如，天气在夏天更热而在冬天更冷，或者白天在路上开车的人比晚上多。使用 SARIMA 模型使我们能够准确预测航空公司每月的乘客数量。

　　接下来，我们发现了 SARIMAX（p,d,q）（P,D,Q）$_m$ 模型，该模型将外部变量添加到我们第 9 章的模型中。使用该模型，我们能够预测美国的实际 GDP。

　　最后，我们用向量自回归（VAR（p））总结了第 11 章中的统计预测方法，VAR（p）允许我们一次预测多个时间序列，但前提是它们相互是 Granger 因果关系。否则，模型无效。

21.1.2　深度学习预测方法

　　当数据集变大时，用于预测的复杂统计模型达到极限，通常在 10 000 个数据点左右。在这一点上，统计方法变得非常缓慢，并开始失去性能。此外，它们不能对数据中的非线性关系建模。

　　因此，我们将注意力转向了深度学习，它在具有许多特征的大型数据集上蓬勃发展。我们开发了各种深度学习模型来预测明尼苏达州明尼阿波利斯和圣保罗之间的 I-94 公路上每小时的交通流量。我们的数据集有超过 17 000 行数据和 6 个特征，这是应用深度学习的绝佳机会。

在第 14 章中，我们从一个简单的线性模型开始，它只有一个输入层和一个输出层，没有隐藏层。然后我们建立了一个深度神经网络，它增加了隐藏层，可以对非线性关系建模。

在第 15 章中，我们转到了一个更复杂的架构，即 LSTM 网络。这种架构还有一个额外的优势，那就是它将过去的信息保存在记忆中，以便对未来做出预测。

我们还在第 16 章中使用了 CNN，因为它们使用卷积运算有效地执行特征选择。我们使用 CNN 和 LSTM 的组合来过滤时间序列，然后将其提供给 LSTM 网络。

我们在第 17 章的工具集中添加了最后一个模型——自回归深度神经网络，它使用自己的预测来进行更多的预测。这个架构非常强大，是一些最高级的时间序列预测模型（如 DeepAR）的基础。

在整个深度学习部分，模型很容易构建，因为我们首先执行了数据窗口。这一关键步骤涉及格式化数据，使我们拥有包含训练示例和测试示例的窗口。这使我们能够灵活地为各种用例快速开发模型，例如单步预测、多步预测和多变量预测。

21.1.3 自动化预测过程

我们在开发模型时投入了大量的手动工作，并且开发了我们自己的函数用于自动化过程。但是，有许多可以使时间序列预测变得简单而快速的库。

值得注意的是，虽然这些库加速了预测过程，但它们也增加了一个抽象级别，从而消除了我们在开发自己的模型时所具有的一些灵活性和微调的功能。然而，它们是快速原型制作的好工具，因为创建模型所需的时间非常短。

Prophet 就是这样一个库，它是 Meta 的一个开源项目，可能是业内使用最广泛的预测库之一。然而，它并不是一个放之四海而皆准的解决方案。它在具有许多用于训练的历史季节的强季节性数据上效果最好。在这种情况下，它可以快速产生准确的预测。由于它实现了一个通用的加法模型，它可以考虑多个季节性周期以及假期效应和变化趋势。此外，Prophet 附带了一套实用程序来可视化预测和数据组件，它还包括交叉验证和超参数调整函数，所有这些都在一个库中。

这总结了我们到目前为止所讨论和应用的所有内容。虽然你拥有成功进行时间序列预测所需的所有工具，但你还需要知道如何处理预测未来的尝试不起作用的情况。

21.2 如果预测不起作用怎么办

在本书中，你学习了如何成功预测时间序列。我们研究了各种各样的情况，从预测季度每股收益到预测加拿大牛排的零售价格。对于每个场景，我们都设法创建了一个比基线更好的性能预测模型，并生成了准确的预测。然而，我们可能会遇到似乎什么都不起作用的情况。因此，学习如何管理失败是很重要的。

时间序列预测失败的原因有很多。首先，也许你的数据根本不应该作为时间序列来分析。例如，你的任务可能是预测下个季度的销售数量。虽然你可以访问一段时间内销售数量的历史数据，但销售额可能根本不是时间的函数。相反，也许销售数量是广告支出的函数。在这种情况下，我们不应将此问题视为时间序列，而应将其视为回归问题，使用广告支出作为预测销售数量的特征。虽然这个例子过于简单，但它展示了如何以不同的方式重新构建问题，从而帮助你找到解决方案。

时间序列预测失败的另一种情况是数据随机游走。回顾第 3 章，随机游走是一个时间序列，其中每一步都有相等的机会上升或下降一个随机数。因此，我们实际上是在试图预测一个随时间随机变化的值。这不是一个合理的做法，因为没有模型可以预测一个随机数。在这种情况下，我们更倾向于使用简单的预测方法，如第 2 章所示。

解决预测难题的另一个可能途径是对数据进行重采样。例如，假设你正在预测室外温度。为了收集数据，你可以在室外放置一个温度计，每分钟记录一次温度。我们可以考虑使用每分钟记录的温度数据是否有意义。温度很可能每分钟变化不大。如果你有一个非常敏感的温度计，记录 0.1 度或更少的变化，它也可能会引入不必要的噪声。在这种情况下，重采样数据将是有意义的，并允许你构建性能预测模型。在这里，你可以对数据进行重采样，以便每小时读取一次温度读数。通过这种方式，你可以平滑时间序列，并能够发现每天的季节性。或者，你可以每天对数据进行重采样，并发现每年的季节性。

因此，你应该使用时间序列数据探索不同的重采样可能性。这个想法也可以来自你的目标。在温度预测示例中，预测下一分钟的温度可能没有意义。没有人会对此感兴趣。然而，预测未来一小时或第二天的温度是有价值的。因此，对数据进行重采样是一条可行之路。

最后，如果你的预测努力失败了，你可能需要联系具有领域知识的人或寻找替代数据。领域知识伴随着经验而来，在某一领域拥有专业知识的人可以更好地指导数据科学家发现新的解决方案。例如，经济学家知道国内生产总值和失业率之间存在联系，但数据科学家可能不知道这种联系。因此，领域专家可以帮助数据科学家发现新的关系，并寻找失业数据，以便预测国内生产总值。

正如你所看到的，有不同的方法来管理预测的难题。在某些情况下，你可能会完全陷入困境，这可能意味着你正在处理一个以前从未解决过的非常高级的问题。在这一点上，拥有一个能够领导研究团队解决问题的学术合作伙伴可能是最好的选择。

失败总是有价值的，如果预测失败，那么你不应该感到挫败。事实上，一次失败的预测可以帮助你成为一名更好的数据科学家，因为你将学会识别哪些问题有很好的解决机会，哪些没有。

21.3 时间序列数据的其他应用

本书完全集中在预测技术的目标是预测一个连续的数值。然而，我们可以做的不仅仅是用时间序列数据进行预测。我们也可以进行分类。

在时间序列分类中，目标是识别时间序列是否来自一个特定的类别。时间序列分类的一个示例应用是分析来自评估心脏状况的心电图（ECG）的数据。健康的心脏和有问题的心脏会产生不同的心电图。由于数据是在一段时间内收集的，因此这是在现实生活中应用时间序列分类的理想情况。

> **时间序列分类**
>
> 时间序列分类是一项任务，其目标是识别时间序列是否来自特定类别。
>
> 例如，我们可以使用时间序列分类来分析心脏监控数据，并确定它是否来自健康的心脏。

我们还可以使用时间序列数据来执行异常检测。异常基本上是一个离群值，即与其余数据显著不同的数据点。我们可以看到异常检测在数据监控中的应用，而数据监控又用于应用程序维护、入侵检测、信用卡欺诈等。以应用程序维护为例，假设一家全球电子商务公司正在跟踪一段时间内的页面访问。如果页面访问计数突然降为零，则很可能是网站出现了问题。异常检测算法将注意到该事件，并向维护团队发出有关问题的信号。

> **异常检测**
>
> 异常检测是一项任务，其目标是识别异常数据的存在。
>
> 例如，我们可以跟踪某人信用卡上的支出。如果突然有一个非常大的支出，则这可能是一个潜在的异常值，也许这个人是欺诈的受害者。

异常检测是一个特别有趣的挑战，因为离群值通常很少，并且存在产生许多误报的风险。这也增加了另一层复杂性，因为活动的稀缺性意味着我们几乎没有训练标签。

注　如果你对这类问题感到好奇，我建议你阅读 Microsoft 和 Yahoo 的两篇论文，其中揭示了它们如何构建自己的时间序列异常检测框架：Hansheng Ren、Bixiong Xu、Yujing Wang 等人，"Time-Series Anomaly Detection Service at Microsoft"，arXiv：1906.03821v1（2019），https://arxiv.org/pdf/1906.03821.pdf；以及 Nikolay Laptev、Saeed Amizadeh 和 Ian Flint，"Generic and Scalable Framework for Automated Time-series Anomaly Detection"，*KDD '15: Proceedings of the 21th ACM SIGKDD International Conference on Knowledge Discovery and Data Mining* (ACM, 2015), http://mng.bz/pOwE。

当然，我们可以使用时间序列数据执行更多任务，例如聚类、变点检测、仿真或信号处理。我希望这能鼓励你进一步探索什么是可能的，什么是正在做的。

21.4　保持练习

虽然这本书为你提供了许多机会，让你以练习、每一章的真实生活场景和顶点项目的形式应用你的知识，但重要的是你要不断练习，才能真正掌握时间序列预测。你会对自己的技能有信心，也会遇到新的问题，这些问题必然会让你更好地处理时间序列数据。

为此，你需要访问时间序列数据。下面列出了你可以自由访问此类数据的一些网站：

❑ *"Datasets" on Papers with Code*——https://paperswithcode.com/datasets?mod=timeseries。

用于时间序列分析的近百个数据集的列表（在撰写本书时）。你可以按任务筛选它们，例如异常检测、预测、分类等。你可能会遇到用于研究论文的数据集，这些数据集用于测试新技术和建立最先进的方法。

❑ UCI 机器学习资源库——https://archive.ics.uci.edu/ml/datasets.php。

这是受许多机器学习从业者欢迎的数据源。单击时间序列数据类型的链接，你将找到126 个时间序列数据集。你还可以按任务进行筛选，例如分类、回归（预测）和聚类分析。

❑ NYC Open Data——https：//opendata.cityofnewyork.us/data/。

该网站收录了来自纽约市的大量数据集。你可以根据领域筛选，如教育、环境、健康、交通等。虽然不是所有的数据集都是时间序列，但你仍然可以找到其中的许多数据集。你还可以检查你所在的城市是否提供可公开访问的数据，并使用这些数据。

❑ Statistics Canada——www150.statcan.GC.ca/N1/en/type/data。

这是一个加拿大政府机构，可以免费访问大量数据，包括时间序列数据。你可以根据领域筛选，也可以按采样频率（每天、每周、每月等）筛选。搜索你自己的政府网站，看看你是否能找到类似的资源。

❑ Google Trends——https://trends.google.com/trends/。

Google Trends 收集来自世界各地的搜索数据。你可以按国家搜索特定主题和细分市场。你还可以设置时间序列的长度，这将更改采样频率。例如，你可以下载最近 24h 的数据，该数据每 8min 采样一次。如果你下载过去 5 年的数据，则每周都会对数据进行采样。

❑ Kaggle——www.kaggle.com/datasets?tags=13209-Time+Series+Analysis。

Kaggle 是一个广受数据科学家欢迎的网站，公司可以在这里举办比赛并奖励表现最好的团队。你还可以下载时间序列数据——在撰写本书时，有超过 1000 个数据集。你还可以找到使用这些数据集的 Notebook，以激发你的灵感或为你提供一个起点。但是，请注意，任何人都可以在 Kaggle 上发布 Notebook，并且它们的工作流程并不总是正确的。请注意，你需要创建一个免费账户才能在本地计算机上下载数据集。

你现在有各种各样的工具和资源来练习和磨练你的技能。我祝你在未来的事业中好运，也希望你喜欢阅读本书，就像我喜欢创作本书一样。

附录 *Appendix*

安装说明

安装 Anaconda

本书中的代码是在 Windows 10 计算机上运行的，使用的是 Jupyter Notebook 和 Anaconda。我强烈推荐使用 Anaconda，特别是如果你使用的是 Windows 计算机，因为它会自动安装 Python 和许多我们将在本书中使用的库，如 `pandas`、`numpy`、`matplotlib`、`statsmodels` 等。你可以从它们的网站（www.anaconda.com/products/individual）安装 Anaconda 的个人版本，它是免费的。它带有一个图形安装程序，使安装变得简单。请注意，在撰写本书时，Anaconda 安装的是 Python 3.9。

Python

如果你遵循使用 Anaconda 的建议，则不需要单独安装 Python。如果你确实需要单独安装 Python，则可以从官方网站（www.python.org/downloads/）下载。本书中的代码使用的是 Python3.7，但任何更高版本的 Python 也可以使用。

Jupyter Notebook

本书中的代码是在 Jupyter Notebook 上运行的。它使你可以立即看到代码的输出，这是一个学习和探索的好工具。它还允许你编写文本和显示等式。

假设你安装了 Anaconda，那么 Jupyter Notebook 也将安装在你的计算机上。在 Windows 上，你可以按 Windows 键并开始输入 `Jupyter Notebook`。然后，你可以启动应用程序，这将打开你的浏览器。它将显示一个文件夹结构，你可以导航到要保存 Notebook 的位置或克隆包含源代码的 GitHub 存储库的位置。

GitHub Repository

这本书的整个源代码都可以在 GitHub 上找到：https://github.com/marcopeix/TimeSeries ForecastingInPython。在存储库的根目录下，有一个数据文件夹，其中包含整本书中使用的所有数据文件。

资源库是按章节组织的。每个文件夹都包含一个 Notebook，该 Notebook 将运行所有代码并生成该特定章节的图形。你也可以在那里找到练习的答案。如果安装了 Git，你可以克隆并在本地计算机上访问资源库：

```
git clone https://github.com/marcopeix/TimeSeriesForecastingInPython.git
```

如果未安装 Git，你可以从 Git 网站（https://gitSCM.com/downloads）下载并安装它。然后，我建议 Windows 用户使用 Git Bash 来运行前面的命令。

安装 Prophet

在本书中，我们使用了 Prophet 库，这是一个流行的预测库，它可以自动完成大部分过程。Windows 用户在安装该库时可能会遇到一些问题，即使在使用 Anaconda 时也是如此。

要安装该库，可以在 Anaconda 提示符下运行以下命令：

```
conda install libpython m2w64-toolchain -c msys2
conda install numpy cython matplotlib scipy pandas -c conda-forge
conda install -c conda-forge pystan
conda install -c conda-forge fbprophet
```

在 Anaconda 中安装库

如果在使用 Anaconda 时需要安装特定的库，可以使用 Google 搜索：conda <package name>，第一个结果将引导你进入 https://anaconda.org/conda-forge/<package name> 网站，在那里你将看到安装软件包的命令列表。通常，第一个命令会起作用，其格式为 conda install -c conda-forge <package name>。

例如，要使用 Anaconda 安装 TensorFlow 2.6，你可以在 Anaconda 提示符下运行 conda install -c conda-forge tensorflow。